DEBRIV BRAUNKOHLE 1985–2010

125 JAHRE DEBRIV

Braunkohle

im Zeitraum 1985–2010

ROHSTOFF | MENSCH | NATUR | TECHNIK

Mit DVD!

Bitte beachten Sie die am Ende des Buches eingelegte DVD mit historischen Filmen und Veröffentlichungen sowie zahlreichen Daten und Fakten rund um die Braunkohle und den DEBRIV, einem Glossar sowie der Sonderbrikett-Datenbank.

5. Kapitel 167
Braunkohle in den Regionen

6. Kapitel 180
Chroniken

7. Kapitel 187
Deutscher Braunkohlen-Industrie-Verein e. V. – DEBRIV

Matthias Hartung

Reinhardt Hassa

Vorwort

Als der Deutsche Braunkohlen-Industrie-Verein 1885 in Halle (Saale) gegründet wurde, zählten zu den Gründungsmitgliedern naturgemäß noch keine Stromerzeuger, aber neben Braunkohlengewinnungsbetrieben, Teerproduzenten und Brikettfabriken auch braunkohlenbasierte Mineralölfirmen. Die mehrere Hundert meist sehr kleinen Unternehmen waren bis dahin vornehmlich in Regionalvereinen organisiert gewesen. Von ihrem nationalen Zusammenschluss erwarteten sie eine bessere Vertretung der allen gemeinsamen wirtschaftlichen Interessen, die freilich oft genug von partikularen Sonderwünschen überlagert wurden. Alle Unternehmen zusammen förderten und verarbeiteten damals rund 15 Millionen Tonnen Rohbraunkohle jährlich. Der geografische und ökonomische Schwerpunkt lag im mitteldeutschen Raum, deshalb die Gründung in Halle.

Auch heute noch ist der Bundesverband Braunkohle, als der DEBRIV inzwischen zusätzlich firmiert, ein eher kleiner Verband. Aber seine von der Zahl her wenigen, dafür aber auch sehr viel größeren Mitgliedsunternehmen stehen für eine jährliche Braunkohlenförderung von etwa 175 Millionen Tonnen, rund 6 Millionen Tonnen feste Brennstoffe sowie für immerhin ein Viertel der deutschen Stromerzeugung. Sie beschäftigen direkt mehr als 20.000 Mitarbeiter. Sie investieren große Beträge in die Erneuerung ihrer Anlagen. Sie erbringen ihre Wertschöpfung fast komplett im Inland. Das gibt den Regionen eine wirtschaftliche Perspektive und damit vielen Menschen Sicherheit. Wie lange können diese Vorteile noch genutzt werden?

Der Blick in die fernere Zukunft mit verlässlichen Aussagen ist heute so wenig möglich wie vor 125 Jahren. Erkennbare Trends zu extrapolieren und Szenarien mit unterschiedlichen Annahmen durchzuspielen gehört zum notwendigen Handwerkszeug unternehmerischer Vorsorge. Gerade in einer Industrie mit so langen Planungshorizonten wie der Braunkohle, wo Investitionen sowohl in Tagebaue wie in Kraftwerke sich erst in Jahrzehnten amortisieren, waren und sind aber die Unsicherheiten immer erheblich. Diese Situation forderte in der Braunkohlenindustrie von jeher besondere Sorgfalt bei der Planung und langen Atem bei der Umsetzung. Heute kommt aber zu diesem unternehmerischen Risiko die nur schwer abschätzbare Entwicklung der politischen Rahmenbedingungen hinzu, die in erheblichem Umfang jenseits der deutschen Grenzen formuliert werden. Diese Unsicherheit begrenzt die Handlungsfähigkeit der Unternehmen und beeinträchtigt damit auch Investitionen in die Zukunft dieses wichtigen Teils der Energiewirtschaft.

Seit Veränderungen des Weltklimas in der Wahrnehmung der Öffentlichkeit deutlicher werden, stehen die Gewinnung und Nutzung fossiler Rohstoffe wegen des damit verbundenen CO_2-Ausstoßes unter kritischer Beobachtung. Der über die Jahrzehnte unbestrittene Nutzen der heimischen Braunkohle wird dadurch infrage gestellt. Die Forderungen nach einem „Ausstieg" auch aus diesem Energieträger sind unüberhörbar.

Mit dem Emissionshandel hat die EU ein Instrumentarium geschaffen, das für große Industriebereiche und den Stromsektor in Europa zu einer konkreten Vorgabe für die Reduktion der Treibhausgase führt. Mit der Vollauktionierung der Zertifikate ab 2013 wird allerdings die Nutzung von Kohle gegenüber Gas massiv benachteiligt. Die unterschiedliche Verfügbarkeit, aber auch vorgelagerte Emissionen werden dabei absichtsvoll nicht berücksichtigt. Unbenommen dieser Kritikpunkte ist das Minderungsziel für den Emissionshandels-Sektor – minus 21 Prozent bezogen auf 2005 – gesamtwirtschaftlich erreichbar. Damit ist die Perspektive für die Kohle in Europa und die Braunkohle in Deutschland bis 2020 mittelfristig gut abzuschätzen. Diese bis 2020 reichenden Vorgaben geben einen stabilen Rahmen, weil nach der Klimakonferenz von Kopenhagen das europäische Minderungsziel wohl bei 20 Prozent bleibt. Es besteht also Zeit, sich auf neue Herausforderungen vorzubereiten. Wirtschaftlich bietet die Integration Strom/Braunkohle mit den verfügbaren leistungsfähigen Tagebauen und Kraftwerken hierfür eine günstige Voraussetzung. Zudem belegt die aktuelle Wirtschaftskrise erneut, dass heimische Wertschöpfung aus Braunkohle gesamt-, regional- und energiewirtschaftlich nicht zu vernachlässigende Vorteile bietet. Diese Aspekte können in alle Planungen für die lange Frist als Aktivposten eingebracht werden.

Auch wenn die Kohlennutzung bei uns in der Kritik steht, ist wenig klar, welche Alternativen denn tatsächlich bestehen. Gerade die großen Schwellenländer wie China und Indien setzen in hohem Maße auf den bei ihnen reichlich und ohne Deviseneinsatz verfügbaren Energieträger Kohle. Alle seriösen Prognosen gehen deshalb von einem weiteren Wachstum beim weltweiten Kohleneinsatz aus. Unter diesen Umständen macht es keinen Sinn, in Europa und speziell in Deutschland, wo Kohle zunehmend in hoch effizienten neuen Kraftwerken verstromt wird, auf diesen Energieträger und seine noch nicht voll erschlossenen Möglichkeiten zu verzichten.

Aussagen zur Zukunft der Braunkohle sind daher an viele Annahmen gebunden. Was sich präzise darstellen lässt, sind die auch unter heutigen Rahmenbedingungen und angesichts verschärfter Klimaschutzanforderungen weiter gegebenen Potenziale dieses Energieträgers. Und die sind nach wie vorher erheblich.

Zum einen sind längst nicht alle Möglichkeiten ausgeschöpft, durch Neubau von Kraftwerken nach neuestem technischen Stand weitere Effizienzgewinne bei der Stromerzeugung zu erzielen. Die in Deutschland heute neu gebauten und im Bau befindlichen Kraftwerke auf Basis Braunkohle erreichen Wirkungsgrade von mehr als 43 Prozent, rund 30 Prozent mehr als die älteren Anlagen, die tendenziell durch Neubauten vom Markt verdrängt werden. Eine Umstellung nur der europäischen Braunkohlenkraftwerke auf Anlagen dieser Effizienzklasse würde den CO_2-Ausstoß in Europa spürbar reduzieren. International ist das Potenzial noch größer. Zur Effizienzsteigerung gibt es zudem keine sinnvolle Alternative.

Mit der Entwicklung der Kohlendioxidabscheidung und -lagerung (Carbon Capture and Storage – CCS) ist ein weiterer Entwicklungspfad für die Kohlenverstromung der Zukunft definiert. Dieser korrespondiert mit dem sogenannten 2°C-Ziel als politische Vorgabe. In diesem Szenario müssten die CO2-Emissionen der Industriestaaten bis Mitte des Jahrhunderts um 80 bis 90 Prozent reduziert werden. Forschung und Entwicklung auf diesem Sektor haben bereits vielversprechende Resultate erbracht. Europaweit und international werden in diese Perspektive große Hoffnungen gesetzt. Die EU sieht eine Förderung von CCS vor, auch die Bundesregierung will sich um rechtliche Grundlagen in Gesetzesform bemühen. Die deutsche Industrie, namentlich Vattenfall und RWE, hat mit der Errichtung und Planung von Pilotprojekten deutlich gemacht, dass sie ihren Beitrag leisten will, diesen Weg zu gehen.

Völlig offen ist zudem bisher, welche Möglichkeiten sich aus der chemischen Nutzung des Kohlenstoffträgers Kohle ergeben, wobei die Braunkohle wegen ihrer hohen Reaktionsfreudigkeit besondere Vorteile bietet. Wenn Gas und Öl ihre Peaks hinter sich haben, knapp und noch teurer geworden sind, kann Kohle eine Basis für Ersatz sein. Extraktion von Wertstoffen, Vergasung und Verflüssigung werden bereits heute beherrscht. Kombiniert mit dann ausgereiften CCS-Verfahren können diese Techniken ein reichlich verfügbares Substitut für Gas und Öl beim Einsatz in der Chemie wie im Verkehr zur Verfügung stellen.

Es ist politisch vernünftig und unternehmerisch reizvoll, die technischen und ökonomischen Potenziale des Rohstoffs Braunkohle zu erschließen. Das hilft beim Kampf gegen den Klimawandel mehr als jeder Ausstieg. Zudem bedeutet eine solche Strategie die Erhaltung und Stärkung von technischer Kompetenz und wirtschaftlicher Leistungsfähigkeit in Deutschland. Die Energieversorgung gewinnt an Sicherheit hinsichtlich Verfügbarkeit und Preis. Deshalb ist die deutsche Braunkohlenindustrie bereit und entschlossen, an der Gestaltung der Energiezukunft aktiv mitzuwirken.

Diese Festschrift zum 125. Gründungstag des DEBRIV befasst sich mit den vergangenen 25 Jahren. Aktuelle Informationen über die Braunkohlenindustrie und die Zeit bis 1985 sind auf der beigefügten DVD gespeichert, so die Festschriften zum 100., 75. und 50. Gründungstag. Ingesamt, aber insbesondere in den vergangenen 25 Jahren hat sich gezeigt, dass die Braunkohlenindustrie gewaltige Veränderungen bewältigt hat. Heute ist die Braunkohle ein wettbewerbsfähiger und innovativer Industriezweig. Die vor uns liegenden Herausforderungen sind Ansporn zum Engagement für die Braunkohle. Die Geschichte unseres Industriezweigs gibt uns dabei die Zuversicht, Akzeptanz und Vertrauen zu erhalten.

Zu danken ist den vielen Menschen aus dem Umfeld der Braunkohlenindustrie, die über Jahrzehnte bereit waren und in Zukunft bereit sein werden, eine positive Entwicklung aktiv zu begleiten. Das gilt auch für das Engagement im und für den DEBRIV, der über die lange Frist immer eine Plattform für kollegiale und zielorientierte Arbeit im Interesse unserer Industrie war.

Wir wünschen den Lesern eine interessante Lektüre und danken den Autoren für ihre Mitwirkung an dieser Dokumentation.

M. Hartung

Matthias Hartung

Reinhardt Hassa

1 Braunkohlenbergbau auf dem Weg zur Akzeptanz im vereinigten Deutschland (1985–1995)

Die Jahre des Wandels

Die Entdeckung der Umwelt als maßgeblicher Faktor

Mitte der Achtzigerjahre beherrschten vor allem drei Themenbereiche die energiepolitische Diskussion in der damaligen Bundesrepublik: Öl, Kernenergie und Waldsterben. Die Ölpreiskrisen der Siebzigerjahre mit ihren enormen gesamtwirtschaftlichen Auswirkungen hatten die Suche nach Alternativen auch zu einem globalen ökonomischen Thema gemacht. Die Kernenergie erschien vielen Menschen als ein plausibler Ausweg, zumal über die Brütertechnologie nahezu unbegrenzte Brennstoffvorräte zur Verfügung stehen sollten. Allerdings formierte sich gegen den weiteren Ausbau der Kernenergie zunehmender Widerstand, der dann durch die Katastrophe von Tschernobyl, bei der es 1986 zu einer Kernschmelze im Reaktor kam, den politischen Durchbruch schaffen sollte. Der Begriff „Waldsterben" war Synonym für zunehmende Sensibilität, insbesondere gegenüber industriebedingten Umweltbelastungen, und stand für eine Bewusstseinsänderung in weiten Kreisen der Öffentlichkeit.

Die Umweltbewegung der Siebzigerjahre hatte mit der Gründung als Partei „Die Grünen" Anfang der Achtzigerjahre und ihrem erstmaligen Einzug in den Deutschen Bundestag 1983 die große politische Bühne betreten. Der Umweltschutz beschäftigte nicht nur immer mehr Bürger, sondern wurde zu einer zentralen politischen Frage. Die damit entstehende Umweltpolitik fand mit der Errichtung des Bundesumweltministeriums 1986 – wenige Wochen nach der Tschernobyl-Katastrophe – einen weithin sichtbaren Ausdruck. Auch in der DDR entwickelte sich in den Achtzigerjahren ein vor allem von den Kirchen getragenes Umweltbewusstsein. Es richtete sich u. a. gegen die Waldschäden im Erzgebirge und die Luft- und Wasserbelastungen durch die chemische Industrie sowie durch die auf Braunkohle ausgerichtete Energiewirtschaft.

Die Auseinandersetzungen um die Umwelt im weitesten Sinne – von der Kernenergie über das Waldsterben bis zur Startbahn West des Flughafens Frankfurt am Main – hatten Folgen für das politische Bewusstsein in beiden Teilen Deutschlands. Die zum Gründungsmythos beider Staaten zählende Überzeugung von der Notwendigkeit und dem Nutzen industrieller Tätigkeit zeigte Erosionserscheinungen. Seither sind die Genehmigungen industrieller Projekte keine Selbstläufer mehr. Die vermutete oder auch nachgewiesene Beeinträchtigung individueller und kollektiver Schutzgüter wie Luft, Wasser, Lebensraum wurde nicht mehr ohne Weiteres als notwendige Begleiterscheinung wirtschaftlicher Prosperität und sicherer Arbeitsplätze akzeptiert. Auch der Braunkohlenbergbau bekam diese Veränderungen bald zu spüren.

Das galt umso mehr, als aus geologischen Gründen die von der Bevölkerung zunehmend kritisch wahrgenommenen Eingriffe der Braunkohlenindustrie in Lebensraum und Umwelt zwangsläufig gravierender wurden. Mit Auskohlung der oberflächennahen Flöze wurde es nötig – und durch eine inzwischen entwickelte

Großtechnik auch möglich –, sehr viel tiefere Lagerstätten wirtschaftlich zu gewinnen. Die unternehmerische Entscheidung dafür war im Westen bereits in den Siebzigerjahren mit der Beantragung des Tagebaus Hambach getroffen worden. Der für Abbauteufen bis zu 450 Meter ausgelegte Betrieb begann 1978 mit der Abraumförderung, 1984 wurde die erste Kohle gefördert. Die größeren Teufen der zu gewinnenden Flöze machten zugleich eine sehr viel größere Oberflächeninanspruchnahme erforderlich. Das wiederum führte tendenziell zu einer verstärkten Notwendigkeit von Umsiedlungen, auch wenn sich diese Frage im Fall Hambach wegen einer besonders dünnen Besiedlung noch nicht intensiv stellte. Erst mit dem 1987 beantragten Tagebau Garzweiler II wurde der Braunkohlentagebau zu einem dann auch für die Bundespolitik relevanten Thema.

Hundert Jahre DEBRIV im Zeichen der Teilung

Der Deutsche Braunkohlen-Industrie-Verein hatte als einer der ältesten Industrieverbände Deutschlands 1985 sein hundertjähriges Bestehen feiern können. Die Veranstaltung fand in Köln statt. Repräsentanten der ostdeutschen Reviere waren nicht anwesend. In seinem Bericht unter der Überschrift „Der deutsche Braunkohlenbergbau von 1885 bis heute" sprach dies der damalige DEBRIV-Vorsitzende Dr. Hans-Joachim Leuschner mit Bedauern an. Der Bericht zur damaligen Situation des deutschen Braunkohlenbergbaus begann mit einem Blick über die Grenze in den östlichen Teil Deutschlands. Mit dem Jubiläum begann ein Jahrzehnt, das mit der Wiedervereinigung der beiden deutschen Staaten für die Industrie wie für das ganze Land ganz unerwartete Veränderungen und völlig neue Strukturen mit sich bringen sollte.

Braunkohlenförderung (1840–2009)

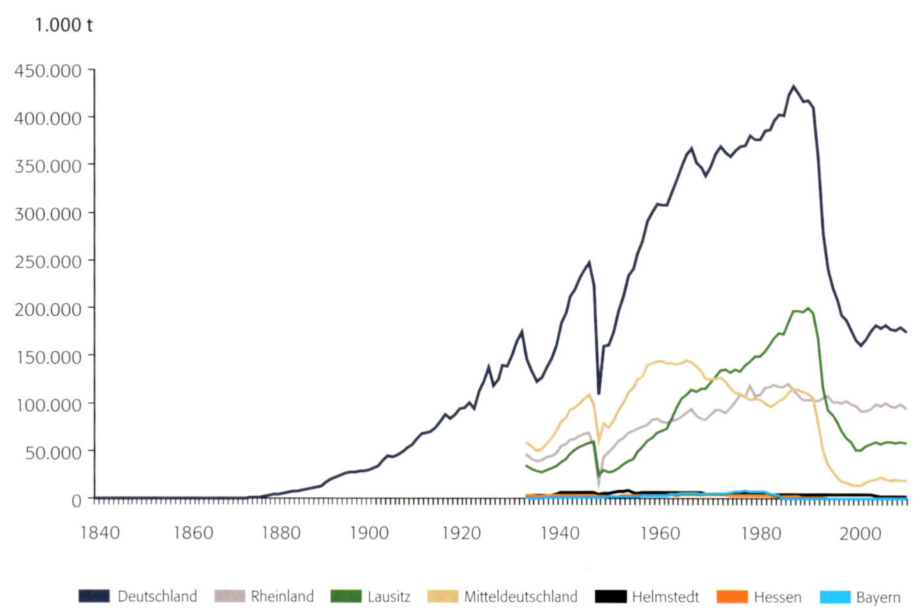

Tagebau Jänschwalde

Unterschiedliche Situation der Kohle in Ost und West

Zum Zeitpunkt des hundertjährigen DEBRIV-Bestehens betrug die Förderung in Mitteldeutschland rund 115 Millionen Tonnen Kohle, in der Lausitz rund 197 Millionen Tonnen, also in der DDR insgesamt rund 310 Millionen Tonnen. Demgegenüber wurden zum gleichen Zeitpunkt in der Bundesrepublik etwa 120 Millionen Tonnen Braunkohle gefördert.

Die technische und wirtschaftliche Entwicklung in Ost- und Westdeutschland verlief nach 1949 aufgrund der unterschiedlichen Systeme weitgehend getrennt. Westdeutschland wurde zunehmend in die Weltwirtschaft integriert und hatte damit die Möglichkeit, den Energiemix zu diversifizieren. In Ostdeutschland war eine zunehmende Abschottung von den Weltmärkten zu verzeichnen. Deswegen war die Primärenergiestrategie auch eine völlig andere.

Im Jahr 1989 wurden in der DDR rund 70 Prozent des Primärenergiebedarfs allein durch die Braunkohle abgedeckt. Für die DDR war Braunkohle als einzige heimische Energiequelle unverzichtbar – und zwar nicht nur als Basis für die Stromerzeugung, sondern im großen Umfang in Form von Briketts als Brennstoff für Haushalte, Gewerbe und Industrie. Die Namen *Schwarze Pumpe* und *Lauchhammer* in der Lausitz sowie *Espenhain* und *Böhlen* in Mitteldeutschland stehen als Synonyme für die Erzeugung von Stadtgas und die Carbochemie. Hinzu kommt die umfangreiche Erzeugung von Koks auf Basis von Braunkohle.

In Westdeutschland war zu diesem Zeitpunkt der Anteil der Rohkohle, der zu Briketts, Braunkohlenstaub und Wirbelschichtkohle veredelt wurde, bereits stark gesunken. Stattdessen gingen 87 Prozent der Förderung in die Verstromung. Mitte der Achtzigerjahre war die Perspektive der Braunkohle in Westdeutschland durchaus positiv. Die vom Deutschen Bundestag eingesetzte Enquetekommission „Zukünftige Kernenergiepolitik" kam in ihrem 1984 vorgelegten Bericht zu dem Ergebnis, dass der Anteil der Kohle im (bundes)deutschen Energiemix unverzichtbar sei. Die Förderung von heimischer Stein- und Braunkohle, so die Prognose, werde sich in Summe bis 2030 auf 160 Millionen Tonnen Steinkohleneinheiten steigern lassen.

Gleichwohl wurde die Kohle zunehmend unter dem Aspekt eines wacheren Umweltbewusstseins kritisch gesehen. Im Zuge der Diskussion um die Waldschäden und den als dafür mit ursächlich angesehenen „sauren Regen" wurde 1983 die Großfeuerungsanlagenverordnung im Rahmen des Bundesimmissionsschutzgesetzes erlassen. Mit hohen Investitionen wurden im Zeitraum von 1985 bis 1988 die bestehenden großen Kraftwerksblöcke mit Entschwefelungs- und Entstickungsanlagen nachgerüstet. Die Emissionen gingen spürbar zurück, auch wenn der anfänglich angenommene direkte, monokausale Zusammenhang zwischen dem „sauren Regen" und dem „Waldsterben" einer nachhaltigen Betrachtung nicht standhalten konnte. Unbenommen davon waren die Maßnahmen richtig und angemessen.

Verbunden mit dem Thema Entschwefelung waren zudem ein Kapazitätsabbau und der Verzicht auf Kapa-

10. November 1989: Menschen besteigen die Berliner Mauer vor dem Brandenburger Tor

zitätserneuerungen im Rheinland, weil zeitgleich der Strombedarfsanstieg abflachte und in den Achtzigerjahren große Kernkraftkapazitäten ans Netz gingen. Im Ergebnis sanken die Emissionen an Schwefeldioxid aus der Stromerzeugung bis Anfang der Neunzigerjahren im Westen um rund 80 Prozent.

In der DDR erfolgte in dieser Zeit der Ausbau der Braunkohlenverstromung auf Basis der 500-Megawatt-Blöcke; insbesondere durch das große Vorhaben in Jänschwalde (3.000 Megawatt) sowie den Ausbau in Boxberg und in Hagenwerder (jeweils 1.000 Megawatt). Trotz dieser Modernisierungsschritte war es in der DDR nicht möglich, alte, weniger effiziente Anlagen stillzulegen, weil der Energiebedarf anhaltend hoch blieb und Kraftwerksneubauten nur eingeschränkt und im länderübergreifenden Verbund des Rates für gegenseitige Wirtschaftshilfe (RGW) möglich waren. Die energiepolitische Strategie sah deswegen vor, die Kohlenförderung weiter zu steigern, auch wenn dies mit weiteren Belastungen von Mensch und Natur in den Förderregionen verbunden war. Dieser auf reine Mengensteigerung ausgerichtete Weg musste auf mittlere bis lange Sicht an Grenzen stoßen. Zum damaligen Zeitpunkt ließ sich noch nicht absehen, dass dieser Zeitpunkt schon so rasch mit dem Fall der deutsch-deutschen Grenze im Jahre 1989 eintreten würde.

Wirtschaftlichkeit unter Druck in Westdeutschland

Ökonomisch war die westdeutsche Stein- und Braunkohle in den Achtzigerjahren durch die wachsende Konkurrenz vom Weltmarkt unter zunehmenden Druck geraten. Nach dem Abflauen der sogenannten zweiten Ölkrise ab Anfang der Achtzigerjahre kam es an den Weltmärkten ab 1986 zu deutlichen Preisrückgängen bei Energie, speziell auch bei der Steinkohle. Angesichts ebenfalls sinkender Frachtraten wurde Importkohle ab Mitte der Achtzigerjahre zu einer starken Konkurrenz nicht nur für die deutsche Steinkohle, sondern auch für die Braunkohle in der Bundesrepublik. In der Folge kam es ab den frühen Neunzigerjahren zu massiven Kostensenkungsprogrammen in den Unternehmen der Braunkohlengewinnung. Der damit in Gang gesetzte Veränderungsprozess bewirkte einen Strukturwandel in der Braunkohlenindustrie, der mit erheblichen Verlusten an Arbeitsplätzen einhergehen sollte und der zum Teil bis heute anhält.

Das Lausitzer und mitteldeutsche Revier vor und nach der Wiedervereinigung

Die Ölkrisen der Siebzigerjahre bedeuteten auch für die DDR eine enorme Herausforderung. Um Ausgaben von kaum vorhandenen Devisen für teure Öl- und Gasimporte zu vermeiden, setzte die DDR auf die intensive Nutzung der heimischen Vorräte an Braunkohle. Der Braunkohlenindustrie wurde das politische Ziel vorgegeben, bis 1990 eine Jahresförderung von 335 Millionen Tonnen zu erreichen. Dieses Ziel wurde Ende der Achtzigerjahre mit einer Förderung von 320 Millionen Tonnen fast erreicht. In diesem Rahmen wurden folgende wesentliche Einsatzgebiete bedient:

- Für die Erzeugung von ca. 50 Millionen Tonnen Brikett zur flächendeckenden Wärmeversorgung von Industrie und Bevölkerung sowie als Einsatzstoff der zweiten Veredlungsstufe wurden ca. 100 bis 110 Millionen Tonnen Rohkohle eingesetzt.
- In industriellen und kommunalen Heizkraftwerken kamen 90 bis 100 Millionen Tonnen Rohkohle zum Einsatz, häufig über lange Strecken transportiert.

- Für die öffentlichen Kraftwerke mit einer Kapazität von gut 13.000 Megawatt waren 110 bis 120 Millionen Tonnen Rohkohle eingeplant.

Der Braunkohlenindustrie kam damit eine zentrale wirtschaftliche Bedeutung in der DDR zu. Die Versorgung des Landes und seiner Menschen mit Wärme und Energie lag im Wesentlichen in der Verantwortung der Braunkohlenindustrie. Das Erreichen von Produktionszielen hatte oberste Priorität. Insbesondere bei lang anhaltenden niedrigen Temperaturen im Winter wurde die Rohkohlenversorgung zu einer strategischen Aufgabe. Da Versorgungsengpässe in jedem Fall vermieden werden sollten, wurde zur Unterstützung in Extremsituationen die Armee herangezogen. Dies geschah unter der Überschrift „Winterkampf“.

Der politische Einfluss auf diesen strategischen Industriezweig beschränkte sich nicht auf die Zentralregierung in Berlin. In den Bezirken gaben die örtlichen Regierungsstellen einen Rahmen vor, der sich in vielerlei Hinsicht an den übergeordneten Zielen einer sicheren Versorgung orientierte. Innerhalb der DDR wurden die notwendigen personellen und investiven Mittel zur Bewältigung der übertragenen Aufgabe mobilisiert. Das führte zu einem vergleichsweise guten Standard in der Geräteausstattung in den Tagebauen und Instandhaltungsbetrieben. Investitionsrückstände gab es insbesondere im Bereich der Veredlung und im Bereich der Stromerzeugung. Hier ist allerdings zu berücksichtigen, dass der Kraftwerksbau im Rahmen des RGW in geteilter Verantwortung unter großer Dominanz der Sowjetunion erfolgte. Die Möglichkeiten, im Stromsek-

Stromerzeugung nach Energieträgern 1990

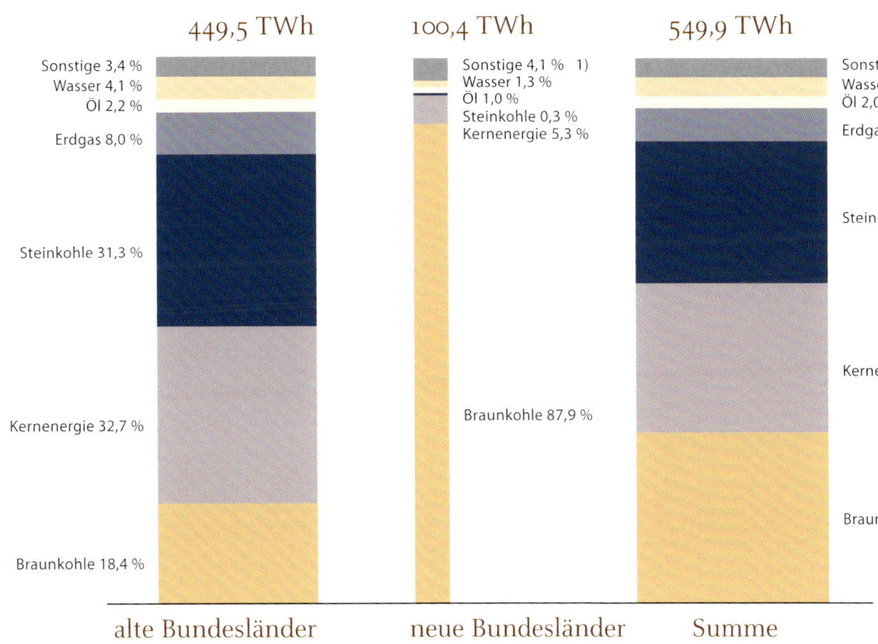

1) einschl. Erdgas

Quelle: Statistik der Kohlenwirtschaft/BMWi

Brikettfabrik Schwarze Pumpe

tor eigenständige Investitionsentscheidungen zu treffen, waren also deutlich eingeschränkt.

Die Braunkohlenindustrie war 1989 in drei Kombinaten organisiert, und zwar im Braunkohlenkombinat Bitterfeld, dem Braunkohlenkombinat Senftenberg und dem Gaskombinat Schwarze Pumpe. Insgesamt wurden mehr als 130.000 Männer und Frauen beschäftigt. Mit dem Fall der Mauer 1989 und der Wiedervereinigung der beiden deutschen Staaten 1990 kam es auch in der Braunkohlenindustrie zu tief greifenden Veränderungen. Durch die Einführung der D-Mark am 1. Juli 1990 in der DDR wurde deren Wirtschaft dem Wettbewerbsdruck des Weltmarkts schockartig ausgesetzt. Die alten

Braunkohlenbergbau in Deutschland

Handelsbeziehungen innerhalb der Wirtschaftsräume des RGW zerbrachen, die über Jahre für Exporterlöse gesorgt hatten. Schon kurzfristig ergab sich aus der allgemeinen Strukturkrise ein dramatischer Absatzeinbruch für die Braunkohle. Der zuvor sehr kohlenlastige Energiemix wurde darüber hinaus schnell diversifiziert. Ein Beispiel dafür ist das Vordringen des Erdgases im Wärmemarkt. Auch die Stromproduktion sank dramatisch. Im Ergebnis reduzierte sich die Braunkohlenförderung innerhalb weniger Jahre auf deutlich unter die Hälfte jener Menge, die vor der Wiedervereinigung gefördert wurde.

Die mit der Neustrukturierung der ostdeutschen Wirtschaft beauftragte Treuhandanstalt verfolgte das Ziel, die ostdeutsche Braunkohlenindustrie möglichst kurzfristig so zu strukturieren, dass sie mit der Förderung und Verstromung der Braunkohle sowie einer marktfähigen Brikettproduktion eine auch längerfristige Chance erhalten würde. Die Arbeit der Treuhandanstalt erfolgte unter hohem Zeitdruck und einer ausgeprägten Erwartungshaltung in der Politik und Gesellschaft, die vorhandenen Betriebe zügig in wettbewerbsfähige Einheiten oder Unternehmen zu überführen und zu privatisieren. Dabei bediente sich die Treuhand unterschiedlichster externer Kräfte. Für die Braunkohlenindustrie in Mitteldeutschland und der Lausitz war die Lausitzer- und Mitteldeutsche Braunkohlen-Beratungsgesellschaft von besonderer Bedeutung. Dieses Unternehmen war kurz vor der Einheit noch von der damaligen Rheinbraun AG und der DDR-Regierung gegründet worden. Die Aufgabe war, ein langfristiges Konzept für die Braunkohlenindustrie zu entwickeln.

Mit dem Einigungsvertrag wurde es erforderlich, die vormaligen Kombinate in Kapitalgesellschaften zu überführen und für alle Betriebe die Genehmigungen anzupassen. In beiden Revieren entstanden neue Unternehmensstrukturen und es erfolgte eine Konzentration der Produktion auf die Betriebe und Produktlinien, die auch unter Marktwirtschaftsbedingungen

Tagebau Garzweiler

wettbewerbsfähig waren. Entsprechend sank die Kohlenförderung in der Lausitz von 195 Millionen Tonnen in 1989 auf 71 Millionen Tonnen in 1995, die Brikettproduktion im gleichen Zeitraum von 25 auf drei Millionen Tonnen. In Mitteldeutschland ging die Kohlenförderung von 105 auf 18 Millionen Tonnen zurück, die Brikettproduktion sank von 23 Millionen auf eine Million Tonnen.

Noch größere Auswirkungen hatten die Umstrukturierungen zwangsläufig sowohl in der Lausitz als auch im mitteldeutschen Revier auf die Beschäftigtenzahlen. Waren noch 1989 in den beiden Lausitzer Kombinaten zusammen rund 79.000 Menschen beschäftigt, so sank diese Zahl bis 1994 auf nur noch 22.300. In der mitteldeutschen Braunkohle sank die Zahl der Mitarbeiter entsprechend von 60.000 auf 8.150 Personen. Diese nüchternen Fakten zum Beschäftigungsabbau dürfen nicht darüber hinwegtäuschen, dass der Stellenabbau für den einzelnen Menschen erhebliche Belastungen mit sich gebracht hatte; insbesondere für jene Menschen, die sich, entsprechend den gesellschaftspolitischen Realitäten in der DDR, stark über ihre Arbeit definiert haben.

Es ist eine der Erfolgsgeschichten der Wiedervereinigung, dass diese massiven Strukturveränderungen ohne schwere soziale Verwerfungen erfolgten. Die mit der Marktwirtschaft eingeführten sozialen Sicherungssysteme spielten dabei zweifellos eine wichtige Rolle.

Strukturbruch und Sonderproblem Altlasten

Mit der Wiedervereinigung zerbrachen die langfristigen Abbaukonzepte in Mitteldeutschland und der Lausitz. Ursprünglich waren die Planungen darauf ausgerichtet, weit über die Jahrtausendwende die Braunkohlenförderung auf einem Niveau von etwa 300 Millionen Tonnen zu halten. Die Bergbauplanung war durch eine Vielzahl von Abhängigkeiten zwischen Einzelprojekten gekennzeichnet. So war beispielsweise an vielen Stellen vorgesehen, ausgekohlte Tagebaue mit den Aufschlussmassen neuer Betriebe zu rekultivieren. Wegen des dramatischen Förderrückgangs entwickelte sich aus diesen Abhängigkeiten ein großes Problem. Hinzu kam die Fragestellung, wie die an vielen Stellen vor der Einheit aufgelaufenen Altlasten zu behandeln sind. Dabei ging es einmal um Rückstände bei der Rekultivierung, aber auch um die Frage, wie die Vielzahl alter Industriestandorte zu behandeln ist. Im Rückblick ist also zwischen Altlasten und aus dem Strukturbruch resultierenden Aufgaben zu unterscheiden. Zwar hatte es auch in der DDR beachtliche Rekultivierungsanstrengungen gegeben – so zum Beispiel im Bereich des Vorzeigeprojekts Senftenberger See –, aber nach 1989 ergaben sich Aufgaben in einer bis dato unbekannten Dimension. Für die Treuhandanstalt bzw. die Bundesrepublik als Rechtsnachfolger der DDR wurde es erforderlich, Lösungen für diese Probleme zu erreichen.

Die neue gesellschaftspolitische Diskussion: Garzweiler II

In den Revieren in West- wie auch in Ostdeutschland stand die Braunkohlenindustrie in den Jahren nach der Wiedervereinigung vor der Herausforderung, den Beitrag zur Energieversorgung und die Zukunft der Branche durch das Erschließen neuer Abbauflächen zu sichern. Das war angesichts des gewachsenen Umweltbewusstseins und geänderter politischer Rahmenbedingungen eine höchst komplexe Aufgabe.

Hatte im Westen die Genehmigung des technisch wie ökonomisch neue Dimensionen eröffnenden Tagebaus Hambach noch von den Unsicherheiten im Gefolge der Ölkrisen profitiert, geriet dieser Aspekt bei der Diskussion über weitere Braunkohlenpläne in West und Ost fast völlig außer Betracht. Ab Mitte der

Dr.-Ing. Dr.-Ing. E. h. Hans-Joachim Leuschner

Das hundertjährige Bestehen des DEBRIV wurde 1985 in Köln gefeiert. Fünf Jahre später konnte die deutsche Einheit wiederhergestellt werden. Wie haben Sie das empfunden?

Auf unserer Festveranstaltung zum hundertjährigen Jubiläum hatte ich einen Rückblick auf die Geschichte der Verbände der Braunkohle gegeben. Ich hatte versucht, deutlich zu machen, dass es unabhängig von den jeweiligen politischen Verhältnissen immer wieder revierspezifische Eigenheiten gab und gibt. So wurde 1893 der „Verein für die Interessen der rheinischen Braunkohlenindustrie" mit Sitz in Köln gegründet, weil die Rheinische Braunkohle ihre Erwartungen im fernen Halle nicht ausreichend vertreten sah. Es illustriert ganz gut diese Wechselspiele unserer Geschichte, wenn wir das hundertjährige Bestehen des Deutschen Braunkohlen-Industrie-Vereins noch allein als westdeutsche Braunkohlenindustrie in Köln am Sitz der damaligen „Separatisten" begehen mussten und nun das 125-jährige Jubiläum wieder am Gründungsort des DEBRIV in Halle feiern können. Es berührt mich, der ich aus dem mitteldeutschen Revier stamme, auch ganz persönlich und ich bin froh, dass heute die gesamte deutsche Braunkohlenindustrie ihre Interessen im DEBRIV gebündelt hat und so nach außen wieder mit einer Stimme sprechen kann.

Welches waren die entscheidenden Weichenstellungen für die Weiterentwicklung der Braunkohlenförderung im rheinischen Revier?

Die Fusion der vier Vorgängergesellschaften zur Rheinischen Braunkohlenwerke AG um die Jahreswende 1959/60 hatte den Weg frei gemacht für die grundlegend neue bergbauliche Konzeption für das rheinische Revier, das nun erstmals als Gesamtheit geplant werden konnte. Der Aufschluss des Tagebaus Hambach 1978 markierte dann den nötigen Aufbruch in neue technische wie kaufmännische Dimensionen. Ab Mitte der Achtzigerjahre stand das Genehmigungsverfahren Garzweiler im Zentrum unserer Arbeit wie auch der öffentlichen Aufmerksamkeit. Unter den Überschriften „Umwelt- und Sozialverträglichkeit" wurden außerordentlich umfangreiche und tief greifende Untersuchungen in die Wege geleitet, um die langfristigen Auswirkungen der bergbaulichen Tätigkeiten abzuschätzen und beherrschbar zu halten. Ziel dieser sehr aufwendigen Maßnahmen war allerdings nicht nur, die anstehenden Fragen technisch optimal zu lösen, sondern zugleich über transparente Genehmigungsverfahren Rechtssicherheit und Akzeptanz für das Verfahren zu sichern.

War das Thema Akzeptanz nicht etwas ganz Neues für unsere Industrie?

In der Zuspitzung bei Garzweiler sicherlich. Aber man darf nicht vergessen, dass die Braunkohlenindustrie mindestens in der alten Bundesrepublik immer intensiv daran hat arbeiten müssen, ihre Tätigkeit transparent zu gestalten und unvermeidliche Eingriffe so umfassend wie möglich auszugleichen. Das galt sowohl für den Eingriff in die sozialen Strukturen, etwa durch Umsiedlungen, als auch für Eingriffe in die Landschaft. Durch eine umfängliche Kommunikation war über lange Zeit die erforderliche Grundzustimmung gegenüber unserer Arbeit gewährleistet. Mit dem Garzweiler-Verfahren hatten sich allerdings die Themen auch unter dem Einfluss gesellschaftlicher und politischer Veränderungen sehr viel stärker in das Bewusstsein weitester Kreise der Öffentlichkeit geschoben. Entsprechend umfangreich gestaltete sich die Bearbeitung der Thematik durch unser Unternehmen. An den Großprojekten Hambach und Garzweiler wurde zunächst schon sehr deutlich, dass es für die Beurteilung unserer Arbeit durch die Öffentlichkeit ganz besonders auf unsere Sachkompetenz ankommt. Bürger, Politik und Behörden mussten davon überzeugt werden, dass wir die anstehenden Fragen fachlich umfassend beherrschen. Ich glaube, das ist uns letztlich gelungen. Im Übrigen kommt es für die Akzeptanz darauf an, offen mit Problemen umzugehen und auch die Interessen anderer in die eigenen Überlegungen einfließen zu lassen. Da haben wir vieles erst lernen müssen, aber ich denke, das haben wir dann ziemlich schnell begriffen und beherzigt.

Wie bewerten Sie im Rückblick die Neustrukturierung der mitteldeutschen und Lausitzer Braunkohle?

Nach dem Fall der Mauer und der damit möglichen Öffnung hatte sich ziemlich schnell herausgestellt, dass wir Bergleute aus den unterschiedlichen Revieren sozusagen auf einer gleichen Grundfrequenz arbeiten. Trotzdem wussten wir in den ersten Monaten nicht, wohin die Reise geht. Wir haben von Rheinbraun aus viel informiert, wir sind in die Reviere der DDR gefahren und wir haben viele Besucher von dort empfangen. Ab dem Frühjahr 1990 wurde der Prozess dann durch die „Lausitzer und Mitteldeutsche Braunkohlen-Beratungsgesellschaft" strukturiert. In diesem Gemeinschaftsunternehmen, das die damalige DDR-Regierung und Rheinbraun gegründet hatten, arbeitete ein Team aus Fachleuten aus dem rheinischen Revier, um gemeinsam mit den Verantwortlichen in den ostdeutschen Revieren eine Restrukturierungsstrategie zu entwickeln. Im Rückblick muss man feststellen, dass enorme Veränderungen stattgefunden haben. Die Förderung wurde um mehr als 70 Prozent reduziert, die Belegschaft in noch größerem Maße. Es war ein Strukturbruch, wie wir ihn noch nie vorher erlebt hatten. Dafür gab es keine Blaupause oder kein Vorstück, aber es gab Menschen, die tatkräftig angefasst haben und mit ehrlichem und gutem Willen an der Arbeit waren. Hier komme ich wieder zum Thema Glaubwürdigkeit oder Akzeptanz. Erfreulich schnell ist es dann unseren Kollegen in Mitteldeutschland und in der Lausitz gelungen, die Braunkohle neu zu positionieren und für eine zukunftsgerichtete neue Strategie Zustimmung in den Ländern Brandenburg, Sachsen und Sachsen-Anhalt zu erreichen. Dass der damit verbundene enorme gesellschaftliche Veränderungsprozess insgesamt mit einem so hohen Maß an Konsens und ohne größere Friktionen gestaltet werden konnte, ist eine herausragende Leistung sowohl derer, die diese Prozesse planen und umsetzen mussten – und dazu gehören gerade auch die politischen und administrativen Instanzen –, als auch ganz besonders der Menschen in den Revieren, die angepackt und nicht resigniert haben.

Während der Wiedervereinigung waren Sie Vorsitzender des DEBRIV. Was sind Ihre wesentlichen Eindrücke?

Wir haben uns von Anfang an vorgenommen, die Reviere in den neuen Ländern in die Gemeinschaftsarbeit des DEBRIV einzubinden und unsere verbandliche Struktur an die neuen Anforderungen anzupassen. Als sehr positiv habe ich empfunden, dass unsere Kollegen in der Lausitz und in Mitteldeutschland die Gemeinsamkeiten betont und spezifische Interessen nicht ins Zentrum gerückt haben. Also kein Separatismus wie 1893 im Rheinland, sondern von Anfang an die Suche nach Gemeinsamkeiten im DEBRIV.

Im DEBRIV-Vorstand gab es schon frühzeitig eine gute Zusammenarbeit. An Breite hat diese Zusammenarbeit gewonnen durch das traditionell sehr praxisorientierte Ausschusswesen, in dem zum damaligen Zeitpunkt mehrere hundert Mitarbeiter aus allen Revieren engagiert waren. Dies ermöglichte einen fachlichen Austausch, das Kennenlernen der anderen Reviere und insbesondere natürlich auch den persönlichen Kontakt. Alles zusammen führte dazu, das Verständnis füreinander und für die gemeinschaftliche Arbeit zu vertiefen. Ich freue mich sehr, dass wir jetzt unseren Braunkohlentag anlässlich des 125-jährigen Bestehens als Veranstaltung der ganzen deutschen Braunkohle am 6. Mai 2010 am Gründungsort des DEBRIV in Halle an der Saale begehen werden.

**Dr.-Ing. Dr.-Ing. E. h.
Hans-Joachim Leuschner** (*1927)

Mitglied des DEBRIV-Vorstands seit 1976, Vorsitzender des DEBRIV-Vorstands 1979–1996, seit 1996 Ehrenvorsitzender. Studium Bergbau, Bergakademie Freiberg und Bergakademie Clausthal. Ab 1952 rheinischer Braunkohlenbergbau, 1954 Promotion, 1971–1993 Vorstand Rheinbraun AG, 1989–1993 Vorstandsvorsitzender Rheinbraun AG und Mitglied des Vorstands RWE AG.

Vorübergehender Baggerstillstand im Tagebau Jänschwalde vor Horno

Achtzigerjahre waren die Energiepreise gesunken. Importkohle und Erdgas wurden seither als Alternativen betrachtet, um die Neuaufschließung von Tagebauflächen für überflüssig zu erklären. Umwelteingriffe und Umsiedlungen wurden als nicht länger akzeptabel angegriffen. Über neue Tagebaue wurde politisch und gesellschaftlich so intensiv gestritten wie niemals zuvor. Unternehmen und gesellschaftliche Gruppen, Politik und Genehmigungsbehörden waren die Akteure in Genehmigungsverfahren, die sich als Symbolkonflikte dieser Phase der deutschen Energiepolitik mit drei Ortsnamen verbunden haben: Garzweiler II, Horno und Heuersdorf.

Garzweiler II, zunächst unter dem Namen Frimmersdorf West-West bekannt, steht für eine westlich gelegene Anschlussfläche an den seit den Sechzigerjahren laufenden Tagebau Frimmersdorf West/Garzweiler. Die Erweiterungsfläche umfasste in den ersten Planungen aus den frühen Achtzigerjahren rund 68 Quadratkilometer mit einem Kohlenvorrat von 1,6 Milliarden Tonnen. Bei dem von Beginn an in der Öffentlichkeit umstrittenen Projekt machte die nordrhein-westfälische Politik eine mögliche spätere Genehmigung von der Erfüllung zahlreicher ökologischer Kriterien abhängig. So wurden schon im Kontext von Garzweiler technische Maßnahmen zur Sicherung von Feuchtgebieten gegen die Auswirkungen der mit dem Tagebau erforderlichen Grundwasserabsenkung erfolgreich eingesetzt.

Für Garzweiler II wurde dem Antragsteller Rheinbraun zusätzlich aufgegeben, mit der Antragstellung die Erarbeitung eines sogenannten ökologischen Anforderungsprofils vorzulegen, in dem vor allem Fragen zur Schonung der nordwestlich von Garzweiler II im Schwalm-Nette-Gebiet gelegenen Feuchtgebiete zu bearbeiten waren. Untersucht wurde, ob günstigere räumliche oder technische Lösungen/Abbaumöglichkeiten vorhanden seien. Auch Fragen der Sozialverträglichkeit von Umsiedlungen standen zur Debatte.

Die Antragstellung auf Zulassung eines Braunkohlenplanes Garzweiler II erfolgte im September 1987. Die Landesregierung konkretisierte ihre Position zum Braunkohlenabbau in zwei sogenannten Leitentscheidungen 1987 und 1991. Darin legte sie u. a. eine Verkleinerung des Abbaufeldes auf nur noch 48 Quadratkilometer fest. Dadurch wurde sowohl die ökologische Auswirkung des Tagebaus als auch die Zahl der umzusiedelnden Menschen reduziert. Grundsätzlich blieb die Landesregierung bei ihrer allerdings von der Erfüllung einer Reihe von Kriterien abhängigen Unterstützung des Tagebaus Garzweiler II. Folgerichtig genehmigte sie im April 1995 den Braunkohlenplan für das Vorhaben.

Horno und Heuersdorf: Konflikte um die Braunkohle im Osten

Auch in der Lausitz gab es ein Symbol für den Konflikt um den Braunkohlenbergbau. Dabei stand nicht so sehr ein Tagebauname im Fokus als vielmehr der Name eines Dorfes, das umsiedeln sollte: Horno. Das brandenburgische Dorf, im Tagebaufeld Jänschwalde gelegen, war bereits zu DDR-Zeiten 1977 zum sogenannten Bergbauschutzgebiet erklärt und damit zur späteren Devastierung bestimmt worden. Schon zu

Horno nach der Umsiedlung

diesem Zeitpunkt hatte ein zunächst verhaltener Widerstand der Bewohner gegen diesen Beschluss eingesetzt. Der Protest gegen die Abbaggerung des Dorfes speiste sich nicht zuletzt aus der Tradition des Ortes als sorbische Gemeinde. Mit der Wiedervereinigung machte auch der Protest gegen die Inanspruchnahme von Horno von den neu gewonnenen Freiheiten Gebrauch und fand damit zunehmend auch überregionale Aufmerksamkeit.

Ähnlich wie in Horno entwickelte sich die Situation im mitteldeutschen Heuersdorf. Auch Heuersdorf war bereits in frühen DDR-Zeiten als Bergbauschutzgebiet eingestuft und zur Umsiedlung für den Tagebau Schleenhain vorgesehen gewesen. Mit der Wiedervereinigung und dem damit verbundenen Strukturwandel der ostdeutschen Braunkohlenindustrie wuchsen zunächst Hoffnungen, der Ort könne erhalten werden. Mit den späteren Planungen für das Kraftwerk Lippendorf wurde jedoch klar, dass die unter Heuersdorf lagernde Kohle für die Versorgung des Kraftwerks unverzichtbar sein würde.

Die Auseinandersetzungen um die Umsiedlung von Horno und Heuersdorf sind nicht typisch für diese Reviere. Ganz im Gegenteil sind in dem gleichen Zeitraum in der Lausitz die Umsiedlungen von Kausche und in Mitteldeutschland von Großgrimma in einem guten Einvernehmen zwischen den Umsiedlern und den Bergbauunternehmen mit einer konstruktiven behördlichen und politischen Begleitung abgelaufen. Die Bürger haben die Angebote für eine gemeinsame Umsiedlung in ein neues Dorf und eine angemessene Entschädigung ihres Eigentums angenommen und die Veränderung trotz aller Belastungen als Chance begriffen. Demgegenüber waren die Umsiedlungen von Horno und Heuersdorf von zeitraubenden behördlichen Verfahren wie z. B. der Enteignung von Grundstücken oder langjährigen Gerichtsverfahren über mehrere Instanzen hinweg bis zu Bundes- und europäischen Gerichten begleitet. Im Ergebnis wurde die Vereinbarkeit des Eingriffes mit unserem Rechtssystem unter dem Gesichtspunkt der energiewirtschaftlichen Notwendigkeit und den Maßnahmen zur Sozialverträglichkeit von den Gerichten bestätigt. Auf dieser Grundlage wurden diese Umsiedlungen mit dann doch einvernehmlichen Entscheidungen für die Betroffenen realisiert.

Insgesamt war das Jahrzehnt von 1985 bis 1995 ein Jahrzehnt, in dem die Braunkohlenindustrie nolens volens zu einem Gegenstand breiten öffentlichen Interesses wurde. Planverfahren waren nicht mehr nur Thema für Experten und politische Fachgremien. Sie wurden publizistisch intensiv begleitet und politisch instrumentalisiert. Die Braunkohlenunternehmen mussten lernen, mit dieser Situation umzugehen.

In allen Revieren wurde deshalb entsprechendes Know-how aufgebaut. Die traditionell hohe Kompetenz der Unternehmen in technischer und planungsrechtlicher Hinsicht wurde um Kompetenzen zur Akzeptanzgewinnung und -sicherung erweitert. Der Dialog mit der Öffentlichkeit wurde zunehmend professioneller und auch offensiver geführt. Das war, bei allen Schwierigkeiten im Einzelnen, eine letztlich erfolgreiche Strategie. Sie hat mit dazu beigetragen, die Projekte am Ende auch politisch genehmigungsfähig zu machen.

Das rheinische Revier

Das rheinische Revier hat in der Nachkriegszeit bis in die Achtzigerjahre die großen strukturellen Veränderungen in der Braunkohlenveredlung und der Tagebauentwicklung erfolgreich bewältigt. Steigende Förderzahlen und eine wirtschaftlich solide Unternehmensführung haben dazu beigetragen. Der enge Verbund mit der Stromwirtschaft und die permanente Bereitschaft, die Kostenführerschaft in den Produktionsprozessen zu etablieren, waren ohne Zweifel dominante Faktoren bei dieser Entwicklung. Hinzu kommen günstige Bedingungen bei den Lagerstätten mit ihren mächtigen Flözpaketen sowie hochwertige kulturfähige Böden für die Rekultivierung. Ein weiterer Vorzug ist die Nähe zu den Absatzgebieten in einer dicht besiedelten Industrieregion mit einem guten Angebot an qualifizierten Arbeitskräften.

Darüber hinaus wurde früh an den technischen Prozessen zur weiteren Veredlung der Braunkohle vom Synthesegas bis zur Verflüssigung gearbeitet und in großtechnischen Maßstäben geforscht. Vor dem Hintergrund der Ölkrisen in den Siebziger- und Achtzigerjahren wurden hier Chancen für einen zukünftigen Absatz der Braunkohle erkannt. Die weitere Entwicklung

Rheinisches Braunkohlenrevier (Stand: 8/2009)

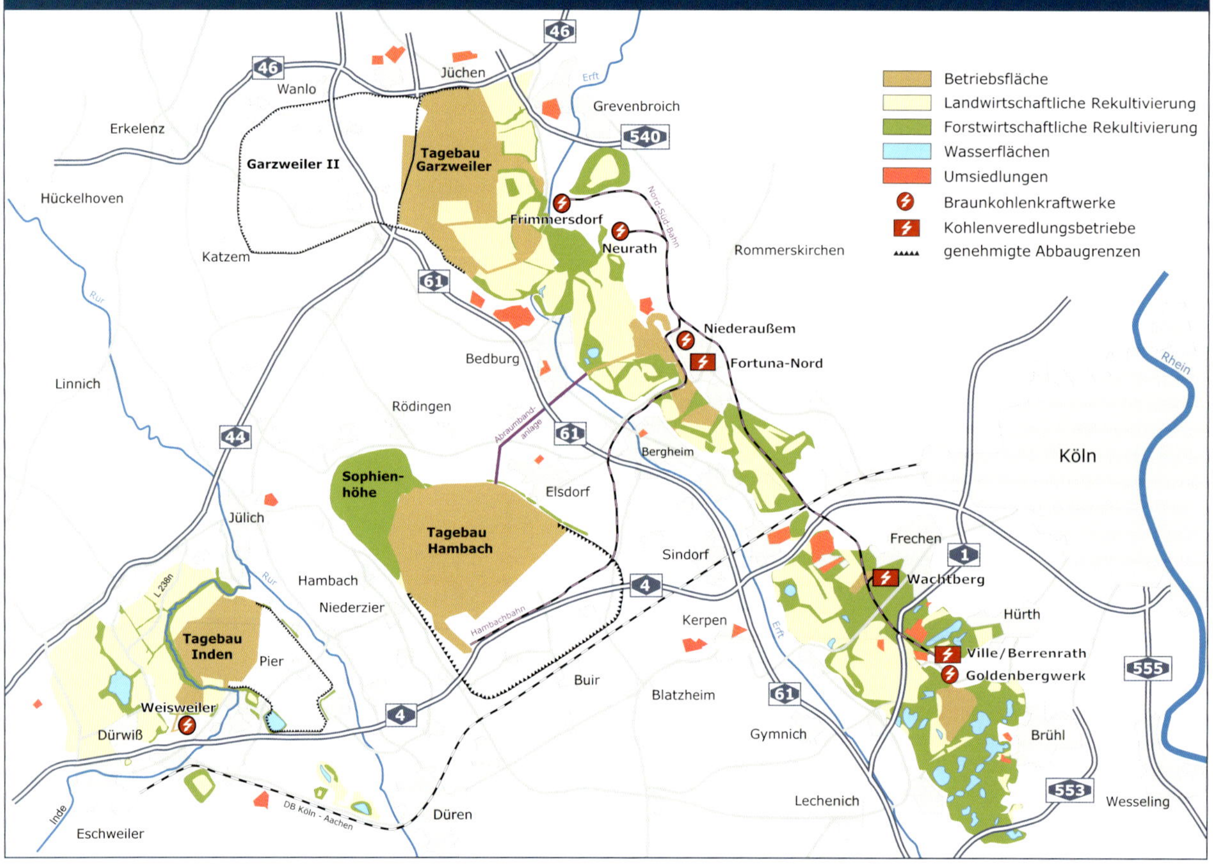

Absetzergruppe auf der Sophienhöhe beim Aufschluss des Tagebaus Hambach

fallender Rohstoffpreise auf dem Energiesektor hatte diesen Bemühungen dann jedoch ein Ende gesetzt. Gleichwohl können zahlreiche grundsätzliche Erkenntnisse aus dieser Zeit gegenwärtig wieder eine Renaissance erleben, wenn man z.B. an die Kohlendioxidabscheidung als eine Antwort auf die Klimadiskussion denkt.

Betriebskonzentration

Aus heutiger Sicht ist die Konzentration des Abbaus der Braunkohle im rheinischen Revier auf die drei Betriebe Garzweiler, Hambach und Inden eine naheliegende Entwicklung vor dem Hintergrund der geschilderten technischen und wirtschaftlichen Bedingungen. Dieser langfristige Entwicklungsprozess konnte sich in einem von Kontinuität geprägten wirtschaftlichen Umfeld der Braunkohle abspielen. Es hat also keine „Brüche im System" gegeben – trotz konjunktureller oder politischer Schwankungen. Der Absatz der Braunkohle im Rheinland lag in den Achtzigerjahren in einer Größenordnung von 100 bis 120 Millionen Tonnen per annum. Die lagerstättenbedingte Zunahme der Abraumbewegung führte zu einem permanenten Kostendruck, dem durch planerische, technische und organisatorische Maßnahmen begegnet werden musste. Die Realisierung des „3-Tagebau-Konzepts" ist die zentrale Antwort auf diese unternehmerische Herausforderung der vergangenen 25 Jahre.

Langfristige Tagebauplanung

Die Planung von Braunkohlentagebauen erfolgt in Wechselwirkung mit dem Kohlenbedarf, sei es für die Stromerzeugung oder die Produktion fester Brennstoffe. Bei rückläufigem Absatz von Festbrennstoffen stieg der Kohlenbedarf der Kraftwerke in den Siebzigerjahren kontinuierlich, da die Kapazität auf mehr als 11.000 Megawatt ausgebaut worden war. Dies hatte eine Erhöhung des Braunkohlenabsatzes zur Stromerzeugung von 90 auf 100 Millionen Tonnen im Jahr zur Folge. Die langfristigen Planungskonzepte für die Betriebe waren darauf anzupassen, wobei folgende Aspekte bedeutsam sind:

- Einsatz immer leistungsstärkerer Großgeräte und Steigerung der Förderleistung der einzelnen Tagebaue mit dem Ziel, optimale Betriebsgrößen zu schaffen.

- Schonung der Lagerstätte und Minimierung der Umwelteingriffe durch Planung einer sinnvollen Abbaufolge und Konzentration der Kohlengewinnung auf wenige Tagebaue.

Die Betriebspunktförderung konnte durch die Weiterentwicklung der Schaufelradbagger, Bandanlagen und Absetzergeräte auf eine Tagesleistung von 240.000 Kubikmeter deutlich gesteigert werden. Diese neue Gerätegeneration basierte auf den technischen Prinzipien der Vorgängergenerationen mit einer Leistungsfähigkeit von 60- bis 100.000 Kubikmeter am Tag. Bei langjährigem Einsatz im Tagebau Fortuna-Garsdorf erwiesen sich diese Geräte als sehr leistungsstark und flexibel, wobei schwierige gebirgsmechanische Bedingungen mit stark einfallenden Schichten/Flözen in gestörten Lagerstätten erfolgreich beherrscht wurden. Die Bandabsetzer überzeugten durch große Reichweite in der Hoch- und Tiefschüttung, womit ein sicherer Kippenaufbau erreicht werden konnte. Der Abbau von bindigen und nichtbindigen Böden in Wechsellagerung und der sichere Kippenaufbau waren auch bei gesteigerter Leistung jederzeit möglich. Dabei erwiesen sich auch die Bandanlagen bei hoher Beanspruchung als robuste und mit zunehmender betrieblicher Erfahrung immer weniger störanfällige Fördermittel.

Tagebau Hambach im Aufschluss

Der Aufschluss im Tagebau Hambach in den Achtzigerjahren erfolgte ebenfalls mit dieser Gerätekonfiguration. Er ist ein weiteres Beispiel für die besondere Eignung dieser Geräte für die Anforderungen im rheinischen Braunkohlenbergbau. Ausgangspunkt der Planungen waren die auslaufenden Tagebaue Ville und Frechen sowie Zukunft-West in den Siebzigerjahren, die Notwendigkeit der Umstrukturierung in den Bereichen Frimmersdorf und Garzweiler sowie die Auskohlung des Tagebaus Fortuna-Garsdorf. Die zunehmende Verschlechterung der Förderverhältnisse von Abraum zu Kohle von ehemals 2:1 auf 6:1 und die dadurch steigenden Kosten sollten durch Steigerung der Massenbewegung je Betriebspunkt oder Gerät kompensiert werden. Im Hinblick auf die hohe Besiedlungsdichte sollte die Flächeninanspruchnahme durch eine günstige zeitliche Abfolge des Abbaus ebenso reduziert werden wie durch die Konzentration auf wenige Tagebaue. Gemäß diesen Grundsätzen wurden revierübergreifende Planungen vorgenommen, die zu den heutigen Tagebauen Inden, Hambach und Garzweiler geführt haben. In Inden und Garzweiler wurden Anschlussfelder aufgeschlossen, der Tagebau Hambach war ein Neuaufschluss. Die Feldesgrößen in allen drei Tagebauen erlauben eine Lebensdauer von bis zu 50 Jahren und geben damit den Betrieben eine langfristige Perspektive für den kostengünstigen Abbau der Kohle.

Das bereits in den Sechzigerjahren im Zuge des unternehmerischen Zusammenschlusses der Tagebaue und

Braunkohlenförderung im Rheinland – Konzentration auf drei leistungsfähige Tagebaue

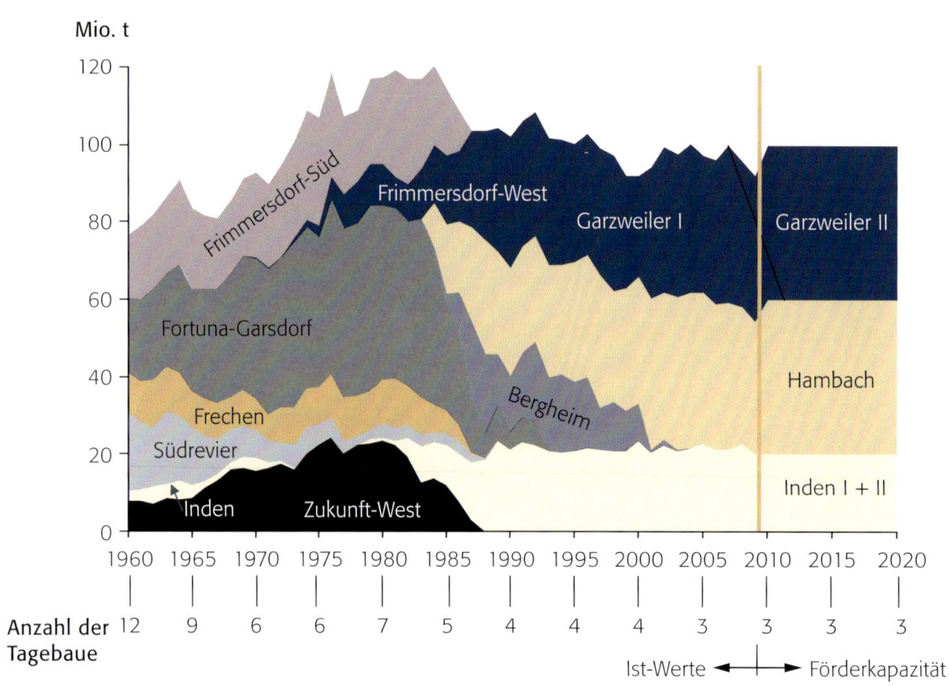

Bagger auf erster Sohle im Tagebau Hambach

Demonstration pro Garzweiler II

Brikettfabriken zu den Rheinischen Braunkohlenwerken entwickelte „3-Tagebau-Konzept" ist bis heute in seiner Grundstruktur erhalten geblieben. Gleichwohl hat es zahlreiche und bedeutende technische wie wirtschaftliche Optimierungsschritte gegeben, um sich dem geänderten Absatz von ca. 100 Millionen Tonnen Kohle im Jahr anzupassen und auf den anhaltenden Kostendruck reagieren zu können.

Massendisposition für den Neuaufschluss Hambach

Die Planung, der Aufschluss und der Übergang in den Regelbetrieb des Tagebaus Hambach zählen zu den großen technischen und wirtschaftlichen Herausforderungen der rheinischen Braunkohle in den vergangenen Jahrzehnten. Besonders zu erwähnen ist die Massendisposition zur Unterbringung der Aufschlussmassen in Höhe von rund 2,7 Milliarden Kubikmetern. Im landesplanerischen Genehmigungsverfahren wurde mit dem Ziel der Reduzierung der Flächeninanspruchnahme und der Schaffung landwirtschaftlicher Flächen festgelegt, einen wesentlichen Teil dieser Massen, nämlich 1,7 Milliarden Kubikmeter, zur Verfüllung der auslaufenden Tagebaue Fortuna-Garsdorf, Bergheim und Frechen zu nutzen. Diese ausgekohlten Tagebaue hätten ansonsten wegen fehlender Abraummassen mit Wasser gefüllt werden müssen. Die verbleibenden Massen von rund einer Milliarde Kubikmeter dienten zur Anlage der am Tagebaurand gelegenen Außenhalde Sophienhöhe.

In der politischen Auseinandersetzung um die Massendisposition spielte die Gestaltung der Rekultivierungsflächen in den Alttagebauen und der Außenhalde Sophienhöhe eine besondere Rolle. Die Forderungen nach einer landschaftsgerechten, naturnahen und ökologisch abwechslungsreichen Landschaft führten zu entsprechenden Planungen, die beispielgebend für Nachfolgeprojekte werden sollten. Wir können heute, etwa 30 Jahre nach diesen Veränderungen, die Ergebnisse in Gestalt von abwechslungsreichen Rekultivierungslandschaften in den Nahbereichen der Städte Jülich, Bergheim, Frechen und Kerpen besichtigen. Die Sophienhöhe mit ihrem ausgedehnten Waldgebiet hat sich zu einer landschaftlichen Attraktion in der ansonsten ebenen Jülicher Börde entwickelt. Die ehemaligen Tagebaue Fortuna, Frechen und auch Bergheim sind zu einer Bördelandschaft mit ertragreichen landwirtschaftlichen Böden und Landschaftsseen für die Naherholung geworden. Von überregionaler Bedeutung ist der Marienhügel im ehemaligen Tagebau Frechen. Er wurde in Erinnerung an den Besuch des Papstes Benedikt XVI. angelegt. Zu diesem Ereignis im Jahre 2005 waren rund eine Million Pilger angereist. Der Marienhügel ist heute ein weiterer Anziehungspunkt für viele Besucher der Region.

Der Transport von Aufschlussmassen aus dem Tagebau Hambach in ca. 20 Kilometer entfernt liegende Tagebaue geschah über Bandanlagen, die sich in der stationären Lage als sehr leistungsfähig erwiesen. So konnte der Massentransport mit erheblichen finanziellen Mehrbelastungen zugunsten einer Verringerung der Landinanspruchnahme effizient vorgenommen werden.

Tagebau Garzweiler

Von der Entwässerung zur Bewässerung

Spätestens mit der Einleitung des Braunkohlenplanverfahrens für Inden II in den Achtzigerjahren und den nachfolgenden Vorbereitungen für die Genehmigung von Garzweiler II wurde deutlich, dass die weitere bergbauliche Tätigkeit mit der Lösung wasserwirtschaftlicher und ökologischer Fragestellungen eng verbunden ist. Die im Einwirkungsbereich des Abbaufeldes gelegenen Feuchtgebiete in den Flussniederungen drohten als Folge der Grundwasserabsenkung trocken zu fallen. Diese Feuchtgebiete zeichnen sich durch einen geringen Abstand zwischen der Geländeoberfläche und dem Grundwasserspiegel aus, der günstige Lebensbedingungen für seltene Arten von Fauna und Flora bietet. Eine Beeinträchtigung dieser Lebensbedingungen wurde bereits frühzeitig als bedenklich und im Hinblick auf ein zugenommenes Umweltbewusstsein als politisch nicht akzeptabel erkannt. Es mussten also wasserwirtschaftliche Gegenmaßnahmen entwickelt werden, die ein Trockenfallen der Feuchtgebiete verhinderten und auch die ökologischen Eingriffe als Folge der Beeinflussung des Grundwasserhaushaltes minimierten.

Im Genehmigungsverfahren für das Anschlussfeld Garzweiler II durch die zuständige Landesregierung in Nordrhein-Westfalen im Jahre 1995 nahmen die wasserwirtschaftlichen Fragen einen breiten Raum ein. Sie stellten geradezu einen „Knackpunkt" in der politischen Auseinandersetzung über eine Balance zwischen der Verantwortbarkeit des Umwelteingriffs einerseits und der energiewirtschaftlichen Notwendigkeit des Projekts andererseits dar. Vorrangig ging es um den Schutz der Feuchtgebiete im Bereich der Flußauen von Schwalm und Nette im Großraum Mönchengladbach, die langfristige Wasserversorgung der Region und die ökologische Stabilität des Restsees nach Beendigung des Abbaus.

Bereits beim laufenden Betrieb von Garzweiler konnten bei der Stabilisierung des Wasserstandes in den Feuchtgebieten durch die Zufuhr von aufbereitetem Sümpfungswasser positive Erfahrungen gesammelt werden. Diese Vorgehensweise wurde im planerischen Konzept für den Anschlusstagebau optimiert. Dafür wurde ein technisches System von Versickerungsanlagen zwischen Tagebau und Feuchtgebieten entwickelt und gebaut, über das aufbereitetes Sümpfungswasser in laufende Gewässer, in Sickerbrunnen und -schlitzen eingebracht wird. Ein umfangreiches Überwachungssystem bzw. Monitoring stellt sicher, dass die wasserwirtschaftlichen Maßnahmen auch nachhaltig sind und die befürchteten Auswirkunken auf die Umwelt ausbleiben. Dazu zählen die Messung der Zielwasserstände und die Überwachung der Wasserqualität, über deren Ergebnisse in regelmäßigen Abständen berichtet wird. Der gewünschte Erhalt der Feuchtgebiete im Bereich von Schwalm und Nette wird durch die beschriebenen Maßnahmen der Bewässerung sichergestellt und beweist auch an dieser Stelle die Vereinbarkeit von Ökonomie und Ökologie.

Sozial verträgliche Umsiedlungen – Prüfstein der Akzeptanz

Die Umsiedlung von Ortschaften ist sicher einer der Prüfsteine für die Akzeptanz der Braunkohlentagebaue im Kontext mit der energiewirtschaftlichen Notwendigkeit der Maßnahmen und ihren rechtlichen Rahmenbedingungen vor dem Hintergrund des erheblichen Eingriffs in individuelle und öffentliche

Ortskern Garzweiler vor der Umsiedlung

Neu-Etzweiler

Rechte. Die Umsiedlung ist auch im Hinblick auf die lange Verfahrensdauer von zehn bis 15 Jahren sowie die zahlreichen zu berücksichtigenden Interessen der betroffenen Bürger und der politischen Gemeinden ein komplexer Vorgang. Er bedarf aus der Sicht der Braunkohlenunternehmen einer sensiblen Begleitung und der Bereitschaft, sich auf die wandelnden Bedürfnisse und Wünsche der Betroffenen einzustellen. Daher ist die Umsiedlung von Ortschaften ein permanenter Lernprozess mit dem Ziel, die Summe aller Maßnahmen sozial verträglich zu gestalten.

Soziales Anforderungsprofil

Die Sozialverträglichkeit von Umsiedlungen fand Eingang in die politischen Diskussionen um den Tagebau Garzweiler II. Sie war auch Anlass für eine gutachterliche Untersuchung im Auftrag der Landesregierung zur Praxis im Rheinland. Die Ende der Achtzigerjahre gewonnenen Erkenntnisse bildeten schließlich die Grundlage für eine Erweiterung des § 32 Landesplanungsgesetz, der die Erstellung eines sozialen Anforderungsprofils für einen umzusiedelnden Ort vorsieht. Im Wesentlichen besagt er, dass in den Antragsunterlagen verschiedene Angaben zu erarbeiten sind, zum Umsiedlungsstandort, zur vorhandenen Sozialstruktur und der Infrastruktur des Dorfes, zu den wesentlichen Auswirkungen auf die Betroffenen sowie zu den Vorstellungen zur Vermeidung oder Minderung nachteiliger Auswirkungen vor, während und nach der Umsiedlung. Die Erstellung der Unterlagen erfolgt auf der Basis umfangreicher Befragungen und hat empirischen Charakter. Insbesondere die Angaben zum Ausgleich möglicher nachteiliger Auswirkungen sind lösungsorientiert und dienen der verfahrensbegleitenden Behörde und den politischen Gremien zur Prüfung der Sozialverträglichkeit.

Die Umsiedlung der Ortschaften Etzweiler/Gesolei im Tagebau Hambach wurde verfahrensrechtlich erstmalig im Rahmen eines gesonderten Braunkohlenplanes geregelt und war damit beispielgebend für die nachfolgenden Umsiedlungen im Tagebau Inden mit den Orten Inden, Altdorf und später auch Pier sowie im Tagebau Garzweiler für die Orte Otzenrath, Spenrath und Holz. Sämtliche Maßnahmen fanden in den Neunzigerjahren statt. Rückblickend hat die verfahrensrechtliche Behandlung der Umsiedlung in Form von sozialen Anforderungsprofilen zu mehr Transparenz in den öffentlichen und politischen Diskussionen geführt.

Die konkreten Zielvorstellungen für eine sozial verträgliche Umsiedlung lassen sich wie folgt beschreiben und sind als ein Angebot seitens des Unternehmens an die Umsiedler zu verstehen:

- Die Dorfgemeinschaft soll nach Möglichkeit durch eine gemeinsame Umsiedlung erhalten bleiben.
- Die Belastungen der einzelnen Bürger und der Dorfgemeinschaft sollen möglichst gering gehalten werden; z. B. durch eine zügige Umsiedlung.

Umsiedlung Otzenrath

Oben: Umsiedlung Inden, unten: Umsiedlungsfest Weiler-Hausen

- Die Bürger sollen rechtzeitig und umfassend informiert werden und bei der Vorbereitung, Planung und Durchführung der Umsiedlung ihres Ortes intensiv mitwirken können, so z. B. bei der Standortwahl.
- Die Beratung der Bürger soll umfassend durch verschiedene Stellen und fachkompetent erfolgen.
- Die vorhandene individuelle und gemeinschaftliche Vermögenssubstanz soll durch eine angemessene Entschädigung erhalten bleiben.
- Die Umsiedler sollen sich an ihrem neuen Ort wohlfühlen und eine Heimat in ihrer Dorfgemeinschaft finden.

Beispiele für sozial verträgliche Maßnahmen

Die Sozialverträglichkeit ist eine übergeordnete Leitlinie, die ortsspezifisch in konkrete Maßnahmen umgesetzt werden muss. Hierzu gibt es einige Beispiele. So wurde bei der Umsiedlung von Inden und Altdorf mit einem hohen Anteil an Mietern ein Handlungskonzept für diese Bevölkerungsgruppe entwickelt. Bei der Ortsumsiedlung von Etzweiler/Gesolei in der Gemeinde Elsdorf wurde für die Gruppe der „Älteren“ ein Angebot zum schlüsselfertigen Bauen entwickelt, um die Belastungen in Verbindung mit einem Neubau zu mindern. Bei der Umsiedlung von Otzenrath in der Gemeinde Jüchen wurde das Beratungsangebot im Rahmen der Entschädigungsverhandlungen erweitert.

Im Rahmen einer Umsiedlung sind neben den Angeboten und Maßnahmen zum Ausgleich der materiellen Belastungen, die letztlich auch auf den gesetzlichen Bestimmungen des Bundesberggesetzes und des Baugesetzbuches basieren, die Fragen der immateriellen Beeinträchtigungen zu beachten. Die Belastungen der Bürger durch die Notwendigkeit der Ortsveränderung sind, auch wenn diese im heimatlichen Raum stattfin-

Neu-Etzweiler

Neu-Otzenrath

det, insbesondere bei der älteren Generation gegeben. Hier bedarf es immer wieder der umfassenden Information und Beratung, um auf die einzelnen Wünsche einzugehen. Dies gelingt umso besser, je mehr die Betroffenen in der Familiengemeinschaft und in das dörfliche Leben mit der Kirche und den Vereinen eingebunden sind. Daher sind die vielfältigen Maßnahmen zur Unterstützung dieser örtlichen Einrichtungen von besonderer Bedeutung. Die Erfahrungen aus den Umsiedlungen in den vergangenen Jahrzehnten zeigen, dass der Erhalt der sozialen Einrichtungen am neuen Ort bedeutsam ist und damit ein Beitrag geleistet wird, um die nur schwer zu fassenden immateriellen Belastungen zu mindern.

Die Sozialverträglichkeit von Umsiedlungen ist in den laufenden und künftigen Verfahren zur Ortsumsiedlung in allen Revieren zu einem etablierten Begriff in der Auseinandersetzung und der Bewältigung dieser besonderen Problematik des Braunkohlenbergbaus geworden. Eine sozial verträgliche Umsiedlung im Sinne des Erhalts der Dorfgemeinschaft und der Vermeidung von individuellen Härten ist eine hohe Selbstverpflichtung für die jeweiligen Bergbauunternehmen. Für die Betroffenen in den umzusiedelnden Orten ist es ein Angebot.

Privatisierung – der Weg vom Kombinat zur Marktwirtschaft

Veränderung der Verwaltungsstrukturen

In den Jahren der Teilung entwickelte sich in West- und Ostdeutschland ein gänzlich unterschiedlicher Staatsaufbau. Die für die politische Willensbildung und Verwaltung maßgeblichen Ebenen waren in der DDR die Zentralregierung in Berlin, die 15 Bezirksverwaltungen sowie darunter eine große Zahl von Kreisen und Gemeinden. Aufgrund des Staatsverständnisses waren wirtschaftliche Aufgaben eng verknüpft mit den politischen Entscheidungsgremien und Verwaltungsstrukturen. Bezogen auf die Energiewirtschaft bestand eine Aufgabenverteilung zwischen der Zentralregierung und den Bezirken. Große, für die gesamte Volkswirtschaft bedeutsame Konzerne, die Kombinate, wurden zentral gesteuert, in der Regel durch Industrieministerien. Wichtige Aufgaben der Versorgung, auch im Bereich der Energie, oblagen den Bezirken. Die Übersicht „Braunkohlenindustrie und Stromwirtschaft in der DDR“ verdeutlicht diese Großstrukturen.

Nach der Wiedervereinigung wurde in der ehemaligen DDR eine am westdeutschen System orientierte Verwaltung aufgebaut. Die Bezirke wurden aufgelöst, hierfür entstanden die fünf neuen Länder. Landkreise wurden eingerichtet und in einigen Ländern auch Regierungsbezirke. Getrennt wurden die wirtschaftlichen von den politischen oder den Verwaltungsaufgaben. Die Kombinate der Braunkohlenindustrie und der Stromwirtschaft gelangten, wie alle anderen im Volksvermögen befindlichen Betriebe, in die Zuständigkeit der Treuhandanstalt. Diese Entwicklung wurde bereits in der Übergangsphase von der Regierung Modrow (November 1989 bis April 1990) eingeleitet, von der Regierung de Maizière (April 1990 bis Oktober 1990) fortgeführt und mit der Einheit von der Treuhandanstalt übernommen, die dem bundesdeutschen Finanzministerium unterstand.

Reorganisation der Braunkohlenindustrie

Nach der deutschen Wiedervereinigung bestand zunächst die Aufgabe, die Kombinate in eine geeignete Gesellschaftsform zu überführen. So entstanden aus dem Braunkohlenkombinat Bitterfeld die Vereinigte Mitteldeutsche Braunkohlenwerke AG (MIBRAG), aus dem Braunkohlenkombinat Senftenberg die Lausitzer Braunkohle AG (LAUBAG) und aus Teilen des Gaskombinats die Energiewerke Schwarze Pumpe AG (ESPAG). Der Bereich der Stromerzeugung und -übertragung sowie die vormals in regionaler Verantwortung auf der Ebene der Bezirke geführten Energieversorger wurden vollkommen umstrukturiert. Bereits im Juni 1990 schloss die Treuhandanstalt, unter aktiver Mitwirkung der Braunkohlenkombinate, mit der Rheinbraun AG in Köln einen Vertrag über die technische Zusammenarbeit. Ziel waren Maßnahmen zur Reorganisation, Modernisierung und Privatisierung der Unternehmen der Braunkohlenindustrie in Ostdeutschland. Orientiert auf diese Aufgabe, wurde die Lausitzer und Mitteldeutsche Braunkohlenberatungs GmbH (LMBB) gegründet. Diese Gesellschaft stützte sich bei ihrer Arbeit auf ein Expertenteam, das alle Disziplinen umfasste. Im Wesentlichen kamen diese Experten von der damaligen Rheinbraun AG. Aufgabe war es, gemeinsam mit den neu gebildeten Kapitalgesellschaften der Braunkohlenindustrie den Strukturwandel zu begleiten und langfristige Lösungskonzepte zu entwickeln. Schon zu Anfang war klar, dass große Veränderungen zu bewältigen waren.

Struktur der Braunkohlenindustrie und Stromwirtschaft in der DDR

Primärenergieverbrauch 1990

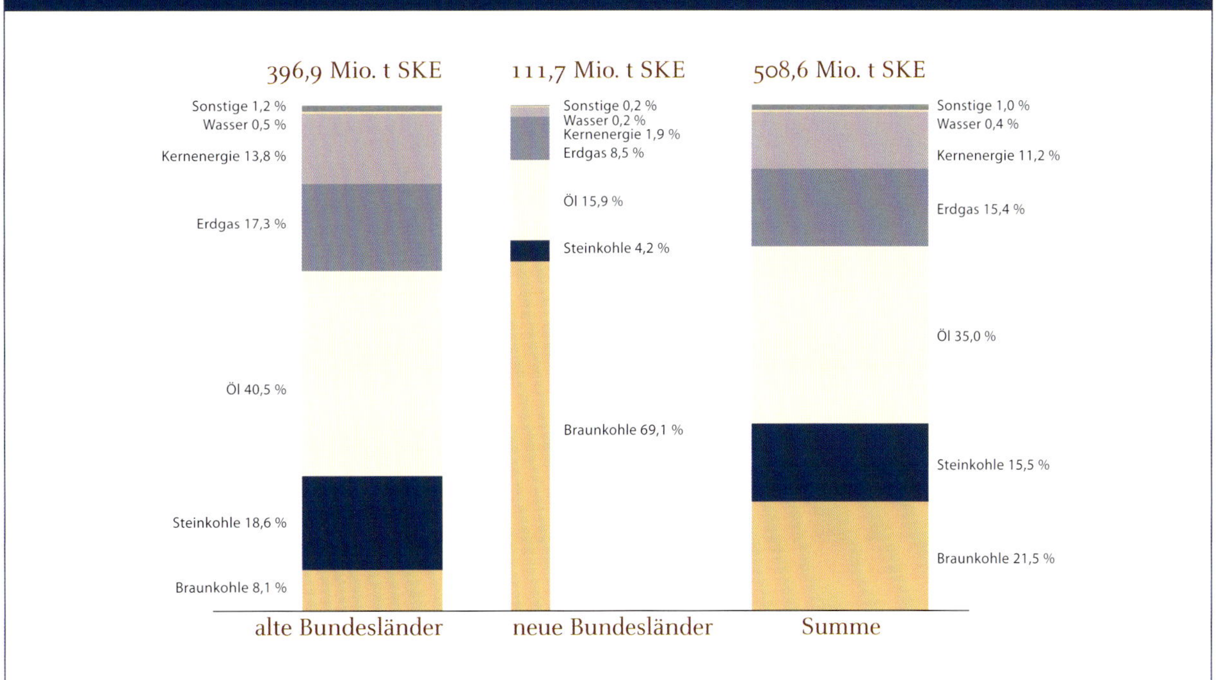

Quelle: Arbeitsgemeinschaft Energiebilanzen

Verwendung der Braunkohle in Ostdeutschland

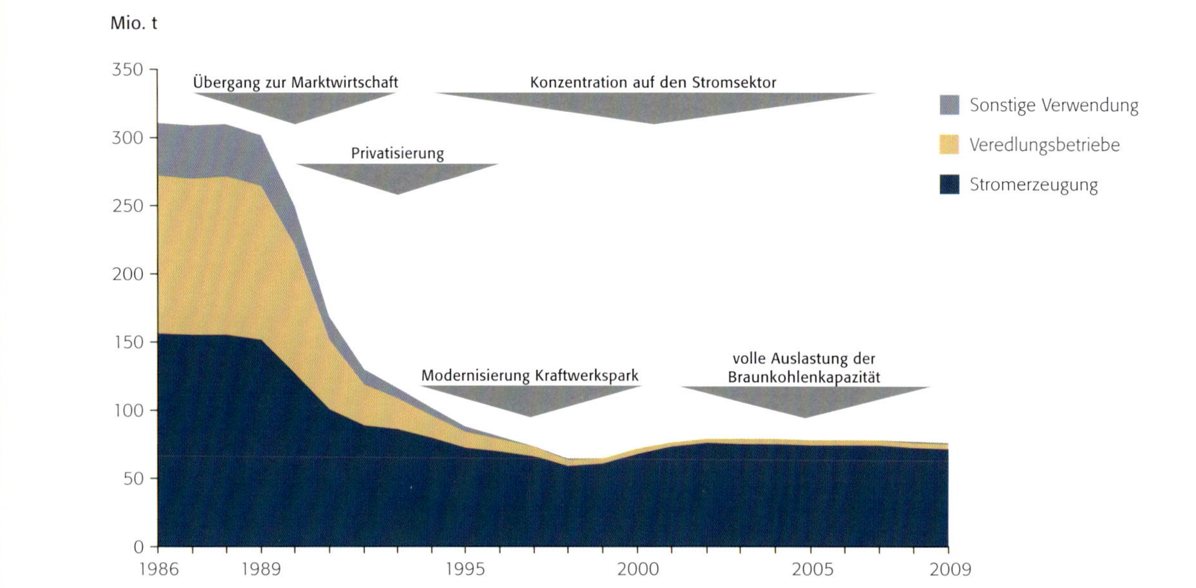

Sehr schnell rückte die Frage in den Vordergrund, wie man einerseits einen langfristig wirtschaftlich wettbewerbsfähigen Kern entwickeln und andererseits die immensen Kosten für die Bewältigung des Strukturwandels sowie die Beseitigung von Altlasten abdecken könne. Eine hohe Bedeutung kam in diesem Zusammenhang den Eröffnungsbilanzen zu, in denen Vorsorge getroffen werden sollte, um die zukünftigen Lasten auch finanzieren zu können. Wichtige Voraussetzungen waren die Erhebungen und Bewertungen der Altlasten, z. B. über eine fehlende oder unzureichende Rekultivierung, die ungenügende Sicherung von Tagebaurestäumen oder die langfristigen wasserwirtschaftlichen Fragen. Entschieden werden musste auch über den Umgang mit ökonomischen Altlasten, beispielsweise in Fragen der Anlagenbewertung, des Eigenkapitals, fehlender Rückstellungen für Rekultivierungen oder auch Altschulden.

Im System der DDR-Wirtschaft gab es zwar in den Kombinaten eine Rechnungslegung, aber im Sinne der westdeutschen Bilanzvorschriften wurden die Investitionen nicht durch die Kombinate finanziert oder Rückstellungen gebildet, z. B. für die Rekultivierung. Investitionsmittel wurden von der Zentralregierung zugewiesen. Diese vereinnahmte auch alle Überschüsse aus den Kombinaten und stellte dann ggf. wieder Mittel zur Verfügung. Zentrale Fragen für die Treuhand waren, wie man die im staatlichen Eigentum stehenden Braunkohlenkombinate in die Zukunft führen sollte und nach welchen Grundsätzen die langfristig lebensfähigen Bereiche privatisiert werden könnten. Der Prozess gestaltete sich außerordentlich kompliziert. In den Eröffnungsbilanzen wurden auf der Passivseite große Posten eingesetzt, die auf einer zunächst vorläufigen Bewertung der Altlasten beruhten. Dem gegenüber standen Ausgleichsforderungen, die sich im Prinzip gegen die staatlichen Eigentümer richteten, d. h. gegen die Treuhandanstalt. Für die LAUBAG betrug der Betrag 18 Milliarden DM, bei der MIBRAG standen 12 Milliarden DM in der Kalkulation.

Im Zusammenhang mit den schnellen Veränderungen bei Produktion und Absatz, der Notwendigkeit, viele Tagebaue und Brikettfabriken sehr kurzfristig stillsetzen zu müssen, entstand ein enormer Druck. Die Themen Arbeitsplätze und soziale Sicherheit erhielten höchste politische Priorität. Schwierig war die

Energiewerke Schwarze Pumpe (1991)

Situation auch, weil zunächst kein klares Bild darüber bestand, mit welchen Absatzmengen im Bereich der Stromerzeugung langfristig gerechnet werden könne. Erforderlich waren intensive Abstimmungsprozesse mit der Treuhandanstalt, der VEAG als Nachfolger des Kombinats Braunkohlenkraftwerke und den westdeutschen Stromunternehmen, die sich auf allen Ebenen der Stromwirtschaft engagieren wollten.

Privatisierung der Braunkohlenunternehmen

Das Jahr 1993 brachte dann wichtige Entscheidungen. Im Lausitzer Revier wurden ESPAG und LAUBAG fusioniert und später, 1994, in die Lausitzer Bergbauverwaltungsgesellschaft (LBV) sowie eine neue LAUBAG aufgespalten. Im mitteldeutschen Revier wurde die MIBRAG in eine Mitteldeutsche Bergbauverwaltungsgesellschaft (MBV), in ROMONTA und die MIBRAG mbH gespalten. Mit diesen Entscheidungen waren wichtige und langfristige Vorprägungen erfolgt. Die neue LAUBAG, die MIBRAG mbH und ROMONTA sollten privatisiert werden. Sie waren zum Zeitpunkt der Spaltung hinsichtlich der Kohlenförderung und Belegschaft größer, als man langfristig erwarten konnte. Der Veränderungsprozess lief also auch hier weiter. Ziel war, die Unternehmen auf eine solide wirtschaftliche Basis zu stellen, um damit eine Privatisierung zu ermöglichen. Im Ergebnis wurde dies auch erreicht.

Die Spaltung bedeutete aber andererseits, dass eine Vielzahl von Betrieben, der größte Teil der Betriebsfläche von annähernd 100.000 Hektar sowie insbesonde-

Dr.-Ing. Dr.-Ing. E. h. Dieter Henning

Dieter Henning hat die Geschichte der deutschen Braunkohle in der Zeit der Wiedervereinigung nachhaltig geprägt, weil er sowohl in West- als auch in Ostdeutschland Spitzenfunktionen in der Braunkohlenindustrie bekleidet hatte. Der folgende Text ist ein Auszug aus einer Rede von Dr. Henning, die er als Vorstandsvorsitzender der LAUBAG aus Anlass der Barbarafeier am 4. Dezember 1990 in Großkoschen gehalten hat. Sie vermittelt einen Einblick in die enormen Probleme, vor denen das Unternehmen und seine Mitarbeiter standen, lässt aber auch die spezifische Motivationskraft und den Gestaltungswillen Hennings erkennen:

„Das Jahr 1990 hat für diese Region und unseren Wirtschaftszweig zahlreiche Veränderungen gebracht. Die Vielzahl neuer Aufgaben verlangt von den Verantwortlichen in Politik und Wirtschaft vermehrt eigenverantwortliche Entscheidungen, die sich einerseits an den veränderten gesetzlichen Rahmenbedingungen orientieren müssen, andererseits nach Möglichkeit aber auch den Hoffnungen und Ansprüchen der mündigen Bürger gerecht werden sollten. Aus dem ehemaligen Braunkohlenkombinat Senftenberg ist im Jahre 1990 die Lausitzer Braunkohle Aktiengesellschaft, die LAUBAG, geworden. Die LAUBAG ist heute ein Unternehmen mit 46.300 Beschäftigten, 17 Braunkohlentagebauen, zwölf Brikettfabriken und sieben angeschlossenen Grubenkraftwerken, die wie in der Vergangenheit, heute und sicherlich auch morgen, einen wichtigen Beitrag zur Energieversorgung unseres Landes leisten. Wir werden in den nächsten Tagen der Treuhandanstalt die DM-Eröffnungsbilanz für unser Unternehmen vorlegen. Daraus wird deutlich werden, dass für die derzeitige Bewertung der LAUBAG und ihre Zukunftschancen vor allem die ökologischen und ökonomischen Altlasten ein gravierendes Problem darstellen

Es ist zurzeit sehr schwierig, die zukünftige Entwicklung der Kohlenabnahme in den Braunkohlenkraftwerken und Veredlungsbetrieben quantitativ abzuschätzen. Die LAUBAG wird im Jahr 1990 rund 168 Millionen Tonnen Rohbraunkohle fördern. Das sind 15 Prozent weniger als im Jahre 1989, aber doch etwas mehr, als in einer gewissen pessimistischen Grundhaltung des ersten Halbjahres 1990 erwartet wurde. Die Entwicklung der Rohkohlenförderung und damit zusammenhängend auch die Unternehmensentwicklung der LAUBAG in den nächsten Jahren hängt ab von den Fördermengen, die uns unsere Hauptabnehmer in den Großkraftwerken Jänschwalde, Boxberg, Lübbenau/Vetschau und Hagenwerder für die Stromerzeugung und die Energiewerke Schwarze Pumpe AG, die Braunkohlenveredlung Lauchhammer GmbH und unsere eigenen Brikettfabriken im Rahmen der Braunkohlenveredlung abnehmen werden.

Langfristig müssen wir davon ausgehen, dass sich unsere Braunkohlenförderung gegenüber den hohen Leistungen der Jahre 1988 und 1989 etwa halbieren wird. In den nächsten zehn Jahren rechnen wir für den Bereich der Niederlausitz mit einem Abbau der Förderkapazitäten auf 90 bis 100 Millionen Tonnen Braunkohle. Davon werden in Kraftwerken voraussichtlich 65 bis 85 Millionen Tonnen, auf der Veredlungsseite bis zu 25 Millionen Tonnen Braunkohle eingesetzt werden. Mit dem Rückgang der Förderung und der Konzentration auf eine gegenüber heute geringere Anzahl von Betrieben müssen zur Sicherstellung der Wirtschaftlichkeit unseres Unternehmens umfassende Rationalisierungsmaßnahmen eingeleitet werden. Wir werden in der nächsten Zeit für unser Unternehmen ein langfristig angelegtes Sanierungskonzept entwickeln, das vor allem die sozial verträgliche Umsetzung des leider notwendigen Belegschaftsabbaus nachweisen und sicherstellen soll. Die damit verbundenen Aufgaben werden sich umso besser lösen lassen, je eher es uns gelingt, die Wirtschaftlichkeit und Konkurrenzfähigkeit der LAUBAG gegenüber den konkurrierenden Primärenergieträgern zu sichern und zu verbessern. Dabei ist wesentlich, die unterschiedlichsten Aspekte der notwendigen Untersuchungen sorgfältig zu prüfen und die richtigen Prioritäten zu setzen. Es wäre fatal, der Versuchung zu unterliegen, vordergründig attraktiv erscheinenden Strategien für die Durchsetzung unternehmerischer Zielsetzungen den Vorrang vor konsequentem wirtschaftlichen und sozial verträglichen Handeln zu geben. Doch müssen wir uns bewusst werden, dass es für die notwendige Bewältigung von strukturellen Veränderungen keine Patentrezepte und vor allem keinen Automatismus gibt. Notwendig sind vielmehr ein überzeugendes, von uns allen getragenes Konzept zur Umgestaltung des Unternehmens und sehr viel Mut und Ausdauer, das Sanierungskonzept dann auch mit Augenmaß umzusetzen.

Nur in einem breiten Konsens von Politik und Unternehmen, von Menschen innerhalb und außerhalb der Braunkohle wird es möglich sein, die vielfältigen vor uns liegenden Aufgaben zu erfüllen, um ein sozial und regional verträgliches Vorgehen zu sichern. Die Probleme und die Chancen der Braunkohle in den nächsten Jahren können nicht unabhängig von der Region, in der wir arbeiten, gesehen werden. Strukturveränderungen in der Braunkohle der Niederlausitz müssen Hand in Hand gehen mit strukturverbessernden Maßnahmen in den Landkreisen und Kommunen, in denen wir tätig sind.

Neben den Impulsen, die ganz zwangsläufig bei einer geordneten Fortführung des Braunkohlenbergbaus für diese Region zu erwarten sind, sind es vor allem die Mitarbeiter der LAUBAG, die für den neuen Weg, den wir gemeinsam beschreiten wollen, ein gewaltiges Kapital darstellen. Wir werden uns bemühen, schon sehr bald in den nächsten Monaten mit den hier anwesenden Vertretern aus Wirtschaft und Politik erste Referenzbeispiele für eine positive Bewältigung der vor uns stehenden Aufgaben vorlegen zu können. Die Planung und Realisierung dieser Zielsetzungen wird von uns allen sehr viel Kreativität, Zähigkeit und Anpassungsvermögen fordern. Einfallsreichtum, Fleiß und Flexibilität werden aber nicht nur von den leitenden Mitarbeitern unseres Unternehmens gefordert werden, sondern von unserer gesamten Belegschaft.

Arbeiten in der Marktwirtschaft heißt ja zuallererst einmal, sich immer wieder neuen Aufgaben zu stellen und mit einem hohen Maß an Eigenverantwortlichkeit diese Aufgaben anzugehen und zu lösen.

Mitarbeiter, die diesen Aufgaben gewachsen sind, müssen gut ausgebildet und umfassend informiert sein. Daher erscheint es erforderlich, die Palette der derzeitigen Fort- und Weiterbildungsmaßnahmen kritisch zu überprüfen und auf die neuen Anforderungen umzuorientieren.

Das zu Ende gehende Jahr 1990 hat uns viele neue Wege und Chancen eröffnet, uns aber auch vor eine sehr große Zahl von unbequemen Problemen gestellt. Die Lösung dieser Probleme werden wir nicht erreichen, wenn wir auf ein Wunder oder auf bessere Zeiten hoffen oder gar glauben, dass sich andere Menschen oder Institutionen für uns ihre Köpfe zerbrechen. Wir müssen diese Probleme vielmehr als eine Herausforderung begreifen, die von uns, den Mitarbeitern der LAUBAG, eigene Antworten verlangt. Ich bin zuversichtlich, dass wir uns dieser Herausforderung im kommenden Jahr engagiert stellen werden."

Dr.-Ing. Dr.-Ing. E. h. Dieter Henning
(*1936, †2007)

Mitglied des DEBRIV-Vorstands 1991–1999, Vorsitzender des DEBRIV-Vorstands 1996–1999. Studium Bergakademie Clausthal, Promotion. Seit 1969 Rheinbraun AG, 1990–1993 Vorstandsvorsitzender Lausitzer Braunkohle AG, 1993–1999 Vorstandsvorsitzender der Rheinbraun AG und Mitglied Vorstand RWE AG.

Energie- und Industriestandort Schwarze Pumpe

re ein Großteil der in der Eröffnungsbilanz erfassten und ausgewiesenen Altlasten bei LBV und MBV verblieben. Die aus dem Bundesberggesetz resultierende Verantwortung zur Wiedernutzbarmachung richtete sich nach der Wiedervereinigung an den Eigentümer der Braunkohlenkombinate, d.h. an den Bund bzw. das Bundesfinanzministerium. Dass der Rechtsnachfolger der DDR, die Bundesrepublik beziehungsweise die Treuhandanstalt, für die Altlasten und den Strukturwandel im Bereich der Braunkohlenindustrie aufkommt, ist Folge der Einführung des westdeutschen Rechtssystems in der ehemaligen DDR. Daher sind die für die Braunkohlensanierung über LMBV geflossenen Mittel auch keine Subventionen für die Braunkohlenindustrie. Erst im Herbst 1994 erfolgte die Privatisierung. Die Lausitzer Braunkohle AG wurde formal rückwirkend zum 1. Januar 1994 an ein Konsortium verkauft, das die Rheinbraun AG und die RWE Energie AG, die PreußenElektra, die Bayernwerke AG sowie einige Regionalversorger umfasste. Die Rheinbraun AG als Spartengesellschaft für Braunkohle des RWE-Konzerns übernahm einen Anteil von 39,5 Prozent an dem neuen Unternehmen und hatte, durch einen Konsortialvertrag unterlegt, maßgeblichen Einfluss. Zu dem neuen Unternehmen gehörten die fünf Langfristtagebaue Jänschwalde, Cottbus-Nord, Welzow-Süd, Nochten und Reichwalde, die Brikettfabriken Schwarze Pumpe, ein zentraler Eisenbahn- und Entwässerungsbetrieb sowie Werkstätten und Verwaltungen.

Im mitteldeutschen Revier verlief die Entwicklung differenzierter. Bereits Ende 1993 erwarb ein angloamerikanisches Konsortium die MIBRAG. Zu dem Konsortium gehörten der amerikanische Bergbaudienstleister Morrison-Knudsen, der amerikanische Stromversorger NRG Energy sowie die britische PowerGen. Die beiden Stromversorger waren an der Kohlenbasis interessiert, strebten aber gleichzeitig den Eintritt in den westdeutschen Strommarkt an. Im Bereich der MIBRAG verblieben bei der Privatisierung die beiden Langfristtagebaue Profen und Vereinigtes Schleenhain, sowie zwei Veredlungsbetriebe und drei Industriekraftwerke.

Die 1995 privatisierte ROMONTA nimmt eine Sonderstellung ein. Die stoffliche Nutzung der in der eozänen Braunkohle enthaltenen Wachse ist Grundlage für ein einzigartiges Geschäftsmodell. Der relativ kleine Tagebau, das Kraftwerk mit der Kohlentrocknung und die Montanwachsfabrik mit der Extraktion und Wachsverarbeitung werden im Verbund betrieben. Um diesen zukunftsfähig zu gestalten, wurde ROMONTA bei der Privatisierung mit Investitionsmitteln ausgestattet, die im Verlauf der folgenden Jahre auch genutzt wurden, um den Standort Amsdorf grundlegend zu modernisieren und zukunftsfest zu gestalten.

Die auslaufenden Betriebe, Tagebaue, Brikettfabriken und Nebenbetriebe in der Lausitz und in Mitteldeutschland waren organisatorisch zunächst den Gesellschaften LBV und MBV zugeordnet. Diese Gesellschaften wurden später zur LMBV fusioniert, wobei im Zusammenhang damit viele Aktivitäten zur Durchführung von Maßnahmen in Sanierungsgesellschaften ausgelagert wurden. Die LMBV wurde mehr und mehr zu einem Ingenieurunternehmen, das den Prozess der Wiedernutzbarmachung und Sanierung organisiert und überwacht, wobei die Finanzierung überwiegend durch den Bund und ergänzend durch die Länder erfolgt.

20 Jahre nach der Wiedervereinigung kann ein Rück- und Ausblick gewagt werden. Erfreulich an der Bilanz ist, dass die planerischen Konzepte aus den Jahren des Umbruchs bis heute tragfähig sind. Die Kohlenförderung hat sich nach einem Tief Ende der Neunzigerjahre durch den steigenden Absatz an die Kraftwerke wieder erholt. Die Unternehmen sind heute voll wettbewerbsfähig und die Braunkohle ist im Lausitzer und mitteldeutschen Revier ein bedeutender Wirtschaftsfaktor.

Braunkohlenprodukte im Wandel: Reviere Lausitz und Mitteldeutschland

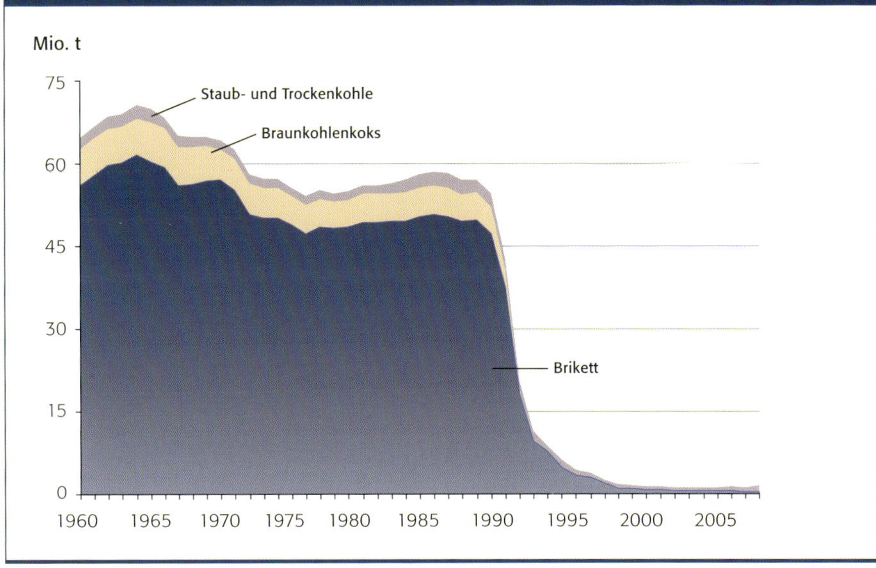

Strukturveränderungen nach Einführung des Binnenmarktes

Ausgelöst durch die Strukturveränderungen in der westdeutschen Stromwirtschaft im Gefolge der Einführung des Binnenmarkts ergab sich für die Lausitzer Braunkohle (LAUBAG) Ende der Neunzigerjahre ein Eigentümerwechsel. Aus kartellrechtlichen Gründen waren die neu entstandenen großen Stromerzeuger E.ON und RWE verpflichtet, ihre Anteile an VEAG und LAUBAG abzugeben. In dem Entflechtungsprozess, in den später auch noch andere Gesellschaften, so die BEWAG in Berlin und HEW in Hamburg, einbezogen wurden, entwickelte sich der schwedische Staatskonzern Vattenfall zur sogenannten vierten Kraft im deutschen Strommarkt. LAUBAG, der Braunkohlenverstromer VEAG und die beiden bereits genannten vormaligen Stromversorger in Berlin und Hamburg wurden zur Vattenfall Europe zusammengeführt, wobei die Braunkohlenaktivitäten als Vattenfall Europe Mining & Generation ab 2003 mit Sitz in Cottbus geführt werden. Auch im mitteldeutschen Revier ergaben sich Eigentümerwechsel. Im Jahr 2000 schied zunächst PowerGen aus, und Morrison-Knudsen wurde von einer großen Infrastrukturgesellschaft der USA, der Washington Group, übernommen. Seit Anfang 2009 hat das Unternehmen einen neuen Eigentümer. Ein Konsortium aus dem tschechischen Stromversorger Severoceske doly, einem Unternehmen der CEZ-Gruppe, und der Investorengruppe J&T übernahm im Juni 2009 die MIBRAG. CEZ ist historisch gesehen eng mit der Braunkohle verknüpft und hat sich in den letzten Jahren zu einem wichtigen Akteur im europäischen Strommarkt entwickelt.

Damit gehören die Braunkohlenaktivitäten in Mitteldeutschland wie auch in der Lausitz und im Rheinland zum Einflussbereich großer Stromkonzerne. Aus Sicht der Braunkohlenindustrie ist dies positiv zu bewerten, denn die vertikale Integration hat sich immer wieder als wirtschaftlich und krisenfest erwiesen. Der sachliche Hintergrund dazu ist in allen Revieren identisch. Die Rohbraunkohle findet eigentlich keinen direkten Absatz mehr und kommt über die Verstromung zum Kunden. Wenn im Rahmen der vertikalen Integration Interessenkongruenz besteht, d.h. der Braunkohlenförderer und der Kraftwerkbetreiber gemeinsam dafür sorgen, dass marktfähige Produkte erzeugt werden, dann bestehen auch gute Aussichten, die ökonomischen und ökologischen Anforderungen zu meistern.

Das Revier Mitteldeutschland im Umbruch

Tagebau Schleenhain (1992)

Das Revier vor 1989

Das mitteldeutsche Revier hat für die Entwicklung der deutschen Braunkohlenindustrie eine große Bedeutung. Die Braunkohlenvorkommen sind im Eozän, d. h. früher als in anderen Braunkohlenrevieren entstanden und zeichnen sich an vielen Stellen durch einen relativ hohen Bitumengehalt aus. Frühzeitig wurde deswegen Braunkohle in Mitteldeutschland nicht nur als Brennstoff genutzt, sondern auch stofflich in der chemischen Industrie. Die erste Brikettpresse stand in Mitteldeutschland. Mit den Begriffen Kohlentrocknung und Brikettieren ist der Aufstieg des Energieträgers Braunkohle aus der regionalen in die überregionale Bedeutung verbunden. Feste Braunkohlenprodukte standen früh in Konkurrenz zur Steinkohle. Es verwundert deswegen nicht, dass die Initiative zur Gründung eines revierübergreifenden Verbands aus Mitteldeutschland kam und der Deutsche Braunkohlen-Industrie-Verein nach der Gründung im Jahr 1885 seinen Sitz in Halle nahm.

Zu Beginn des 20. Jahrhunderts wurde der mitteldeutsche Raum zu einem Zentrum der Braunkohlengewinnung und -veredlung. In dieser Zeit wurden die ersten Großtagebaue aufgeschlossen, Großkraftwerke in Betrieb genommen und die Kohlenhydrierung entwickelt. Im Zuge der Kriegsvorbereitungen wurden in den Dreißigerjahren alle Förder- und Produktionskapazitäten weiter ausgebaut.

Nachdem die Folgen des Krieges beseitigt waren, erreichte die Braunkohlenförderung in Mitteldeutschland bereits in den Sechzigerjahren ihren Zenit. Denn mit dem Kohle- und Energieprogramm der DDR erfolgte eine Verlagerung der Investitionen in den Raum Cottbus, der zum neuen Energiezentrum der DDR ausgebaut wurde. Unbenommen von dieser Grundtendenz wurde im mitteldeutschen Revier innovative Technik eingesetzt, so kamen z. B. beim Aufschluss der Tagebaue Profen und Gröbern in den Siebzigerjahren moderne Bandanlagen oder im Tagebau Breitenfeld ein großer Schaufelradbagger (SRs 6300) zum Einsatz.

Der Strukturbruch im Revier

Die Ausgangsbedingungen für die mitteldeutsche Braunkohlenindustrie waren aus dieser Situation heraus Ende 1989 alles andere als optimistisch einzuschätzen. Nach ersten Bewertungen der Lagerstätten und der technischen Anlagen in den Brikettfabriken, Schwelereien und Kraftwerken sowie unter Berücksichtigung der hohen Akzeptanzprobleme hinsichtlich der Umweltbelastung und Flächeninanspruchnahme wurden der mitteldeutschen Braunkohle vielfach nur geringe Zukunftschancen eingeräumt. Sogar der vollständige Ausstieg aus der Braunkohle schien seinerzeit denkbar.

Die im Braunkohlenbergbau in Mitteldeutschland verantwortlichen Persönlichkeiten und auch die Landesregierungen von Sachsen und Sachsen-Anhalt sahen allerdings in dieser schwierigen Zeit Ansatzpunkte zur

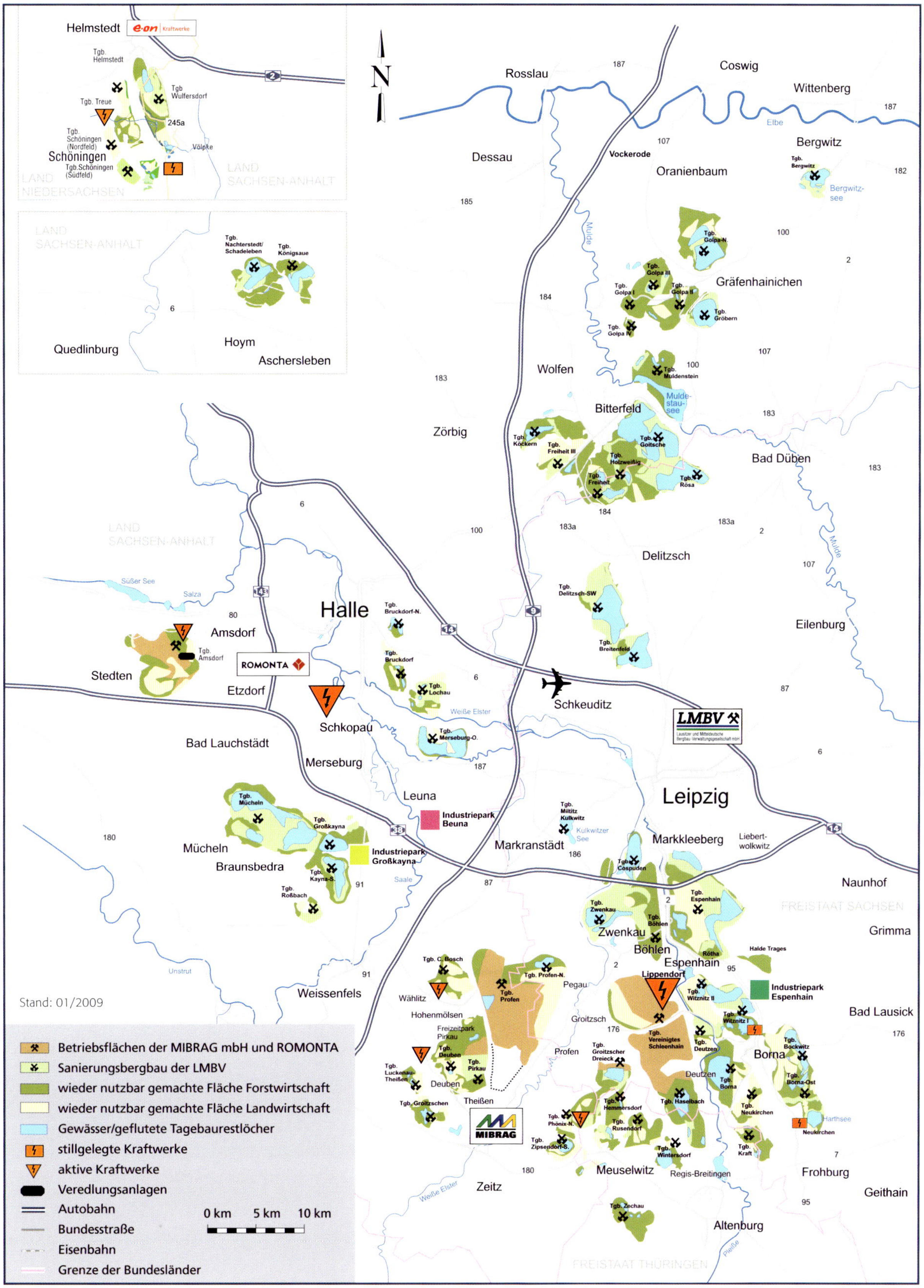
Helmstedt
e·on Kraftwerke
Tgb. Helmstedt
Tgb Wulfersdorf
Tgb. Treue
245a
Tgb. Schöningen (Nordfeld)
Schöningen
Tgb.Schöningen (Südfeld)
Völpke
LAND NIEDERSACHSEN
LAND SACHSEN-ANHALT
Tgb. Nachterstedt/ Schadeleben
Tgb. Königsaue
Quedlinburg
Hoym
Aschersleben
Rosslau
Coswig
Wittenberg
Elbe
Dessau
Vockerode
Oranienbaum
Bergwitz
Tgb. Bergwitz
Bergwitz-see
Mulde
Tgb. Golpa-N
Tgb. Golpa III
Tgb. Golpa I
Tgb. Golpa II
Tgb. Golpa IV
Gräfenhainichen
Tgb. Gröbern
Wolfen
Tgb. Muldenstein
Muldestausee
Bitterfeld
Zörbig
Tgb. Köckern
Tgb. Freiheit III
Tgb. Holzweißig
Tgb. Goitsche
Tgb. Freiheit
Tgb. Rösa
Bad Düben
Delitzsch
Tgb. Delitzsch-SW
Tgb. Breitenfeld
Eilenburg
LAND SACHSEN-ANHALT
Süßer See
Salza
Halle
Tgb. Bruckdorf-N.
Tgb. Bruckdorf
Tgb. Lochau
Amsdorf
Tgb. Amsdorf
Stedten
ROMONTA
Etzdorf
Schkopau
Weiße Elster
Tgb. Merseburg-O.
Schkeuditz
LMBV
Bad Lauchstädt
Merseburg
Leuna
Industriepark Beuna
Tgb. Miltitz Kulkwitz
Kulkwitzer See
Leipzig
Markkleeberg
Liebertwolkwitz
Markranstädt
Tgb. Mücheln
Tgb. Großkayna
Mücheln
Braunsbedra
Industriepark Großkayna
Tgb. Kayna-S.
Tgb. Roßbach
Saale
Tgb. Cospuden
Naunhof
Tgb. Zwenkau
Tgb. Böhlen
Tgb. Espenhain
FREISTAAT SACHSEN
Grimma
Zwenkau
Böhlen
Espenhain
Rötha
Halde Trages
Unstrut
Weissenfels
Tgb. C. Bosch
Wählitz
Tgb. Profen
Tgb. Profen-N.
Pegau
Lippendorf
Tgb. Witznitz II
Industriepark Espenhain
Bad Lausick
Hohenmölsen
Freizeitpark Pirkau
Groitzsch
Tgb. Witznitz I
Tgb. Deuben
Tgb. Pirkau
Profen
Tgb. Groitzscher Dreieck
Tgb. Vereinigtes Schleenhain
Tgb. Deutzen
Borna
Tgb. Bockwitz
Tgb. Luckenau Theißen
Deuben
Deutzen
Tgb. Borna
Tgb. Borna-Ost
Tgb. Groitzschen
Theißen
Tgb. Hemmersdorf
Tgb. Haselbach
Tgb. Neukirchen
Harthsee
MIBRAG
Tgb. Phönix-N.
Tgb. Rusendorf
Neukirchen
Tgb. Zipsendorf-S.
Tgb. Wintersdorf
Tgb. Kraft
Meuselwitz
Regis-Breitingen
Frohburg
Geithain
Zeitz
Weiße Elster
Tgb. Zechau
Altenburg
Pleiße
FREISTAAT THÜRINGEN
Stand: 01/2009
Betriebsflächen der MIBRAG mbH und ROMONTA
Sanierungsbergbau der LMBV
wieder nutzbar gemachte Fläche Forstwirtschaft
wieder nutzbar gemachte Fläche Landwirtschaft
Gewässer/geflutete Tagebaurestlöcher
stillgelegte Kraftwerke
aktive Kraftwerke
Veredlungsanlagen
Autobahn
Bundesstraße
Eisenbahn
Grenze der Bundesländer
0 km
5 km
10 km

Konsolidierung und Neuausrichtung dieses Industriezweiges. Im Mittelpunkt standen, dort wo möglich, der Erhalt wettbewerbsfähiger Arbeitsplätze, die Nutzung heimischer Ressourcen zur Stromerzeugung und die Wiedernutzbarmachung der stillgelegten Tagebaue im Verbund mit aktiven Betrieben. Unter Beachtung dieser Aspekte wurde für die Region ein Konzept entwickelt, das den unausweichlichen Strukturwandel mit einer Zukunftsperspektive verknüpfte.

Ausgangspunkt der Überlegungen war, dass man die wichtige Chemieindustrie im Bereich Halle wirtschaftlich stabiler gestalten könne, wenn man einen Verbund mit einem Braunkohlenkraftwerk herstellen würde. Dies führte zur Entscheidung, in Schkopau ein Braunkohlenkraftwerk zu errichten. Es stellte sich heraus, dass die übergeordneten Stromnetze in Mitteldeutschland verbunden sind und eine größere Kraftwerkkapazität südlich von Leipzig ein bedeutendes Element in einer langfristigen stromwirtschaftlichen Konzeption sein könnte. An der Umsetzung dieses Vorhabens waren neben der VEAG auch die Bayernwerke und EnBW interessiert. Für einen Neubau wurde der Kraftwerksstandort Lippendorf vorgesehen, weil von dort aus gleichzeitig die Fernwärmeversorgung der Stadt Leipzig teilweise abgedeckt werden kann. Ergänzend hierzu ergaben sich Absatzpotenziale im Bereich Veredlung und Fernwärmeversorgung. Zu beachten sind dabei auch die frühzeitig abgeschlossenen Lieferverträge mit der Zuckerfabrik in Zeitz, die Veredlungsstandorte in Mumsdorf und Deuben sowie das Modellkraftwerk mit Wirbelschichtfeuerung in Wählitz. In einem mehrjährigen intensiven Abstimmungsprozess wurden die Konzeptionen für die Tagebaue in Abhängigkeit von den zunehmend stabilisierten Abnahmeerwartungen entwickelt.

An dieser Stelle wird auf die auslaufenden 16 Tagebaue und 27 Brikettfabriken verwiesen, die das Ausmaß der Strukturveränderungen verdeutlichen. Vor allem die Reduzierung der Zahl der Tagebaue führte zu einer geringeren Flächeninanspruchnahme und einer Verlagerung in ländliche Räume sowie zu einer Entlastung des Wasserhaushaltes.

Neuordnung im mitteldeutschen Revier bis 1994

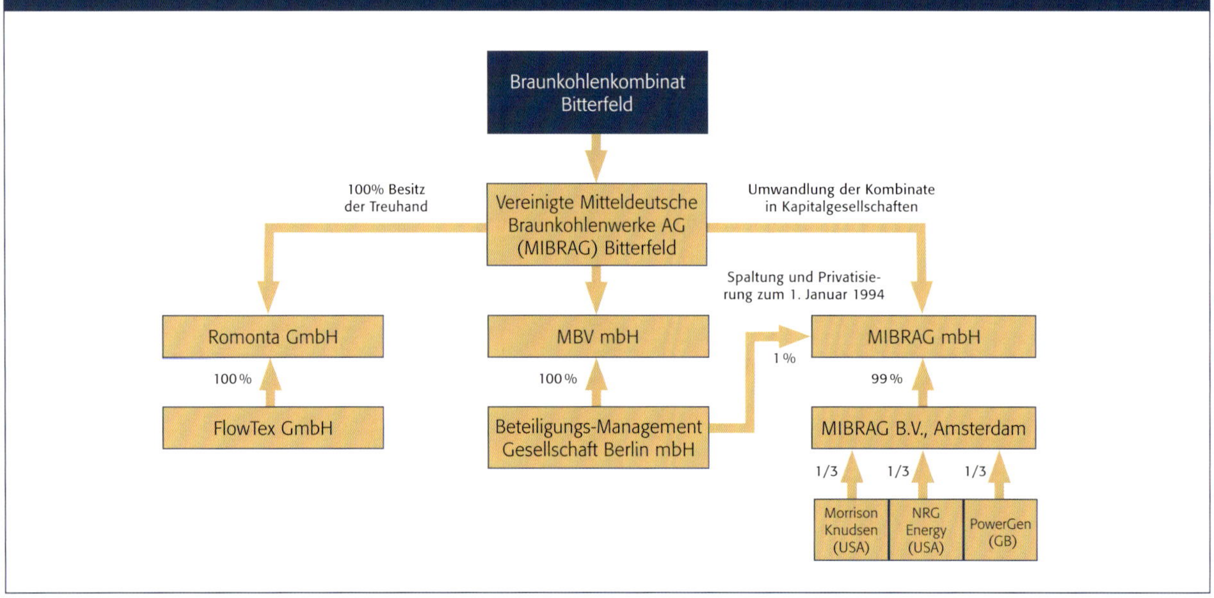

Prof. Dr.-Ing. habil. Klaus-Dieter Bilkenroth

Wie haben Sie die Situation im mitteldeutschen Revier zur Zeit der Wende und Wiedervereinigung erlebt?

Mit der Wende veränderte sich für die Region, die stark auf Braunkohle, Chemie und Maschinen- und Anlagenbau ausgerichtet war, von heute auf morgen alles. Die industriellen Großabnehmer brachen plötzlich weg, die Verarbeitungsindustrie wurde abgewrackt. Haushalte und Kommunen stellten ihre Wärmeversorgung auf angeblich billigere und bequemere Wärmeversorgung um. Durch die Einführung neuer gesetzlicher Regelungen zum Immissionsschutz war für vorhandene Absatzchancen eine mögliche Zielfrist nur bis Ende 1993 zu sehen. Stilllegung von Tagebauen, Kraftwerken und Veredlungsanlagen waren sicher unvermeidbar. Besonders auffällig war für uns, dass eine Reihe von gleich gelagerten Unternehmen, deren Gutachter und die zu erwartenden Ziele, der dadurch beeinflussten Treuhandanstalt, der mitteldeutschen Braunkohle überhaupt keine Chance der Zukunftsentwicklung einräumten. Für Mitteldeutschland und uns war diese Strategie der Stilllegung und Abwicklung ohne Investition unvorstellbar. Wir hatten nicht nur für unsere Belegschaft, sondern auch für die Region eine Verantwortung. Als Zielstellung waren damals 20 Mio. t/a Förderung enthalten, umfassende ertragsfähige neue Geschäftsfelder zu erschließen bzw. auszubauen und die Sanierung der stillgelegten Anlagen zu vollziehen.

Mit der Umstrukturierung der Energiewirtschaft nach der Wiedervereinigung war für viele Bergleute der Verlust der Arbeitsplätze verbunden. Welche Maßnahmen waren notwendig, um den Menschen zu helfen und neue Perspektiven zu geben?

Unsere eigenen Zielstellungen waren klar. Wir wollten eine reduzierte, wirtschaftlich vertretbare Kohlenförderung erhalten und die Sanierung der stillgelegten Anlagen und Tagebaue voranbringen. Vor allem stand die sozial verträgliche Abfederung des Beschäftigungsabbaus im Vordergrund. In der Phase der Umwandlung des BKKB in eine Aktiengesellschaft konnten wir Verbündete gewinnen, die unser Konzept unterstützt haben. An erster Stelle möchte ich mich bei den Aufsichtsratsmitgliedern bedanken, die den notwendigen montangesetzlichen Zustand erfolgreich gestalteten. Für den Aufsichtsratsvorsitz konnte der Arbeitgeberpräsident Dr. Klaus Murmann gewonnen werden. Die IGBE benannte Josef Windisch als Stellvertreter. Hier möchte ich mich bei der IGBE und den Ländern Sachsen und Sachsen-Anhalt bedanken. Mit ihrer Hilfe wurden Investitionen angeschoben, wie z. B. in die Kraftwerke Zuckerfabrik Zeitz, Wählitz, Schkopau und Lippendorf, die dem aktiven Bergbau eine längerfristige Perspektive eröffneten. Nun reagierte auch die THA anders. Durch die McKinsey-Studie wurde die Bewertungsgrundlage auf der MIBRAG-Basis bestätigt.

Ab 1990 wurden erste Konzepte mit Unterstützung der Bundesregierung, der Bundesanstalt für Arbeit und den Landesregierungen zur Bergbausanierung umgesetzt. Diese sogenannten Mega-ABM, in denen viele Bergleute aufgefangen werden konnten, waren der Beginn einer umfassenden Altlasten- und Bergbausanierung, die später durch die MBV bzw. LMBV fortgesetzt wurde. Zusätzlich fand eine große Zahl von Mitarbeitern Beschäftigung in den ausgegründeten Tochtergesellschaften. In einer engen Sozialpartnerschaft ist es uns gelungen, gemeinsam mit den Arbeitnehmern, den Betriebsräten und IGBE, die unvermeidbaren Rückgänge so zu gestalten, dass keine wesentlichen sozialen Härten entstanden.

Wie haben Sie die Privatisierung im mitteldeutschen Raum erlebt?

Die MIBRAG hat sich nach der Wende weitestgehend selbst finanziert und die notwendigen Investitionen aus Eigenmitteln getätigt. Der in Anspruch genommene Währungskredit (1.7.1990) wurde am Jahresende 1990 der THA zurückgezahlt. Das Revier half sich selbst und wurde ein beachteter Partner. Da innerhalb Deutschlands aus weiteren Gründen die Privatisierung zu scheitern schien, schrieb die THA die MIBRAG international aus. Mit dem eingeschlagenen Weg der Neuinvestition, der Neustrukturierung und der Effizienzverbesserung waren die Voraussetzungen gegeben, ausländische Investoren zu finden. Anfang 1994 übernahmen dann zu je einem Drittel die Firmen PowerGen, NRG Energy und Morrison-Knudsen die MIBRAG von der Treuhand. Bei der Privatisierung der ROMONTA und der damit verbundenen Übernahme durch die Firma Flowtex 1995 war seinerseits noch nicht absehbar, in welche Lage die von der MIBRAG mit 200 Millionen DM investiv unterstützte ROMONTA dadurch kommen sollte.

Welche Zukunftsperspektiven sehen Sie für die mitteldeutsche Braunkohle auch in Bezug auf eine stärkere stoffliche Nutzung der Braunkohlenressourcen?

Wir haben im Revier hochwertige eozäne Braunkohle mit einem hohen stofflichen Wertschöpfungspotenzial. Neben der thermischen Nutzung muss künftig auch wieder verstärkt die umfassende stoffliche Verwertung in den Fokus rücken. Durch meine Initiative wurde dafür das Projekt „Innovative Braunkohlen Integration" (IBI) ins Leben gerufen. In einem Bündnis aus Wirtschaft, Wissenschaft und Politik wollen wir Impulse zur Entwicklung von innovativen Verfahren, Anlagen- und Produktionssystemen geben, die künftig die bitumenreiche Kohle des mitteldeutschen Reviers auch in Zusammenhang mit den Chemiestandorten im Revier wieder stärker „chemiegeführt" nutzen.

Prof. Dr.-Ing. habil. Klaus-Dieter Bilkenroth
(*1933)

Mitglied des DEBRIV-Vorstands 1991–1995. Studium Bergbau, Bergakademie Freiberg, Promotion, Habilitation. Leitende Funktionen im mitteldeutschen Braunkohlenrevier, 1991 Vorstandsvorsitzender Vereinigte Mitteldeutsche Braunkohlenwerke AG (MIBRAG), 1994–1995 Sprecher Geschäftsführung MBV, Ehrensenator TU Bergakademie Freiberg.

Dieser Wandel vollzog sich rasch in einem Zeitraum von ca. zehn Jahren. Der bislang von der Energie- und Chemieindustrie geprägte Raum Halle/Leipzig erhielt ein völlig neues Gesicht, in dem die Braunkohle zwar noch eine wichtige, aber nicht mehr dominierende Rolle spielt. Die Maßnahmen zur Wiedernutzbarmachung, insbesondere in Verantwortung der MBV, später LMBV, waren sehr umfangreich und wurden in den letzten 20 Jahren entschlossen vorangetrieben. Als Beispiele sei auf die großen Rekultivierungsbereiche im Raum Bitterfeld oder Mücheln hingewiesen, aber auch auf das Gebiet südlich von Leipzig. Neben bergbaulichen Maßnahmen zur Wiedernutzbarmachung waren umfangreiche Sanierungsarbeiten im Bereich alter Industriestandorte erforderlich. Bereits Ende der Neunzigerjahre wurden wichtige Projekte so weit fertiggestellt, dass seither auch eine breite Öffentlichkeit die neu gestalteten Landschaften nutzen kann. Die sichtbaren Erfolge in der Bergbausanierung sowie die Rekultivierung der Bergbaufolgelandschaft durch den aktiven Bergbau der MIBRAG und der ROMONTA als integralem Bestandteil der bergbaulichen Tätigkeiten haben maßgeblich zur Akzeptanz des Braunkohlenbergbaus in der Region beigetragen.

Nachdem in der Zeit vor 1989 eine Vielzahl von Dörfern im mitteldeutschen Revier der Kohle weichen musste und die vorherrschende Umsiedlungspraxis den Bedürfnissen der betroffenen Bürger nicht ausreichend Rechnung trug, fehlte nach der Wiederverei-

Baggertaufe im Abbaufeld Schwerzau

nigung vorerst die Akzeptanz für weitere Umsiedlungen. Die MIBRAG verfolgte konsequent den Weg einer sozial verträglichen Umsiedlung. Meilensteine waren die vorzeitigen, einvernehmlichen Umsiedlungen der Gemeinden Schwerzau und Großgrimma. Die Umsiedlungen dieser Gemeinden und die mit Widerständen verbundene Umsiedlung von Heuersdorf haben deutlich gemacht, dass Eingriffe des Bergbaus im Sinne des Einzelnen und der Gemeinschaft gestaltbar sind.

Die Perspektiven der mitteldeutschen Braunkohle

Die bergwirtschaftliche Perspektive für die mitteldeutsche Braunkohle ist wegen der guten Lagerstättenverhältnisse mit einem Abraum-zu-Kohle-Verhältnis (A:K) von 3:1 günstig. Die erforderlichen wasserwirtschaftlichen Maßnahmen sind im Vergleich zu anderen Revieren wegen der vorhandenen Grundwasserverhältnisse nicht so umfangreich. Der vergleichsweise hohe Schwefelgehalt von mehr als einem Prozent, der anfänglich einer der Hauptkritikpunkte war, ist bei der Verstromung mit heutiger Technologie gut beherrschbar. Ein Pluspunkt ist nicht zuletzt, dass der Heizwert der Kohle um etwa 20 Prozent höher liegt als in den anderen Revieren. Die Neubaukraftwerke in Schkopau und Lippendorf, die Veredlungsbetriebe und Grubenkraftwerke sowie die sonstigen Abnehmer mit einem Kohlenbedarf von zusammen etwa 20 Millionen Tonnen bildeten die Grundlage zur Entwicklung einer Tagebaukonzeption. In den Jahren nach 1990 wurden die langfristigen Konzepte für die Tagebaue Vereinigtes Schleenhain und Profen in Verantwortung der MIBRAG entwickelt.

Der Tagebau Vereinigtes Schleenhain hat als Hauptabnehmer das Kraftwerk Lippendorf, das 1998/99 in Betrieb gegangen ist. Sein Kohlenbedarf beträgt rund zehn Millionen Tonnen pro Jahr. In drei Baufeldern stand zu Beginn der Planungen ein Kohlenvorrat von rund 450 Millionen Tonnen bei einem A:K von 3:1 zur Verfügung. Damit kann die Versorgung des Kraftwerks über die geplante Lebensdauer von 40 Jahren gewährleistet werden. Die Tagebaukonzeption im Bereich Schleenhain sieht vor, dass die drei Abbaufelder nacheinander in Abbau genommen werden. In diesem Zusammenhang wurde der Betrieb Peres gestundet und die Tagebauausrüstung im Bereich Schleenhain grundlegend modernisiert. Eingesetzt wird eine Bagger-, Bandanlagen- und Absetzertechnologie mittelgroßer Kapazität, die hochgradig automatisiert ist. Die Kohlenversorgung des Kraftwerks Lippendorf erfolgt über eine Bandanlage; ein Kohlemisch- und Stapelplatz dient der Versorgungssicherheit und gewährleistet die Qualitätsanforderungen. Die Rekultivierung ist in das Abbaukonzept integriert und erfolgt kontinuierlich.

Günstige Verhältnisse bestehen im Bereich Profen, der die Abbaufelder Profen, Schwerzau und Domsen umfasst. Das durchschnittliche Abraum-zu-Kohle-Verhältnis beträgt 3:1, der Gesamtvorrat umfasste zum Zeitpunkt des Planungsbeginns ca. 400 Millionen Tonnen Kohle. Im Abbaufeld Profen wurde 1973 mit der Kohlenförderung begonnen, zwischenzeitlich ist dieses Feld weitestgehend ausgekohlt. 2006 wurde die Kohlenförderung im Abbaufeld Schwerzau aufgenommen. Der Tagebau Profen dient hauptsächlich der Versorgung des Industriekraftwerks Schkopau, das 1996 in Betrieb gegangen ist, aber auch weiterer Einzelabnehmer. Die Jahresförderung beträgt etwa zehn Millionen Tonnen.

Ein wichtiges Element ist der Kohlemisch- und Stapelplatz, über den die Kohle zum Abtransport an die Verbraucher gelangt. Die gesamte technische Ausrüstung der Tagebaue wurde grundlegend erneuert. Im Tagebau Profen kam nach der Wende, unter dem Einfluss der amerikanischen Bergbaufachleute, der Eigentümergesellschaft Morrison-Knudsen, große mobile Tagebautechnik zum Einsatz. Erfolge wurden bei der Beseitigung verfestigter Gebirgsschichten im Tagebau Profen erzielt.

Kraftwerk Lippendorf

Eine Besonderheit im mitteldeutschen Revier ist der Bereich Amsdorf. Dort wird seit langer Zeit Braunkohle gefördert. Die eozäne, bitumenreiche Kohle eignet sich für die Montanwachsgewinnung. Zum Zeitpunkt der Wiedervereinigung waren nur noch Kohlenvorräte in einer Größenordnung von 20 Millionen Tonnen erreichbar. Auf dieser relativ schmalen Basis wurde in den Neunzigerjahren ein Zukunftskonzept für ROMONTA entwickelt. Ausgehend von einer Rohkohlenförderung von 500.000 Tonnen pro Jahr wurde der Betrieb zur Kohlentrocknung, zur Montanwachsextraktion und das zugehörige Kraftwerk dimensioniert, neu errichtet bzw. modernisiert.

Zur langfristigen Weiterentwicklung des mitteldeutschen Braunkohlenbergbaus prüft die MIBRAG den Bau eines modernen Kraftwerks mit hohem Wirkungsgrad am Standort Profen. Mit dieser Investition sollen einerseits die Altkraftwerke Mumsdorf und Deuben ersetzt werden, und andererseits soll die Kohle wesentlich effizienter verstromt werden. Zur Sicherstellung der Kohlenversorgung des neuen Kraftwerks wurden bereits umfangreiche Erkundungen der Lagerstätte im Raum Lützen, nordwestlich des Tagebaus Profen, durchgeführt. Die Ergebnisse der Lagerstättenerkundung bilden die Grundlage weiterer langfristiger Bergbauplanungen.

Das Lausitzer Revier in der Neuordnung

Bergbau und Energiewirtschaft vor der Wiedervereinigung

Der Braunkohlenbergbau hat in der Lausitz eine lange Tradition, wenngleich er dimensionell bis in die Dreißigerjahre hinter anderen Revieren zurückstand. Grund hierfür war, dass die Lausitz eher ländlich geprägt war. Einen Verbund mit der chemischen Industrie, wie er im Rheinland oder in Mitteldeutschland frühzeitig bestand, gab es nicht. Die großen Verbrauchszentren, so im Norden Berlin oder im Süden Dresden, benötigten lediglich die festen Veredlungsprodukte und später zunehmend auch Strom. Eine erhöhte Kohlenförderung ergab sich im Zweiten Weltkrieg, u. a. weil in Schwarzheide eine Kohlenverflüssigungsanlage betrieben wurde.

Förderbrücke im Tagebau Welzow (1991)

Mit Gründung der DDR begann der forcierte Ausbau der Energieindustrie in der Lausitz. Der Bezirk Cottbus erhielt später sogar den Namen „Energiebezirk". Zum Zeitpunkt des hundertjährigen Bestehens des DEBRIV war die Kohlenförderung im Lausitzer Revier annähernd doppelt so groß wie im mitteldeutschen oder rheinischen Revier. Darüber hinaus war ein weiterer Ausbau vorgesehen.

Wichtige Meilensteine auf dem Weg zum Energiezentrum der DDR waren der Bau der Kraftwerke in Lübbenau und Vetschau, der Aufbau des Energiekomplexes Schwarze Pumpe, die Entwicklung der Kraftwerkstandorte Boxberg und Jänschwalde im Zentrum des Reviers sowie in Hagenwerder in der Oberlausitz. Die großen Kraftwerke in der Lausitz waren das Rückgrat der Stromversorgung in der DDR und hatten damit strategische Bedeutung. In den Tagebaubetrieben wurde moderne Abbautechnik eingesetzt, wobei sich die leistungsfähigen Förderbrücken F60 zum zentralen tagebautechnischen Element entwickelten. Im Jahr der Wiedervereinigung arbeiteten in den beiden großen Kombinaten zusammen rund 80.000 Menschen. Die Förderung lag in einer Größenordnung von 200 Millionen Tonnen Kohle pro Jahr. Insbesondere von Bedeutung für die damalige Wirtschaft der DDR war die Produktion von Stadtgas und Koks, die eng mit den Standorten Schwarze Pumpe und Lauchhammer verknüpft war.

Der Strukturbruch im Revier

Der durch die deutsche Einheit ausgelöste Strukturbruch in der gesamten DDR-Wirtschaft traf die Cottbusser Energieregion in einer Phase, in der man intensiv daran gearbeitet hatte, die hochgesteckten Förderziele von mehr als 230 Millionen Tonnen Rohkohle im Jahr zu erreichen. Da die

Zugverladung Cottbus-Nord

Förderbrücke Nochten

Förderziele Jahr für Jahr angestiegen waren, gab es im Lausitzer Revier, sei es in den Tagebauen, bei der Infrastruktur oder im Bereich der Kraftwerke, nur wenige Reserven. Die Betriebe liefen sieben Tage die Woche, rund um die Uhr, Sommer wie Winter. Jeder größere Ausfall hätte weitreichende Folgen gehabt. Bis an die Grenze der Leistungsfähigkeit gelangten die Betriebe in extrem kalten Wintern (z.B. 1978/79, 1985, 1987), als es bei extremen Kälteeinbrüchen nur unter Aufbietung aller Kräfte gelang, die Versorgung aufrechtzuerhalten. Die große Verantwortung für die Energieversorgung der gesamten Volkswirtschaft, die extremen Anforderungen an Verfügbarkeit und Zuverlässigkeit der Betriebsanlagen in einem sozialistischen Mangelsystem waren einerseits eine große Herausforderung, andererseits aber auch die Basis für das Selbstbewusstsein der Bergleute und Kraftwerker, die auf beachtliche Leistungskennziffern verweisen konnten.

Mit der Wende veränderten sich die Rahmenbedingungen deutlich. War zuvor noch alles auf maximale Produktionsleistungen zur Sicherung der Energieversorgung ausgerichtet, ergab sich durch den Zusammenbruch der DDR-Wirtschaft eine unerwartete und gleichermaßen unbekannte neue Situation. Die Kohlenförderung war nicht mehr um jeden Preis erforderlich, Kraftwerke und Veredlungsbetriebe mussten stillgelegt werden, das industrielle Rückgrat der Cottbusser Region drohte unter der Anpassungslast und der Geschwindigkeit der Veränderungen zu zerbrechen. Dennoch ergab sich eine Zukunftsperspektive. Die westdeutsche Stromwirtschaft und die im Braunkohlenbergbau führende Rheinbraun AG erkannten die Potenziale und wollten diese erwerben und entwickeln.

Das neue Tagebaukonzept

Ausgehend vom Konzept der Modernisierung und des Neubaus von Großkraftwerken an den Standorten Jänschwalde, Boxberg und Schwarze Pumpe sowie dem Erhalt von Veredlungskapazitäten mit den Schwerpunkten Brikettierung und Stauberzeugung am zentral gelegenen Standort Schwarze Pumpe schätzte man Anfang der Neunzigerjahre, dass im Lausitzer Revier eine Förderung von ca. 60 bis 80 Millionen Tonnen Kohle unter Wettbewerbsbedingungen erreicht werden könnte. Bei der Kohlengewinnung war eine Konzentration auf leistungsstarke Betriebe vorzunehmen. Der Zuschnitt sollte zu möglichst großen Abbaufeldern mit einem entsprechenden Lagerstätteninhalt führen, die auch eine Weiterentwicklung in Anschlussfelder zuließen, um so eine Lebensdauer der Betriebe von mehreren Jahrzehnten zu erreichen. Die langfristige Tagebauplanung sah eine Konzentration auf die Tagebaue Jänschwalde, Cottbus-Nord und Welzow-Süd im Land Brandenburg sowie Nochten und Reichwalde im Freistaat Sachsen vor.

Die Tagebaue Jänschwalde und Cottbus-Nord liegen nördlich der Stadt Cottbus und versorgen das Kraftwerk Jänschwalde, dessen sechs 500-Megawatt-Blöcke in den Neunzigerjahren ertüchtigt und mit moderner

Dipl.-Ing. Wolfgang Jung

Wann war für Sie klar, dass ein radikaler Umbruch in der Kohle- und Energiewirtschaft der ehemaligen DDR notwendig ist, und welche Vision hatten Sie von der Neugestaltung?

Mit der Wirtschafts- und Währungsunion und der damit verbundenen Einführung der D-Mark in der DDR bestand die Möglichkeit, auf den internationalen Märkten Energie und Rohstoffe zu kaufen. Damit war klar, dass sich die Energieträgerstruktur weg von der Braunkohle und hin zu einem Energiemix grundlegend verändern würde. Mit der deutschen Einheit und der Einführung höherer Umweltstandards wuchs zudem der Druck auf die ostdeutsche Braunkohlenindustrie, Anlagen zu modernisieren bzw. außer Betrieb zu nehmen. Zeitbestimmend für den Umstrukturierungsprozess war dabei, wie schnell die neuen Energieträger zur Verfügung stehen würden und in welchem Tempo die Anlagentechnik erneuert werden konnte. Heute wissen wir, dass die Energieträgerumstellungen deutlich schneller realisiert wurden, als alle Prognosen vorausgesagt haben. Meine Vision von der Neugestaltung war, aus Gründen der Versorgungssicherheit und des Erhalts von Arbeitsplätzen die Bergbauunternehmen in der Lausitz zukunftsfähig zu entwickeln und dabei möglichst viele Betriebe zu erhalten, mit der Kraftwerksmodernisierung den Kohlenabsatz zu sichern, die Veredlung zu erhalten und dabei neue Märkte für Veredlungsprodukte zu erschließen.

Was war in den Neunzigerjahren Ihre schwierigste Entscheidung?

Die unvermeidlichen Schließungen einer Vielzahl von Brikettfabriken, Tagebauen und Kokereien sowie die damit verbundene drastische Reduzierung der Belegschaft waren für den Vorstand der LAUBAG immer sehr schwierige Entscheidungen. Diese für den Erhalt eines geschrumpften, aber wettbewerbsfähigen Unternehmens notwendigen Entscheidungen mitzutragen war für mich besonders schmerzlich, zumal ich in der Region groß geworden bin und immer noch eine enge emotionale Bindung zur Region habe.

Was stufen Sie als den größten Erfolg für sich ein?

Da möchte ich drei Dinge nennen: Fachleute aus unserer Region haben die Chance erhalten, als Führungskräfte die LAUBAG wettbewerbsfähig zu gestalten. Dabei wurden sie insbesondere in den für uns neuen Tätigkeitsfeldern Finanzen, Marketing, Rechtsfragen und Öffentlichkeitsarbeit von Kollegen der Rheinbraun AG unterstützt. Zum Erhalt des sozialen Friedens in der Region ist es gelungen, den Personalabbau nicht abrupt, sondern in bestimmten Schritten und sozial abgefedert zu realisieren. Mit umfangreichen Investitionen konnte ein Veredlungsstandort erhalten werden, der sich mit einer modernen Produktpalette, wie den verpackten Briketts für die Haushalte, dem Staub und Wirbelschichtkohle für die Industrie, am Markt behauptet.

Was waren im Rahmen der Umstrukturierung die wichtigsten Begleitmaßnahmen?

Zu den wichtigsten Begleitmaßnahmen zähle ich die vielfältigen Aktivitäten zum Erreichen der Akzeptanz in der Region sowie die sozialen Maßnahmen für die Belegschaft. Hierzu gehören die Entwicklung einer neuen, sozial verträglichen Umsiedlungspraxis mit angemessenen Entschädigungen, die Umsetzung einer zeitnahen, qualitativ hochwertigen Rekultivierung, das Engagement des Unternehmens für Bildung, Kultur und Soziales in den Kommunen und anderes mehr. Hauptanliegen bei den sozialen Maßnahmen war natürlich, so viele Mitarbeiter wie möglich im Unternehmen zu beschäftigen. Bei unvermeidbaren Personalreduzierungen wurden alle arbeitsmarktpolitischen Instrumente ausgeschöpft, wie ABM, Kurzarbeiter-, Vorruhestands- und Altersübergangsregelungen. Kündigungen wurden durch finanzielle Abfindungen sozial abgefedert. Darüber hinaus wurden Unternehmensteile in Tochtergesellschaften ausgegründet. In diesen Zeiten hat sich bis heute die Mitbestimmung bewährt. In enger Zusammenarbeit mit den Betriebsräten und mit Unterstützung der IGBE konnte so der Personalabbau sozial verträglich gestaltet und zugleich ein langfristig wirtschaftlich stabiles Unternehmen als wichtigster Arbeitgeber in der Region aufgebaut werden.

Dipl.-Ing. Wolfgang Jung (*1937)

Mitglied des DEBRIV-Vorstands 1993–1998. Studium Brikettierung und Kohlenveredlung Senftenberg, Gastechnik Bergakademie Freiberg. Ab 1957 Lausitzer Braunkohlenbergbau. 1990–1998 Vorstand LAUBAG, Ressort Veredlung.

Umwelttechnik nachgerüstet wurden. Aus dem Tagebau Jänschwalde werden jährlich neun bis 13 Millionen Tonnen und aus dem Tagebau Cottbus-Nord vier bis sechs Millionen Tonnen Kohle bereitgestellt. Eine technische Besonderheit ist die räumliche Begrenzung der Auswirkungen der Grundwasserabsenkungen durch die Dichtwandtechnik am Rande beider Tagebaue. So wird einer Beeinträchtigung der Grundwasservorräte im jenseits der Neiße gelegenen Polen und im Bereich der Peitzer Teichgruppe vorgebeugt. Die Planungen sehen vor, dass nach dem Erreichen der Endstellung des Tagebaus Cottbus-Nord das Restloch geflutet und so ein ca. 1.900 Hektar großer See entstehen wird.

Der Tagebau Welzow-Süd liegt westlich der Stadt Spremberg und versorgt das Kraftwerk Schwarze Pumpe, die Veredlungsanlagen am Industriestandort Schwarze Pumpe und anteilig das Kraftwerk Jänschwalde. Jährlich werden aus diesem Tagebau bis zu 20 Millionen Tonnen Kohle gefördert. Frühzeitig wurde ein leistungsfähiger Vorschnitt eingerichtet und ein anspruchsvolles Konzept der Wiedernutzbarmachung umgesetzt.

Der Tagebau Nochten liegt südwestlich der Stadt Weißwasser und dient der Versorgung des Kraftwerks Boxberg. In diesem Kraftwerk wurden in den Neunzigerjahren die beiden 500-Megawatt-Blöcke ertüchtigt und mit moderner Umwelttechnik nachgerüstet. Im Jahr 2000 ging ein neuer 900-Megawatt-Block in Betrieb. Das Kraftwerk wird mit jährlich ca. 19 Millionen Tonnen Kohle aus dem Tagebau Nochten beliefert. Im Jahr 2010 wird ein weiterer Block mit einer Leistung von 675 Megawatt den Probebetrieb aufnehmen. Zur Deckung des zusätzlichen Kohlenbedarfs wird im seit 1999 gestundeten Tagebau Reichwalde 2010 die Kohlenförderung wieder aufgenommen.

Die horizontale Ausrichtung der Lausitzer Flöze ermöglicht an allen Standorten einen besonders effizienten Tagebaubetrieb. Nur in der Lausitz wird für das Freilegen der Kohle eine Gewinnungs- und Fördertechnologie angewendet, die zu den effektivsten im Bergbau zählt. Sie funktioniert als Direktversturz mittels Abraumförderbrücke. Das Besondere hierbei ist die Konzentration der Arbeitsgänge Gewinnen, Fördern und Verkippen in einem gemeinsamen Geräteverband. Gegenüber anderen Verfahren, bei denen die überlagernden Bodenschichten mit Bandanlagen um den Tagebau herum transportiert werden, entstehen beim Einsatz von Abraumförderbrücken wesentlich kürzere Transportwege und somit geringere Produktionskosten.

Die Maßnahmen zur Wiedernutzbarmachung der Vielzahl von stillgelegten Tagebauen, in Verantwortung der LBV, später LMBV, waren auch in der Lausitz sehr umfangreich und wurden in den letzten 20 Jahren entsprechend den Planungen schon zum größten Teil realisiert. Die Schaffung attraktiver Seen- und Kulturlandschaften, aber auch die Realisierung umfangrei-

Lausitzer Braunkohlenrevier (Stand 01/2009)

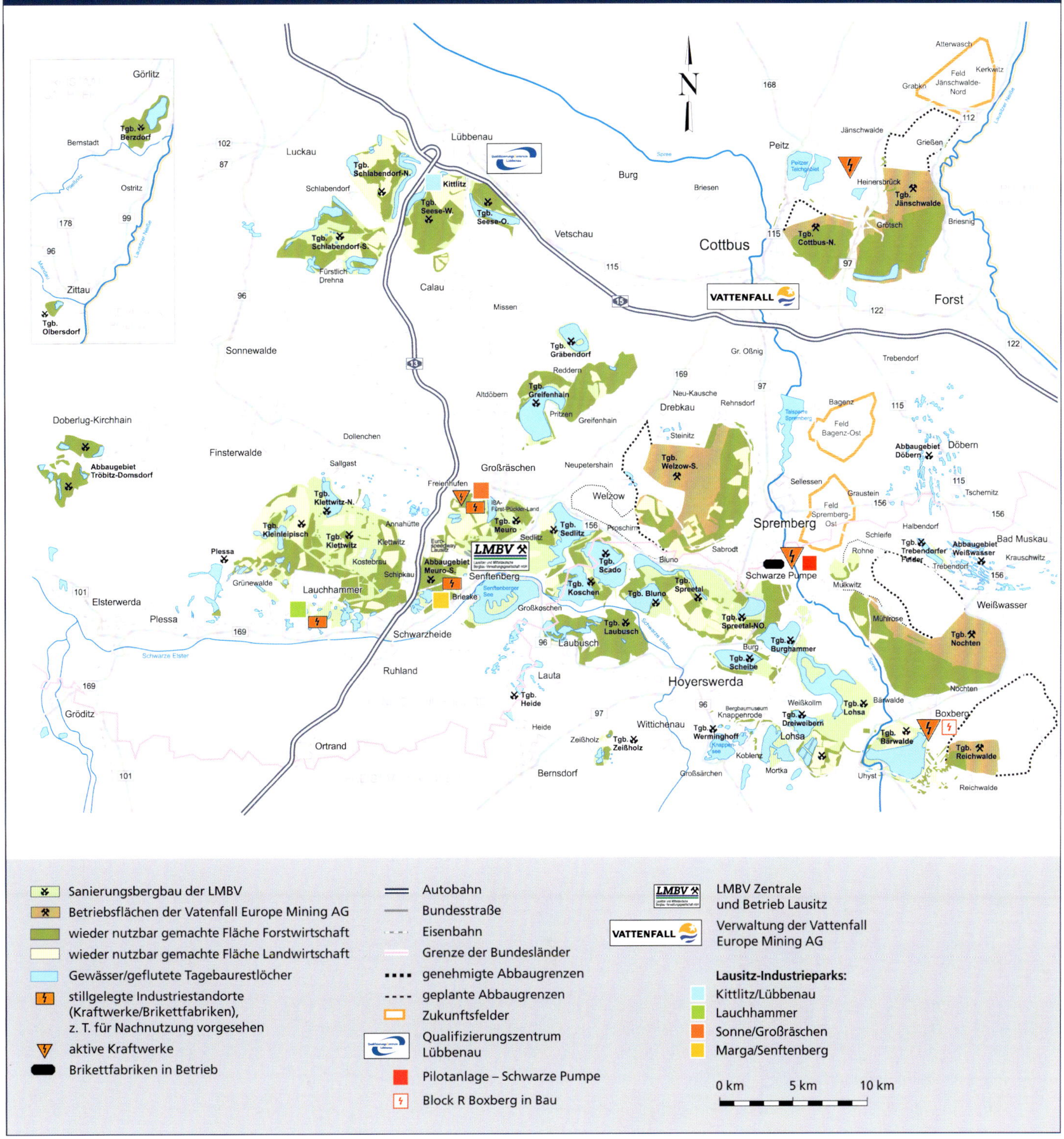

Findlingspark Nochten

cher Maßnahmen zur Altlastenbeseitigung sowie die Projekte im Zusammenhang mit dem Wiederanstieg des Grundwassers trugen wesentlich zur Verbesserung der Akzeptanz dieses Industriezweiges bei.

Die Rekultivierung der Bergbaufolgelandschaft durch den aktiven Bergbau der LAUBAG, später Vattenfall Europe Mining AG, als einem integralen Bestandteil der bergbaulichen Tätigkeit hat ebenfalls zu mehr Akzeptanz des Braunkohlenbergbaus in der Region geführt. Neben der umfangreichen forst- und landwirtschaftlichen Rekultivierung sind Projekte zu nennen wie z. B.:

- der Bau des Findlingsparks Nochten;
- die Schaffung des Hermannsdorfer Sees im Innenkippenbereich des Tagebaus Nochten;
- die Gestaltung des Quellgebiets Hühnerwasser im Tagebau Welzow-Süd;
- die Entwicklung des Energiewaldes Welzow;
- die Rückverlegung des Flusses Malxe im Tagebau Jänschwalde;
- die Renaturierung der Spreeauen nördlich von Cottbus.

Die Grundsätze sozial verträglicher Maßnahmen prägen auch im Lausitzer Revier die seit 1990 notwendigen Umsiedlungen von Gemeinden. Den Rahmen bilden die Umsiedlungsverträge, die zwischen der jeweiligen Gemeinde und dem Bergbau Treibenden zugunsten der betroffenen Einwohner abgeschlossen werden. Diese Praxis hat sich bewährt und findet breite Akzeptanz. So wurden seit 1990 die Gemeinden Kausche, Geisendorf, Horno und Haidemühl gemeinsam und sozial

Neuordnung im Lausitzer Revier bis 1993

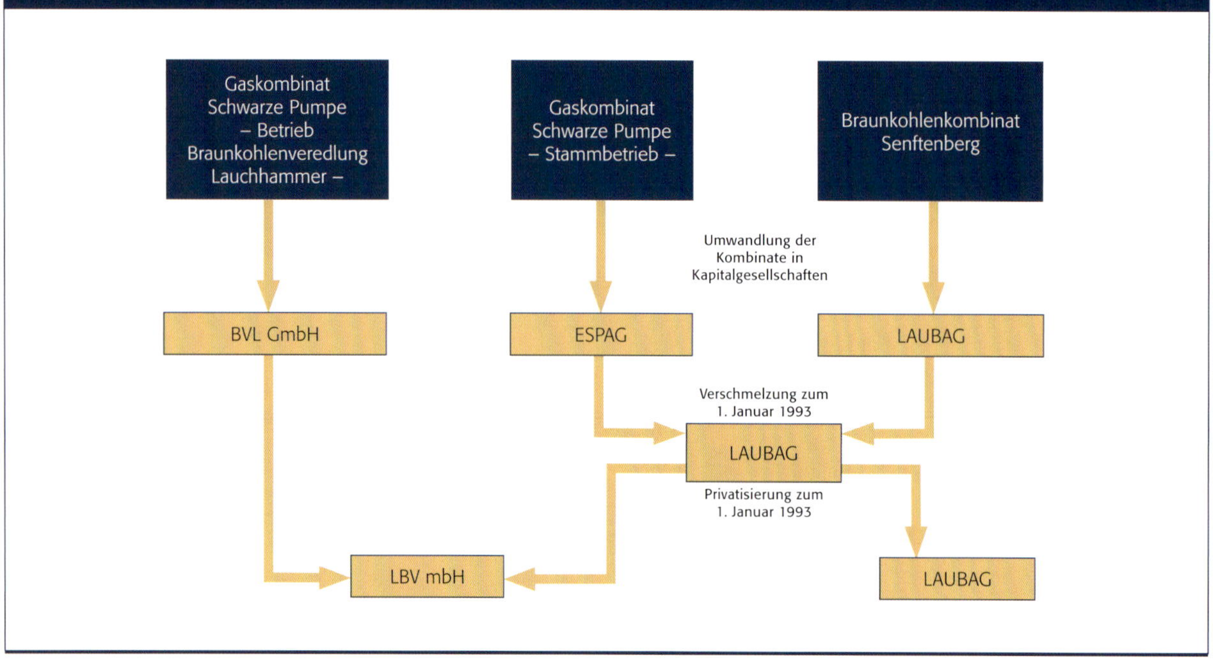

Förderbrücke Tagebau Jänschwalde

verträglich umgesiedelt. Zurzeit werden Umsiedlungen von Ortsteilen der Gemeinden Trebendorf und Schleife vorbereitet, die entsprechenden Verträge wurden dazu bereits abgeschlossen.

Neue Perspektiven für die Lausitz

Zur zukünftigen Sicherung der Lausitzer Energiestandorte werden in der Bergbauplanung zwei Linien verfolgt, nämlich der Braunkohlenabbau in den Vorranggebieten, die in den Neunzigerjahren festgelegt wurden, und der Aufschluss neuer Felder. Die Weiterführung des Tagebaus Welzow-Süd im Räumlichen Teilabschnitt II und des Tagebaus Nochten im sogenannten Vorranggebiet dient der Sicherung der Kohlenversorgung bis 2035. In diesem Rahmen wurde durch die Gemeinsame Landesplanung Berlin-Brandenburg im November 2007 das Planverfahren für den Räumlichen Teilabschnitt II des Tagebaus Welzow-Süd eröffnet. Im Oktober 2007 hat die Verbandsversammlung des regionalen Planungsverbandes Oberlausitz-Niederschlesien den Aufstellungsbeschluss zur Fortschreibung des Braunkohlenplans Nochten für das Vorranggebiet gefasst.

Im Mai 2007 wurde die „Studie zur Fortschreibung der Tagebauentwicklung im Lausitzer Braunkohlenrevier" vorgestellt, die im Auftrag des brandenburgischen Wirtschaftsministeriums durch die Technische Universität Clausthal erarbeitet worden war. Darauf aufbauend hat Vattenfall Europe Mining & Generation zur langfristigen Sicherung der Energiestandorte Jänschwalde und Schwarze Pumpe ein Bergbau- und Kraftwerkkonzept entwickelt, das über das Jahr 2050 hinausreicht und das den Aufschluss von drei neuen Tagebaufeldern, nämlich Jänschwalde-Nord, Bagenz-Ost und Spremberg-Ost, vorsieht.

Zunächst ist zur Versorgung des Kraftwerkstandorts Jänschwalde nach 2025 die Nutzung der Lagerstätte Jänschwalde-Nord geplant. Die damit verbundene Umsiedlung von ca. 900 Einwohnern wird VE-M nach Vorliegen eines genehmigten Braunkohlenplans gemeinsam mit den Betroffenen sorgfältig vorbereiten und sozial verträglich durchführen.

Zur längerfristigen Kohlenversorgung der Kraftwerke Jänschwalde und Schwarze Pumpe nach 2035 sollen die Vorräte aus den Lagerstätten Bagenz-Ost und Spremberg-Ost genutzt werden. Für diese Tagebaue sind keine Umsiedlungen von Ortschaften erforderlich.

Die Bergbauplanung steht dabei in engem Zusammenhang mit der Strategie der Entwicklung einer CO2-armen Verstromung. Im September 2008 ist dazu in Schwarze Pumpe die Pilotanlage zur Erprobung des Oxyfuel-Verfahrens in Betrieb gegangen. Auf Basis der hierbei gewonnen Erkenntnisse soll am Standort Jänschwalde mit einem Demonstrationskraftwerk der nächste Schritt getan werden: Ein bestehender Kraftwerkblock soll hierfür mit einem Oxyfuel-Kessel bestückt werden. An einem weiteren Kessel ist eine CO2-Wäsche vorgesehen. Die Anlage soll die großtechnische Machbarkeit der Verfahren zeigen und um 2015 in Betrieb gehen. Ab 2020 soll die neue, klimaschonende Kraftwerkstechnik für den kommerziellen Einsatz verfügbar sein. Im Anschluss daran sollen die am Standort Jänschwalde betriebenen 500 MW-Blöcke schrittweise durch Anlagen der neuen Generation ersetzt werden.

Das Revier Hessen

Besucherstollen des Hessischen Braunkohle-Bergbaumuseums

Das Revier im Überblick

Die Entwicklung der Braunkohlenindustrie in Hessen wurde über lange Zeit durch die Preußische Elektrizitäts-AG (PreußenElektra) bestimmt. Das Unternehmen war 1927 aufgrund des Gesetzes über die Zusammenfassung der elektrizitätswirtschaftlichen Unternehmungen des Staates Preußen entstanden. Seit 1952 hatte es seinen Sitz in Hannover. 1985 reichte das Versorgungsgebiet des PreußenElektra-Konzerns von der dänischen Grenze bis an den Main und deckte rund 30 Prozent der Gesamtfläche Westdeutschlands ab. Als Engpassleistung standen 11.200 Megawatt zur Verfügung. Mit einer nutzbaren Stromabgabe von etwa 42 Milliarden Kilowattstunden war PreußenElektra nach RWE das zweitgrößte Stromversorgungsunternehmen in der Bundesrepublik. Die Braunkohlenförderung in Hessen und im Helmstedter Raum waren eher Randaktivitäten, die allerdings nach den Ölkrisen durchaus ihren Stellenwert hatten.

Zur Versorgung der beiden Wärmekraftwerke „Borken" (220 Megawatt) und „Wölfersheim" (124 Megawatt) wurden in Hessen Braunkohlengruben im Raum Borken (40 Kilometer südlich von Kassel) und Wölfersheim (40 Kilometer nördlich von Frankfurt am Main) betrieben. Im Jahr 1985 betrieb daneben noch die „von Waitzische Erben KG" in Großalmerode Braunkohlenbergbau. Die Jahresförderung betrug 1,6 Millionen Tonnen in Wölfersheim, 0,8 Millionen Tonnen in Borken sowie 0,2 Millionen Tonnen in Großalmerode.

Braunkohlenförderung im Tiefbau

Im übrigen Deutschland erfolgte 1985 die Braunkohlenförderung ausschließlich im Tagebau. Dagegen standen in Hessen auch zwei Tiefbaue in Förderung. Die von Waitzische Erben KG gewann 1980 ca. 70.000 Ton-

Tagebau

Tiefbau

Revier Hessen

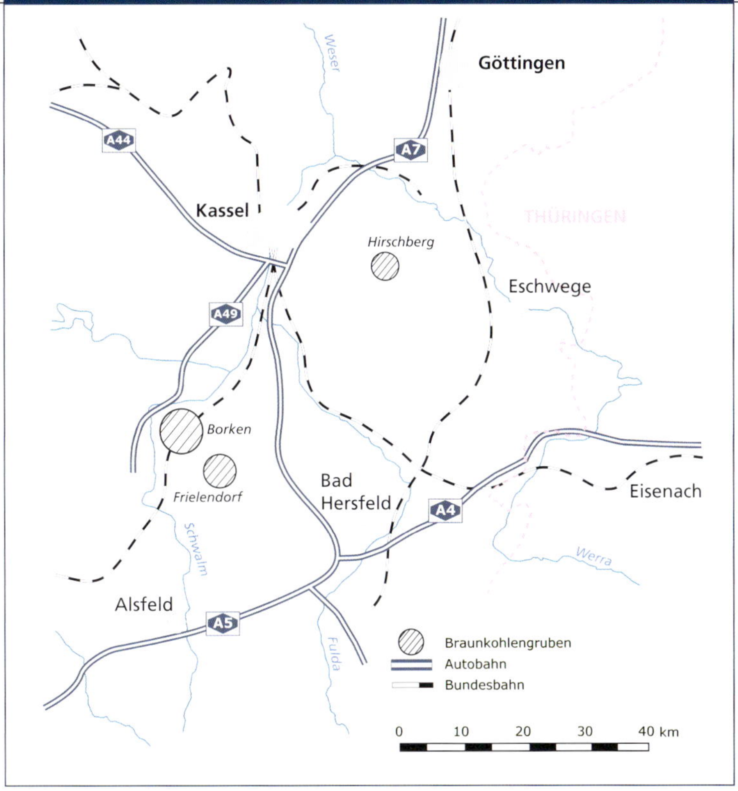

nen Kohle in Großalmerode und die PreußenElektra rund 0,4 Millionen Tonnen im Tiefbau „Stolzenbach", Borken.

Aufgeschlossen wurde die Grube Stolzenbach seit 1953 von der „Braunkohlen- und Brikett-Industrie AG" (BUBIAG). Vier Jahre später ging Stolzenbach in die Regelförderung. 1968 hatte die PreußenElektra die Schachtanlage gepachtet, die Kohle an das Kraftwerk in Borken lieferte. Wenig später wurde die Anlage vom Energieunternehmen erworben. In allen Tiefbauen wurde die Kohle im Bruchbauverfahren abgebaut. Die übertägigen Bergschäden waren jedoch wegen der aus plastischem Ton bestehenden Hangenden gering. Ende 1982 wurde in Stolzenbach ein 30 Meter langer Streb mit Zwei-Stempel-Schildern und einem Walzenschrämlader ausgerüstet. Nach dem sehr positiven Versuchseinsatz verlängerte man den Streb auf 50 Meter.

Die eozäne Borkener und Stolzenbacher Kohle ist etwa 40 Millionen Jahre alt und methanfrei. Mit einem Heizwert von 12,6 Megajoule pro Kilogramm war die Stolzenbacher Kohle die beste Braunkohle Deutschlands. Ihr Wassergehalt lag bei 45 Prozent, ihr Aschegehalt bei zehn Prozent. Die Flözmächtigkeit schwankte zwischen vier und sechs Metern. Ihre Zündtemperatur lag bei 420° Celsius. Jahrzehntelang konnte deshalb offenes Geleucht, die Karbidlampe, eingesetzt werden. Brände durch Selbstentzündung traten nicht auf. Der grubenfeuchte Staub war nicht flugfähig. Abgetrockneter Staub in den Strecken wurde durch Chlorkalzium-Schuppen gebunden. Stolzenbach unterhielt eine nebenamtliche, 20 Mann starke Grubenwehr. Jeder unter Tage Beschäftigte führte einen CO-Filter-Selbstretter mit sich.

Das Grubenunglück von Borken

Mehr als 30 Jahre lang blieb die Schachtanlage Stolzenbach in Borken von größeren Unfällen verschont. Die Belegschaft umfasste etwa 200 Mitarbeiter. Ereignisse von sicherheitsrelevanter Bedeutung traten nicht auf. Doch am 1. Juni 1988 war Stolzenbach von einem schweren Unglück betroffen. Eine untertägige Kohlenstaubexplosion tötete 51 Bergleute. Sechs Bergleute konnten nach 65 Stunden gerettet werden. Unabhängige Fachleute stellten fest, dass die Kohlenstaubexplosion durch eine betriebsbedingt übliche Sprengung des

Grubenunglück Stolzenbach, Versorgung der Verletzten

Streckenausbaus ausgelöst wurde. Ende 1988 erklärte die Staatsanwaltschaft Kassel, dass es keine Anhaltspunkte für ein strafbares oder ordnungswidriges Verhalten der Grubenleitung gibt.

Das verheerende Ausmaß des Unglücks ließ allerdings einen Weiterbetrieb der Grube nicht zu. Sie wurde stillgelegt. Die Bergleute, etwa 150 Mann, fanden in den Tagebauen einen neuen Arbeitsplatz. Unverzüglich nach dem Unglück richtete PreußenElektra das „Hilfswerk Grube Stolzenbach" zur Unterstützung der Hinterbliebenen ein. Auf dem ehemaligen Betriebsgelände der Schachtanlage Stolzenbach hat PreußenElektra eine würdige Gedenkstätte errichten lassen, wo jährlich am Unglückstag unter großer Anteilnahme der Bevölkerung der Toten gedacht wird.

Rekultivierte Bergbaufolgelandschaft – Naturbadesee Stockelache

Braunkohlenförderung bis zum Jahr 2002

PreußenElektra hat in Borken über die Zeit insgesamt zwölf kleine Tagebaue aufgeschlossen. Der Kohleninhalt betrug durchschnittlich drei Millionen Tonnen, das A:K-Verhältnis war mit 5,2:1 dagegen hoch. Die Gesamtfördermenge der Borkener Tagebaue betrug 36 Millionen Tonnen. Die historische Entwicklung führte dazu, dass in der Borkener Abraumbewegung der Zugbetrieb vorherrschte.

In Wölfersheim wurde im Jahr 1962 das Kraftwerk von 60 auf 124 Megawatt erweitert. Die sieben Tagebaue in Wölfersheim erbrachten 47 Millionen Tonnen bei einem durchschnittlichen A:K-Verhältnis von 3,7:1. Die Wölfersheimer Kohle ist jedoch nur pliozän (rund eine Million Jahre alt) und demzufolge lediglich gering inkohlt. Bei einem Wassergehalt von 53 Prozent und einem Aschegehalt von 18 Prozent schwankte der Heizwert um nur 5,3 Megajoule pro Kilogramm. In Borken und in Wölfersheim kamen Eimerketten- und Schaufelradbagger zum Einsatz. Entsprechend der Tagebaugröße lagen die Dienstgewichte der Schaufelradbagger bei nur rund 500 Tonnen. In Borken lief jedoch mit einem Dienstgewicht von 1.300 Tonnen ein großer Eimerkettenbagger.

In Borken und Wölfersheim wurden die bergbaulich nicht mehr benötigten Flächen landwirtschaftlich, forstlich und wasserwirtschaftlich rekultiviert und sind wieder Bestandteil der sie umgebenden Landschaft geworden.

Im Jahr 1991 wurde in Borken und in Wölfersheim die letzte Braunkohle gefördert. Damit endete nach 64 Jahren die Bergbaugeschichte der PreußenElektra in Hessen. Nur die von Waitzische Erben KG betrieb noch am Hirschberg bei Großalmerode untertägigen Bergbau auf Braunkohle. Am 20.12.2002 wurde auch dort die letzte Tonne Braunkohle ans Tageslicht geholt. Damit endete die rund 450 Jahre alte Geschichte des hessischen Braunkohlenbergbaus.

Dipl.-Ing. Klaus Friedrich

In der öffentlichen Wahrnehmung dominieren die großen Braunkohlenbetriebe. Welche Rolle haben die kleineren Reviere in Niedersachsen, in Hessen oder in Bayern eingenommen?

Gemessen an der Jahresförderung des rheinischen Reviers (um 1980 rund 120 Millionen Tonnen Kohle) waren die Fördermengen in den genannten Revieren fürwahr klein.

Im bayerischen Revier um Schwandorf/Wackersdorf hat die Bayerische Braunkohlen-Industrie AG (BBI), gegründet 1906, 75 Jahre lang Braunkohle abgebaut; insgesamt 180 Millionen Tonnen. Die Höchstförderung wurde im Jahr 1975 mit acht Millionen Tonnen Kohle erreicht. Ende 1981 lief der dortige Bergbau wegen Erschöpfung der Lagerstätte aus.

In Hessen waren von etwas größerer Bedeutung nur die beiden PreußenElektra-Betriebe in Borken und in Wölfersheim. Die PreußenElektra, gegründet 1927, entwickelte sich nach 1945 zum zweitgrößten Stromversorgungsunternehmen nach RWE in Westdeutschland. Das Versorgungsgebiet reichte von der dänischen Grenze bis an den Main. Beide Betriebe wurden 1991 stillgelegt. Sie förderten in ihrer 64-jährigen Betriebszeit rund 60 bzw. etwa 50 Millionen Tonnen Braunkohle.

In Niedersachsen fördert bei Helmstedt die Braunschweigische Kohlen-Bergwerke AG (BKB) seit 1873 Braunkohle. Der letzte Tagebau wird 2017 auslaufen. Dann wird die BKB, heute E.ON Kraftwerke, insgesamt 470 Millionen Tonnen Kohle gefördert haben.

In allen Revieren wurde bzw. wird die Braunkohle hauptsächlich verstromt. Alle hatten hinsichtlich der Beschaffenheit des Deckgebirges und des höheren Abraum-zu-Kohle-Verhältnisses ihre Besonderheiten. Zur Erreichung der erforderlichen Wirtschaftlichkeit mussten die Betriebsstrukturen ständig der bergtechnischen Entwicklung angepasst werden. Natürlich waren die Betriebe nur von geringerer überregionaler Bedeutung, für die jeweilige Region jedoch von enormer wirtschaftlicher Relevanz.

Nach Abschluss des Bergbaustudiums an der Bergakademie Clausthal hatte ich meine erste Dienststelle 1963 in Borken angetreten. Damals waren bei der BKB rund 5.300 Mann, bei der BBI und in Borken je etwa 1.600 und in Wölfersheim ca. 500 Mann beschäftigt. Für die mehr oder weniger ländlich geprägten Regionen waren das imposante Zahlen.

Das Helmstedter Revier war durch die innerdeutsche Grenze getrennt. Was waren aus Ihrer Sicht dabei die Besonderheiten für die Kohlenförderung?

Die Braunschweigische Kohlen-Bergwerke AG (BKB) in Helmstedt, gegründet 1873, hatte insgesamt 14 Tiefbaue und neun Tagebaue aufgeschlossen. Der letzte Tiefbau wurde 1925 stillgelegt; der letzte Tagebau, jener in Schöningen, wird 2017 auslaufen.

Im Jahr 1951 hat BKB rund 6.800 Mitarbeiter beschäftigt. Nach der Grenzschließung am 26. Mai 1952 waren es fast 2.000 weniger. Das Kraftwerk „Harbke" und der Tagebau „Wulfersdorf" gehörten nun zum VEB „Gustav Sobottka". Die betriebliche Entwicklung auf beiden Seiten verlief von da an völlig getrennt.

Im Jahr 1972 wurde in Westdeutschland der Tagebau „Helmstedt" von der BKB aufgeschlossen. Dessen Gewinnungsstrossen liefen dem Tagebau Wulfersdorf auf der anderen Seite der deutsch-deutschen Grenze entgegen. Hätten beide Tagebaue ihren Betrieb vor der Grenze einstellen müssen, wären 15 Millionen Tonnen Braunkohle im sogenannten

Grenzkohlepfeiler stehen geblieben; davon zehn Millionen Tonnen auf dem Gebiet der DDR.

Schon ab etwa Mitte der Fünfzigerjahre wurden auf betrieblicher Ebene Gespräche geführt, 1974 Betriebsunterlagen ausgetauscht und 1976 ein Vertrag zum Abbau des Grenzkohlenpfeilers unterschrieben. Die Grenztruppen der DDR bauten die Sicherheitsanlagen entlang der Grenze ab und im Hinterland wieder auf. Danach trafen sich Bergleute der BKB und des VEB zweimal jährlich zur Abklärung von Betriebsfragen; einmal hüben, einmal drüben. Stets verliefen die Gespräche sachorientiert und in sehr angenehmer Atmosphäre. Wer konnte sich damals schon vorstellen, dass Jahre später die erhoffte Einheit Deutschlands Wirklichkeit werden würde?

Der Braunkohlentiefbau „Stolzenbach" der PreußenElektra in Borken (Hessen) musste nach einem verheerenden Unglück 1988 stillgelegt werden. Das Unglück war ein sehr schwerer Schlag. Wie wurde er bewältigt?

Der erste Tagebau auf Braunkohle wurde in Hessen 1873 aufgeschlossen. Davor ist die Braunkohle rund 300 Jahre lang ausschließlich unter Tage gewonnen worden.

Der Tiefbau Stolzenbach, eine Schachtanlage, nahm 1957 die Regelförderung auf. Mehr als 30 Jahre blieb die Schachtanlage von größeren Unfällen verschont. Ereignisse von sicherheitlicher Bedeutung traten nicht ein. Am 1. Juni 1988 ereignete sich jedoch ein schweres Grubenunglück. Eine untertägige Kohlenstaubexplosion tötete 51 Bergleute. Sechs eingeschlossene Bergleute konnten nach 65 Stunden unversehrt gerettet werden. Das Unglück brach urplötzlich in das betriebliche und in das familiäre Alltagsleben ein. Das Entsetzen und die Fassungslosigkeit waren groß. Die gesamte Region trauerte. An der Trauerfeier nahmen 4.000 Menschen teil.

Die PreußenElektra errichtete das „Hilfswerk Grube Stolzenbach" und stattete es mit drei Millionen DM aus; nach kurzer Zeit wies das Konto vier Millionen DM auf. Damit konnte den Angehörigen eine finanzielle Unterstützung gewährt werden. Das verheerende Ausmaß des Unglücks ließ einen Weiterbetrieb der Schachtanlage nicht zu. Sie wurde stillgelegt. Externe Untersuchungen kamen zu dem Ergebnis, dass es keine Anhaltspunkte für ein strafbares oder ordnungswidriges Verhalten der Verantwortlichen gab.

Nach Einstellung des gesamten Borkener Bergbaus, drei Jahre später, also 1991, wurde von der Stadt Borken mit großem Erfolg ein Strukturwandel eingeleitet. Etliche Betriebe konnten angesiedelt werden. Das seelische Leid ist jedoch auch nach 20 Jahren nicht völlig vernarbt. Jährlich am Unglückstag wird an einer Gedenkstätte unter großer Anteilnahme der Bevölkerung der Toten gedacht.

Dipl.-Ing. Klaus Friedrich (*1935)

Mitglied des DEBRIV-Vorstands 1976–1999, Stellvertretender Vorsitzender des DEBRIV-Vorstands 1985–1999. Studium Bergbau, Bergakademie Clausthal. Ab 1963 Hessischer Braunkohlenbergbau, PreußenElektra/Borken, ab 1974 Bergwerksdirektor, 1985–1999 Vorstand BKB/Helmstedt.

Das Helmstedter Revier

Das Revier im Überblick

Die mehr als tausend Jahre alte einstige Hanse- und Universitätsstadt Helmstedt gehört seit dem 19. Jahrhundert zum Herzogtum Braunschweig/Lüneburg und ist der Namensgeber für das Revier, in dem seit 1725 Braunkohle gewonnen wird. Die Bergbaugeschichte im Helmstedter Revier ist bis in die jüngste Zeit eng mit der Braunschweigische Kohlen-Bergwerke AG (BKB) verbunden, die frühzeitig im Einflussbereich der staatlichen preußischen Elektrizitätsversorgung lag. In den Neunzigerjahren kam die BKB ganz ins Eigentum von E.ON, und die heutigen Betriebe werden von der E.ON Kraftwerke GmbH Hannover geführt.

Die Braunkohle im Helmstedter Revier ist wie die mitteldeutsche Braunkohle etwa 40 Millionen Jahre alt. Ihr Wassergehalt schwankt zwischen 40 und 50 Prozent, der Aschegehalt um 12,5 Prozent und die Schwefelwerte liegen mit 1,0 bis 3,5 Prozent vergleichsweise hoch, gleichermaßen die Heizwerte mit durchschnittlich 11,5 Megajoule pro Kilogramm.

Die Zeit der deutschen Teilung

Die Geschichte im Helmstedter Revier nach dem Zweiten Weltkrieg ist eng verknüpft mit der deutschen Teilung. Die innerdeutsche Grenze, die am 26. Mai 1952 geschlossen wurde, teilt das Revier. In der Bundesrepublik hatte die BKB Bestand, auf Seiten der DDR gehörten die Betriebe im Helmstedter Revier nun zum VEB „Gustav Sobottka".

Schaufelradbagger, Tagebau Helmstedt

Eine Besonderheit der innerdeutschen Geschichte ist der Abbau im Bereich des Tagebaus Helmstedt, der 1972 von der BKB aufgeschlossen wurde und der räumlich dem Tagebau Wulfersdorf auf der DDR-Seite entgegenlief. Hätten beide Tagebaue ihren Betrieb vor der innerdeutschen Grenze einstellen müssen, wären etwa 15 Millionen Tonnen Kohle im sogenannten Grenzpfeiler stehen geblieben, davon etwa zehn Millionen Tonnen auf dem Gebiet der DDR. Schon frühzeitig begannen Gespräche, aber erst 1974 tauschten die Braunkohlenunternehmen beiderseits der Grenze entsprechende Planungsunterlagen aus. Eine Expertenkommission sollte Lösungen erarbeiten, wobei die technischen Fragen durch „staatsrechtliche" Probleme überlagert wurden. Obwohl der Kalte Krieg in dieser Zeit noch heiß geführt wurde, gelang am 19. Mai 1976 der Abschluss eines Vertrages, in dessen Folge der Grenzpfeiler abgebaut wurde.

Kohlenförderung heute und Ausblick

Der letzte Tagebauaufschluss im Helmstedter Revier war der Tagebau Schöningen im Jahr 1979, dessen Entwicklung mit dem Neubau des Kraftwerks Buschhaus verknüpft ist. Der Kohlenvorrat, ursprünglich rund

Kraftwerk Buschhaus

Absetzer im Tagebau Helmstedt

60 Millionen Tonnen, wird 2017 erschöpft sein. Erstmals wurden mit dem Tagebau Schöningen in Deutschland sogenannte Salzkohlen aufgeschlossen. Der im Vergleich zu herkömmlicher Braunkohle höhere Salzgehalt in deren Asche von etwa acht Gewichtsprozent ($Na_2O + K_2O$) konnte nach den damaligen Erkenntnissen der Kesselbauer technisch beherrscht werden. Eine Besonderheit war der Schwefelgehalt von ca. drei Gewichtsprozent.

Das Kraftwerk Buschhaus wurde vor Inkrafttreten der Großfeuerungsanlagenverordnung genehmigt und war zum Zeitpunkt der Verabschiedung im Bau. Über die Art und Geschwindigkeit der Nachrüstung mit einer Entschwefelungsanlage entstand eine umfangreiche öffentliche und strittige Debatte. Das Kraftwerk wurde als „Dreckschleuder" der Nation bezeichnet, obwohl frühzeitig und zügig der Bau einer Entschwefelungsanlage vorgesehen wurde. Im Ergebnis ging das Kraftwerk Buschhaus mit einer Kapazität von 380 Megawatt 1985 ans Netz. Kurze Zeit später wurde eine Rauchgasentschwefelungsanlage nach dem sogenannten Wellmann-Lord-Verfahren in Betrieb genommen, die Flüssigschwefel produziert. Nach der Jahrtausendwende wurde diese sehr energieintensive Entschwefelungstechnik durch eine Kalksteinwäsche ersetzt, die bis heute zufriedenstellend betrieben wird.

Im Hinblick auf die gegen 2017 auslaufende Kohlenförderung hat die BKB frühzeitig als Alternative die thermische Restabfallnutzung aufgegriffen. Eine erste Anlage ging 1999 am Standort Buschhaus in Betrieb. Viele weitere Anlagen wurden im Laufe der folgenden Jahre in Deutschland errichtet. Im Jahr 2008 erfolgte eine Umfirmierung der alten BKB. Zu diesem Zeitpunkt war BKB der größte Betreiber von Abfallverbrennungsanlagen in Deutschland. Dieser Teil wurde in E.ON Energy from Waste AG umfirmiert und damit eigenständig. Das Kraftwerk Buschhaus, der Tagebau Schöningen sowie weitere Betriebseinheiten, wie die Instandhaltung oder das Aus- und Fortbildungszentrum, wurden der E.ON Kraftwerke GmbH zugeordnet.

Helmstedter Braunkohlenrevier (Stand 1/2009)

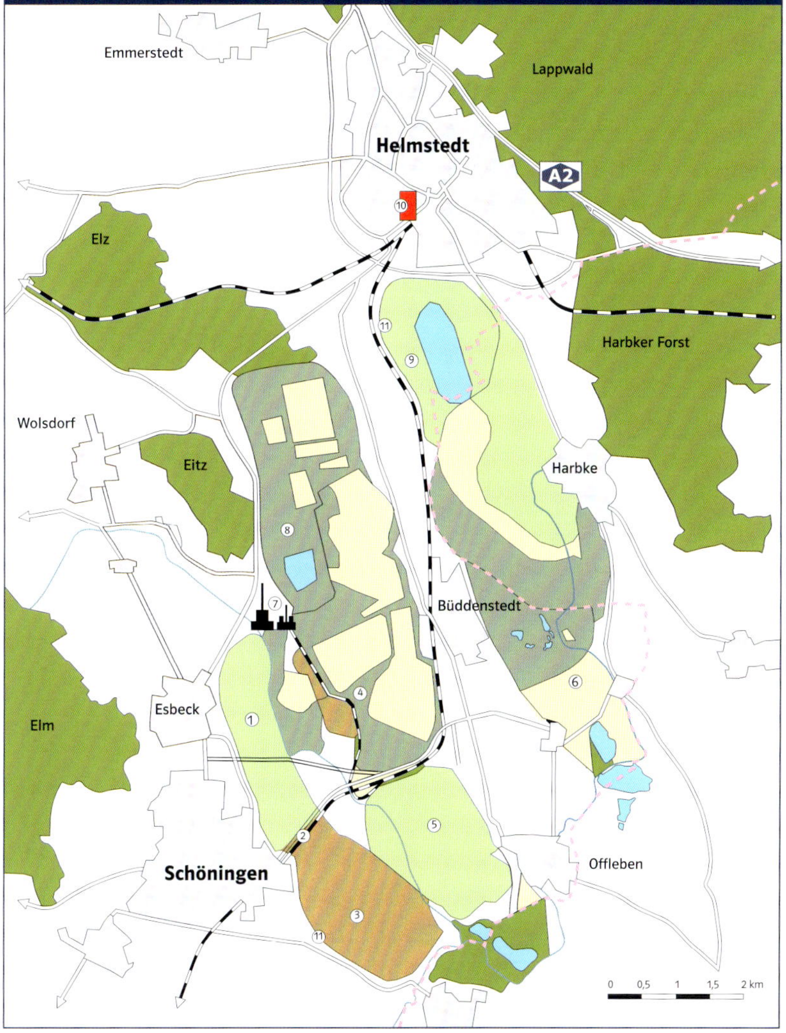

	Braunkohletagebau
	Landwirtschaftliche Flächen
	Wald
	Forstliche Flächen
	Tagebau in Rekultivierung

1 Tagebau Schöningen Nordfeld
2 DB-Pfeiler
3 Tagebau Schöningen Südfeld
4 Restkohlepfeiler Werkstätten
5 Ehem. Tagebau Alversdorf
6 Ehem. Tagebau Wulfersdorf
7 Kraftwerk Buschhaus
8 Ehem. Tagebau Treue
9 Ehem. Tagebau Helmstedt
10 Verwaltung
11 Infopunkt

2

Braunkohle – auf dem Weg nach Europa (1995–2005)

Neuer Stellenwert der Kohle durch die EU-Osterweiterung

Zum europäischen Einigungsprozess

Am Beginn der europäischen Einigung stand zunächst die deutsch-französische Aussöhnung. Eng verknüpft mit dem Ziel, dauerhaft Frieden zu schaffen, war von Anfang an der Umgang mit der Kohlen- und Stahlindustrie. Zu diesem Zweck wurde 1952 die Montanunion gegründet, die Gemeinschaft für Kohle und Stahl. Die sich anschließenden Römischen Verträge, d.h. die Gründung der Europäischen Wirtschaftsgemeinschaft (EWG) und der Europäischen Atomgemeinschaft (Euratom) im Jahre 1957, markieren weitere Meilensteine auf dem Weg in ein offenes, friedliches und freies Europa. Im EWG-Vertrag stand die Landwirtschaft zunächst im Vordergrund, in den beiden anderen genannten Verträgen die Energie; beides Elemente, die in den Jahrzehnten zuvor in den kriegerischen Auseinandersetzungen große Bedeutung hatten und nun Gegenstand eines friedlichen Interessenausgleichs wurden. Der Stellenwert der Kohle- und Schwerindustrie für die Wirtschaft in den europäischen Staaten reduzierte sich in den Sechziger- und Siebzigerjahren. Auch die mit der Atomenergie zunächst verbundenen Hoffnungen konnten nicht in dem erwarteten Maß realisiert werden. Die Prioritäten der Gemeinschaft verschoben sich, nicht zuletzt mit der Norderweiterung 1973 und

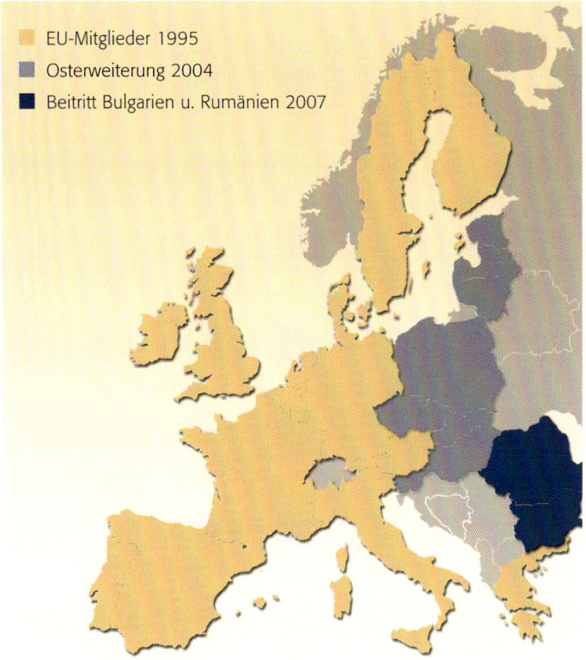

weiteren Beitritten in den Achtzigerjahren. Die Anzahl der Mitglieder verdoppelte sich in dieser Zeit von sechs auf zwölf. Themen wie der Binnenmarkt, die Handelspolitik, die Wirtschafts- und Währungsunion, Bildung, Kultur, Forschung und Umwelt erwiesen sich jetzt als wichtige Integrationsfelder. So wurde mit der Einheitlichen Europäischen Akte (EEA) 1987 die Grundlage für den Binnenmarkt gelegt, der zum 1. Januar 1993 Wirklichkeit wurde und den freien Fluss von Waren und Kapital sowie Dienstleistungsfreiheit und Personenfreizügigkeit im Gebiet der durch die Maastrichter Verträge 1992 gegründeten Europäischen Union erlaubt.

Nach dem Mauerfall in Deutschland und der Auflösung des Warschauer Paktes ging es darum, in Europa

einen langfristig stabilen Zustand zu entwickeln. Die kleineren Ostblockstaaten näherten sich zunächst dem westlichen Militärbündnis und strebten frühzeitig an, Mitglied in der Europäischen Union zu werden, die hohe Attraktivität als eine Zone gefestigter Demokratie, der Freizügigkeit und des Wohlstands besaß und immer noch besitzt. Anfang der Neunzigerjahre schien es möglich, nicht nur die osteuropäischen Staaten in die Europäische Gemeinschaft zu integrieren, sondern ergänzend hierzu die Energieressourcen in den Nachfolgestaaten der Sowjetunion in die europäischen und sogar globalen Märkte einzubinden. Das Stichwort, unter dem diese Entwicklung debattiert wurde, lautete „Energiecharta".

Die Gemeinschaft in Brüssel, einzelne Mitgliedstaaten, und große internationale Öl- und Gasunternehmen waren daran interessiert, die gewaltigen Energieressourcen, insbesondere in Russland, für den europäischen Markt zu entwickeln. Nicht so sehr die Verfügbarkeit von Energie war eine Sorge, sondern eher, dass bei geringen Energiepreisen die notwendigen Investitionen nicht in Gang gesetzt werden könnten.

Zu diesem Zeitpunkt zeichnete sich noch nicht ab, welche Bedeutung der schnell steigende Energiebedarf der aufstrebenden Länder, insbesondere in Asien, wenige Jahre später haben würde. Ein wesentlicher Vorteil der angestrebten Zusammenarbeit, speziell mit Russland, sollte die Minderung einer geostrategisch sehr riskanten Abhängigkeit von den Energieressourcen aus dem Nahen Osten sein.

Neben der begründeten Aussicht, die großen Erdgas- und Ölvorkommen in der früheren Sowjetunion für Europa zu erschließen, glaubte man an die Möglichkeit, den Anteil der erneuerbaren Energien sehr schnell ausbauen zu können. Die Energiepolitik wurde in diesem Kontext zunehmend der Klimapolitik untergeordnet. Traditionelle Elemente der Energieversorgung, beispielsweise die Kohle und auch die Kernenergie, wurden eher als Übergangsenergien eingeschätzt. Die Kommission bezeichnete in ihrem Grünbuch zur Energieversorgung im Jahr 2000 Kohle und Kernenergie als die „Ungeliebten".

Entgegen dieser politischen Mehrheitsmeinung veränderte sich durch die Erweiterung der EU die politische und ökonomische Bedeutung des Energieträgers Kohle. Eher unbemerkt wurde die Europäische Union durch den Beitritt der zentral- und südosteuropäischen Staaten zur drittgrößten Verbrauchsregion für Kohle hinter China und den USA. Die Wahrnehmungen in Brüssel waren zunächst immer noch von den Veränderungen im Westen bestimmt. Dort war die Kohlenförderung in

den Niederlanden und Belgien in den Achtzigerjahren ausgelaufen, in Frankreich in den Neunzigerjahren. Eine starke Reduzierung erfolgte in Großbritannien und Spanien, und auch in Deutschland wurde das Thema Steinkohle fast ausschließlich unter der Überschrift „Rückführung" erörtert. Die westdeutsche Braunkohle war wettbewerbsfähig und löste die wichtigen Fragen eher im regionalen Kontext in Nordrhein-Westfalen. In den neuen Bundesländern bestand die begründete Erwartung, dass die dortige Braunkohlenindustrie zukunftsfähig umstrukturiert und privatisiert werden könne.

Der Beitritt der neuen EU-Mitgliedsländer 2004 und 2007 warf zwar ein Schlaglicht auf den Energieträger Kohle, die vorherrschende Meinung war jedoch, dass nach Rücknahme der Förderung ein kleiner, aber stabiler Sockel verbleiben würde. Zunächst wurde kaum wahrgenommen, dass mit Polen nun ein Land zur Union gehörte, das alleine mehr Steinkohle förderte als alle übrigen EU-Staaten zusammen. Neben die traditionellen Braunkohlenländer, Deutschland und Griechenland, die auf diesem Feld aber eher im Stillen agierten und die Dinge eher regional regeln wollten, traten neue Partner mit neuem Selbstbewusstsein. Die Kohlenin-

Kohle in Europa – Produktion von Braun- und Steinkohle sowie Import von Steinkohle in Mio. Tonnen in 2008

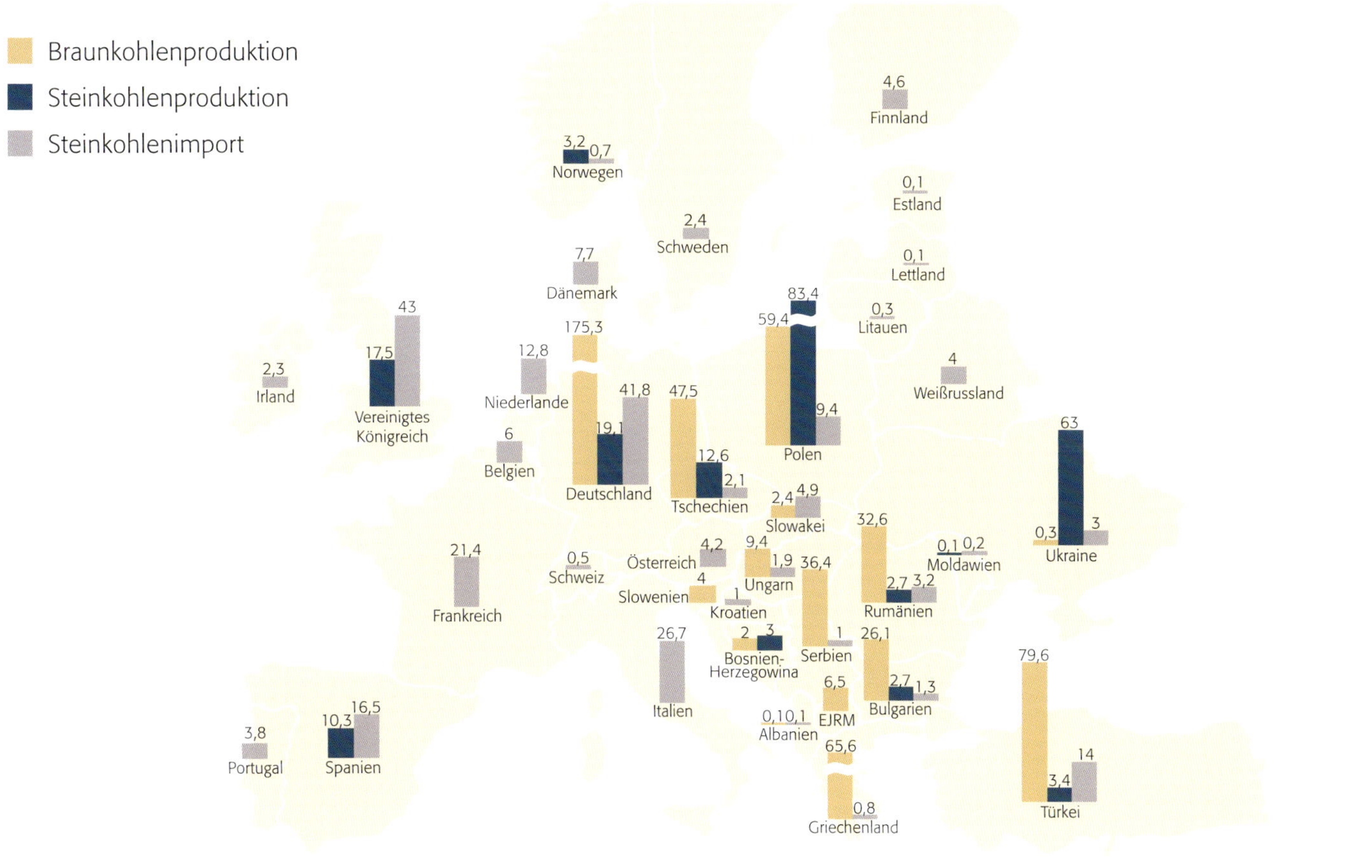

Quelle: EUROSTAT, versch. nationale Quellen, EURACOAL vorläufig, z. T. geschätzt

dustrie in Polen, Tschechien, der Slowakei, Ungarn, Slowenien, später auch in Rumänien und Bulgarien war für die Energieversorgung dieser Länder wichtig, zum Teil spielte sie sogar eine entscheidende Rolle.

Die europäische Kohle in Brüssel

Die Staaten des vormaligen Ostblocks näherten sich dem Westen mit großen Erwartungen. Der Beitritt zur NATO und die Integration in die Europäische Union war von höchster Priorität. Die Dominanz Moskaus im Rahmen des Warschauer Paktes und des östlichen Wirtschaftsbündnisses RGW war diesen Ländern nicht in positiver Erinnerung. Die vielschichtigen Abhängigkeiten, u. a. von Öl- und Gaslieferungen, hatten sich tief ins kollektive Gedächtnis eingeprägt. Ein Begriff wie „Energieunabhängigkeit", der im Westen keine so hohe Bedeutung mehr hatte, war für diese Länder immer noch eine wichtige politische Frage und von hohem strategischen Wert. Dazu kam, dass die Kohlenindustrie in den Beitrittsstaaten, und insbesondere in bestimmten Regionen, von großer wirtschaftlicher Bedeutung war, weil in diesen Industriezweigen sehr viele Menschen Arbeit und Brot fanden.

Mit dem Auslaufen des EGKS-Vertrags (Europäische Gemeinschaft für Kohle und Stahl) im Jahr 2002 war der Zeitpunkt gekommen, über eine neue breite Interessenvertretung für die Kohle in Europa nachzudenken. Die deutsche Braunkohlenindustrie und der DEBRIV hatten sich schon Jahre zuvor intensiv darum bemüht, die Notwendigkeit einer gemeinsamen Interessenvertretung den Partnern in den Beitrittsländern nahezubringen. Da auf europäischer Ebene Wettbewerb zwischen den Energieträgern Kohle, Öl und Gas, aber auch mit den erneuerbaren Energien und der Kernenergie besteht, wurde frühzeitig zusammen mit Partnern aus der Steinkohlenindustrie und den Kohlenimporteuren begonnen, alte kommunikative Gräben zuzuschütten und Vorurteile abzubauen. Auf der europäischen Ebene sollte es nur um die Kohle gehen.

Die Gründung von EURACOAL erfolgte mit dem Ziel, die Bedeutung der Kohle für die Energieversorgung in der erweiterten EU darzustellen und für sachgerechte Rahmenbedingungen zu werben. Die Abkürzung EURACOAL steht für European Association for Coal and Lignite. Der Beitrag der Kohle zur Versorgungs- und Preissicherheit, die Bedeutung der kohlenbezogenen Wertschöpfung für viele Regionen sowie die Lösung von Umweltproblemen und die Forschung

Der neu berufene EU-Energiekommissar Andris Piebalgs auf einer EURACOAL-Konferenz im Januar 2005

Dipl.-Kfm.
Berthold Bonekamp

Die Liberalisierung des deutschen Energiemarktes im Jahre 1998 führte für die heimische Energiewirtschaft zu erheblichem Marktdruck und massiven Wettbewerbsnachteilen gegenüber der europäischen Konkurrenz. Verschärft wurde diese Situation noch dadurch, dass die politischen Rahmenbedingungen, insbesondere für die großen Staatsmonopolisten im benachbarten Ausland, günstig blieben. Das stellte auch die deutsche Braunkohlenindustrie vor weitreichende unternehmerische Herausforderungen. Dabei galt es, die langfristige Zukunftsfähigkeit von Braunkohlengewinnung und -verstromung nachzuweisen. Die Ziele dafür waren nicht variabel; sie wurden in einem harten Wettbewerb durch den Markt bestimmt. Spielräume gab es nur bei Auswahl und Handhabung der unternehmerischen Instrumentarien zur Sicherung der Konkurrenzfähigkeit. Wie groß der Handlungsdruck war, belegen die deutlich negativen Ergebnisse in den kritischen Jahren unmittelbar nach der Liberalisierung.

Die unternehmerische Antwort darauf war ein ambitioniertes Rationalisierungsprogramm mit dem marktorientierten Ziel, die relevanten Kosten um bis zu 30 Prozent zu senken. Dies erforderte weitreichende Maßnahmen zur Reduzierung der Sachkosten, aber auch tiefe Einschnitte bei den Personalkosten. Das Verhältnis von Unternehmensleitung und Gewerkschaften war auch in dieser dramatischen Situation von der gemeinsamen Orientierung auf das Ziel bestimmt, das Unternehmen und seine Arbeitsplätze zu sichern. So wurde die notwendige Kostensenkung – unter weitgehender Einbeziehung der Mitarbeiter – als konstruktiver Prozess mit breitem Konsens durchgeführt.

Von Anfang an war dabei klar, dass etwa die Straffung von Arbeitsabläufen und der Verzicht auf alle nicht unabdingbaren Aufwendungen allein nicht zielführend sein würden. Vielmehr mussten auch Strukturen in der gemeinsamen Wertschöpfungskette von der Gewinnung bis zur Verstromung der Braunkohle geprüft werden. Im Ergebnis wurde im Jahr 2001 zur Optimierung des Produktionsprozesses sowie zur Vermeidung von Doppelarbeit und Reibungsverlusten an den Schnittstellen zwischen Bergbau und Kraftwerken eine vertikale Integration von Tagebauen und Braunkohlenkraftwerken umgesetzt.

Dies war mit großen technisch-organisatorischen und unternehmenspolitischen Herausforderungen verbunden. Schließlich mussten komplexe Steuerungssysteme angepasst und schwierige Personalentscheidungen getroffen werden. Nicht zuletzt galt es, auch Mitarbeiter unterschiedlicher Unternehmenskulturen in einer Weise zusammenzuführen, in der es kein Denken in „Sieger- und Verlierer-Kategorien“, sondern nur eine gemeinsame Orientierung am künftigen Erfolg gab. Der Schritt von dort bis zur Integration der gesamten kontinentaleuropäischen Kraftwerksflotte des RWE-Konzerns unter dem Dach eines neuen Unternehmens im Jahre 2003 war noch weit und steinig, aber die Kraftanstrengung hat sich gelohnt; das belegen die Ergebniszahlen.

Die erfolgreichen Maßnahmen zur Sicherung von Ertragskraft und Wettbewerbsfähigkeit der Braunkohlenverstromung schufen letztlich auch die Basis für weitere Zukunftsinvestitionen im Kraftwerkspark. So konnte im Jahr 2002 die Investitionsentscheidung für die Braunkohlenkraftwerksblöcke mit optimierter Anlagentechnik (BoA 2/3) und einer Kapazität von mehr als 2.000 Megawatt getroffen werden. Die neuen Großkraftwerke sichern nicht nur einen hohen Stellenwert der Braunkohle in der Stromerzeugung, sondern tragen mit hohen Wirkungsgraden auch ganz maßgeblich zu einer klimaverträglichen Energieversorgung bei.

Von Außenstehenden wurde die Braunkohlenindustrie über viele Jahre als eher statische Branche angesehen. Dieses Urteil hält einer Nachprüfung nicht stand. Über Jahrzehnte waren die Unternehmen der Braunkohlengewinnung und -verstromung immer wieder mit neuen technischen, ökologischen und wirtschaftlichen Herausforderungen konfrontiert.

Mehrmals stellte sich dabei auch die Existenzfrage. Aber immer ist es den Verantwortlichen gelungen – auch unter Nutzung modernster Technik –, überzeugende Konzepte für eine gute Zukunft vorzulegen, wirtschaftlichen Erfolg zu erzielen und damit zum Gemeinwohl beizutragen. Die Wirtschaft insgesamt und auch die Braunkohlenindustrie werden künftig dynamisch auf neue Herausforderungen reagieren müssen. Dafür ist die Branche nach meiner Überzeugung gut gerüstet.

Dipl.-Kfm. Berthold Bonekamp (*1950)

Mitglied des DEBRIV-Vorstands 1999–2004, Vorsitzender des DEBRIV-Vorstands 1999–2004. Studium Maschinenbau und Betriebswirtschaft, Universität Münster. Ab 1981 Rheinbraun AG. Ab 1999 Vorstand Rheinbraun, Vorsitzender des Vorstands Rheinbraun AG, später RWE Rheinbraun AG und RWE Power AG. 2004–2008 Vorstandsvorsitzender RWE Energy AG und Mitglied des Vorstands RWE AG.

sind Themen, die gemeinsam behandelt werden. Angestrebt wurde und wird, die Kohle als europäischen Energieträger zu positionieren. Dementsprechend hat EURACOAL im Januar 2010 28 Mitglieder aus 17 Staaten. Praktisch die gesamte EU-Kohlengewinnung ist in der Vereinigung vertreten, genauso wie zahlreiche Repräsentanten von Kohlenimporteuren. Der DEBRIV als Vertreter des Landes der europa- und weltweit größten Braunkohlenproduktion wirkt dabei engagiert mit.

Zur europäischen Energie- und Umweltpolitik

Bei der inhaltlichen Fortentwicklung der europäischen Institutionen verweigerten die Mitgliedstaaten im Zeitraum zwischen 1995 und 2005 der europäischen Administration in Brüssel weiter hartnäckig eine Zuständigkeit für die Energiepolitik. Im Zentrum stand die Feststellung, dass die Frage, wie der Energiemix in einem Land zu strukturieren sei, von jedem Mitgliedstaat unabhängig entschieden werden könne. Unbenommen davon ergaben sich aus anderen Zuständigkeiten Regelungsbefugnisse, die stark in den Energiesektor hinein wirken. Die Themen Binnenmarkt und Liberalisierung der Strom- und Gasmärkte gehören ebenso dazu wie das Verbot von Beihilfen, der Verbraucherschutz und natürlich der Umweltschutz. Die Umweltpolitik hat frühzeitig einen großen Einfluss ausgeübt, beispielsweise über die Luftreinhaltung, den Gewässer- und Bodenschutz oder die Abfallbeseitigung. Später kam die Klimavorsorge hinzu. Gerade in den Bereichen Klima- und Umweltpolitik ergaben sich für die europäischen Institutionen Ansatzpunkte, die formell weiter bestehende nationale Hoheit in der Energiepolitik faktisch zu unterlaufen. Bei der Umsetzung der im Protokoll von Kyoto 1997 beschlossenen Verringerung von Treibhausgasen in einer EU-Konzeption wurde dies sehr deutlich.

Mit dem Vertrag von Maastricht, der im Februar 1992 vom Europäischen Rat unterzeichnet wurde, sowie den Folgevereinbarungen von Amsterdam (1997) und Nizza (2001) wurden die Grundlagen für einen einheitlichen Wirtschafts- und Währungsraum geschaffen. Die vormals sehr staatsnah und unter der Überschrift „Daseinsvorsorge" organisierten Bereiche wie Post und Telekom, Eisenbahn und Flugverkehr sowie Transport und nicht zuletzt Energie sollten in ein europäisches, offenes und wettbewerblich organisiertes System überführt werden.

Auf Initiative der EU-Kommission wurde 1996 eine erste Richtlinie zur Öffnung des Elektrizitätsmarktes verabschiedet. Schnell wurden erste Schritte unternommen, so in Großbritannien, Schweden und Deutschland. 1998 markiert mit der Verabschiedung eines novellierten Energiewirtschaftsgesetzes einen Wendepunkt für den Stromsektor in Deutschland und ist deswegen gleichermaßen wichtig für die damit eng verbundene Braunkohlenindustrie. Bedeutsam in diesem Kontext ist das Thema Energiebesteuerung, das seit Beginn der Neunzigerjahre intensiv in Brüssel behandelt wird.

Der Binnenmarkt für leitungsgebundene Energie hatte erklärtermaßen zum Ziel, in diesen von technischen Besonderheiten geprägten und stark regulierten Märkten Wettbewerb zu ermöglichen. In den ersten Jahren nach der Öffnung der Märkte fielen die Strompreise, weil die vormals durch Demarkation der Versorgungsgebiete nicht wirksam werdenden Überkapazitäten an den Markt kamen. Die Politik nahm diese aus Sicht der Verbraucher positive Entwicklung zum Anlass, die Belastung des Stroms mit Steuerabgaben deutlich zu steigern.

Innerhalb der Stromwirtschaft ergaben sich aus der Liberalisierung zwei Effekte. Einerseits war das Investitionsverhalten sehr zurückhaltend, weil große Marktunsicherheiten bestanden, andererseits wurden intensive Anstrengungen unternommen, die Kosten zu senken. So fielen beispielsweise die Investitionen der deutschen Stromversorger von 7,3 Milliarden Euro in 1995 auf nur noch 3,4 Milliarden Euro in 2000. Dabei gingen die Investitionen in die Erzeugung von 2,4 auf 0,6 Milliarden Euro überproportional zurück. Die weitere Entwicklung führte zu deutlichen Veränderungen in der Braunkohlenindustrie, z. B. zur Integration der Braunkohlengewinnung in die Stromerzeugung.

Neue Schwerpunkte in Brüssel

Zunächst unbemerkt, später aber auch für die breite Öffentlichkeit immer klarer erkennbar, setzte ab 2000 ein Wandel ein. Spürbar wurde zunächst auf den internationalen Märkten die steigende Energienachfrage aus den aufstrebenden Ländern insbesondere in Asien. Die Öl- und Gaspreise reagierten zunächst langsam, zogen dann aber rapide an. Eine wichtige Veränderung aus Sicht Europas war, dass Russland Energie zunehmend als strategische Ressource einsetzte. Bei den Verhandlungen über die europäische Energiecharta mit den Nachfolgestaaten der Sowjetunion, insbesondere mit Russland, hatte man angenommen, dass Unternehmen aus der Europäischen Union diskriminierungsfrei Aufsuchungsrechte für Öl und Gas erhalten würden. Die Transportnetze in Russland sollten, wie in Westeuropa vorgesehen, für alle Interessenten gleichermaßen langfristig verfügbar sein. Gerade innerhalb Russlands setzte jedoch ein gedanklicher Wandel ein. Die Energie wurde wieder zu einem strategischen Faktor, dem große Bedeutung für die Wirtschaftsentwicklung, aber auch als politisches Instrument beigemessen wurde.

Diese Entwicklung in Russland und die zunehmende Konkurrenz auf den Energiemärkten wurden anfänglich von den Brüsseler Institutionen und auch von den Mitgliedstaaten tendenziell verdrängt. Später aber, insbesondere unter dem Einfluss der neuen Mitglieder aus dem ehemaligen Ostblock, entwickelte sich die Energieversorgungssicherheit zunehmend zu einem eigenständigen Thema.

Aus heutiger Sicht lässt sich feststellen, dass seit Mitte der Neunzigerjahre die europäische Politik maßgebliche Rahmensetzungen für die Energiewirtschaft und damit auch für die Kohlenindustrie vornimmt. Die deutsche Braunkohlenindustrie hat sich auf diesen Sachverhalt frühzeitig und offensiv eingestellt.

Zu Zeiten der „kleinen Union" und eingeschränkter Befugnisse der Europäischen Gemeinschaft genügte in vielen Fällen eine gute Vernetzung der jeweiligen Industrie auf nationaler Ebene, um auf die Besonderheiten eines Wirtschaftszweiges hinzuweisen. Die erweiterte Union mit ihren wachsenden Kompetenzen wirkt heute jedoch auch weit in diese Bereiche hinein. Die Erfahrung zeigt allerdings auch, dass die europäischen Institutionen Besonderheiten anerkennen. Man könnte viele Beispiele nennen, die belegen, dass Kommission und Parlament einerseits sowie der Rat und die Mitgliedstaaten andererseits in der Lage sind, komplexe Sachverhalte differenziert zu betrachten und auskömmliche Regelungen zu formulieren. Das setzt jedoch voraus, dass die betroffenen Kreise die ihnen zustehenden Rechte zum Vortrag auch nutzen, d. h. in den Mitgliedstaaten und in Brüssel ihre Sicht der Dinge darlegen. In diesem Sinne ist die gemeinschaftliche Vertretung der Belange der Kohlenindustrie in Brüssel über EURACOAL ein wichtiges Element in den europäischen Meinungsbildungsprozessen geworden und wird auch zukünftig wegen der internationalen Verflechtung von Energie- und Umweltpolitik eine wichtige Einrichtung zur Interessenwahrnehmung sein. Dies geht einher mit der Verlagerung von Kompetenzen auf die europäischen Institutionen.

Stromerzeugungsstrukturen ausgewählter Staaten Europas 2007

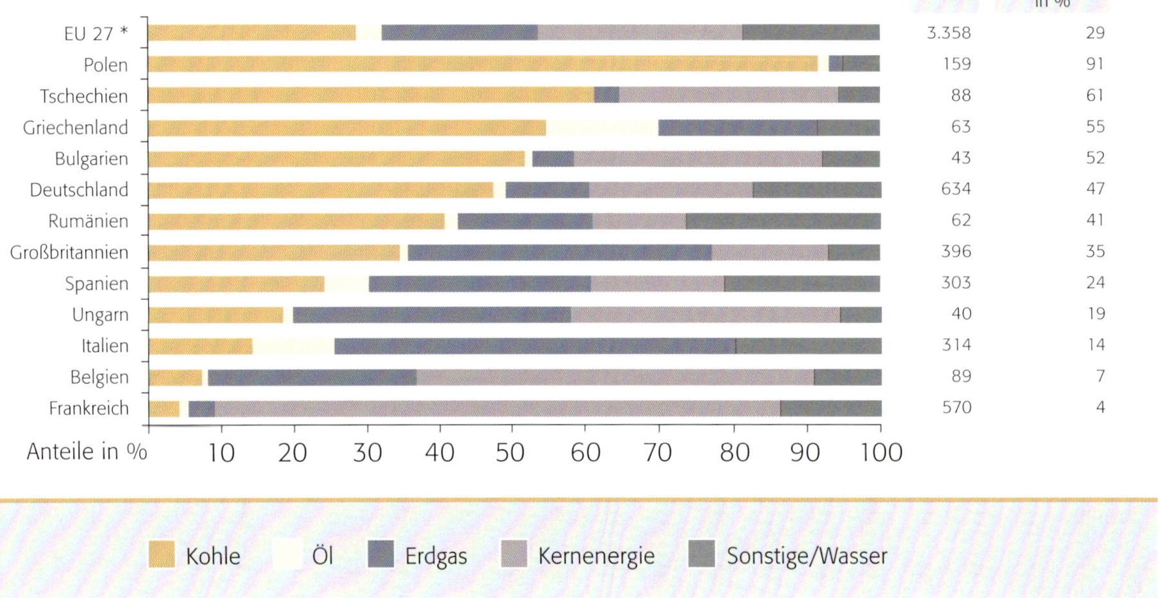

	Bruttostromerzeugung TWh	Kohlenanteil in %
EU 27 *	3.358	29
Polen	159	91
Tschechien	88	61
Griechenland	63	55
Bulgarien	43	52
Deutschland	634	47
Rumänien	62	41
Großbritannien	396	35
Spanien	303	24
Ungarn	40	19
Italien	314	14
Belgien	89	7
Frankreich	570	4

* Torf und Ölschiefer in der Position „Sonstige/Wasser" enthalten

Quelle: EUROSTAT – Energie/Jährliche Statistik 2007 Stand 08/2009

Braunkohle im Wettbewerb

Ausgangslage der Unternehmen in Ost und West

Die Liberalisierung des Strommarktes Ende der Neunzigerjahre hat die Unternehmen der Braunkohlenindustrie unmittelbar betroffen, da die Rohbraunkohle zu mehr als 90 Prozent in den Kraftwerken zur Stromerzeugung eingesetzt wurde. Der Wettbewerb auf dem Strommarkt um Mengen und Preise hatte also direkte Auswirkungen auf die wirtschaftliche Situation der Braunkohlenunternehmen, die sich mit ihrem Produkt nun nicht mehr wie in der Vergangenheit an den Konkurrenzenergieträgern Steinkohle oder Gas zu messen hatten. Heute gilt als Messlatte für die Braunkohlengewinnung der sich in der Grundlast einstellende Marktpreis für Strom: eine neue Situation für Rohstoffproduzenten. Als der europäische Strommarkt 1998 wirksam wurde, war die Ausgangslage in den Revieren gekennzeichnet durch langfristige Tagebaukonzepte mit Förderkapazitäten von rund 60 Millionen Tonnen Kohle in der Lausitz, gut 20 Millionen Tonnen in Mitteldeutschland und rund 100 Millionen Tonnen im Rheinland sowie rund vier Millionen Tonnen in Helmstedt. Im Rheinland war 1995 mit der Genehmigung des Anschlussfeldes Garzweiler II eine wichtige Hürde zur Rohstoffsicherung für die Zukunft genommen. Das Unternehmen Rheinbraun AG galt als effizient und modern und war gerade nach der Einheit in vielerlei Hinsicht ein Vorbild für die notwendige Umstrukturierung in den Revieren der neuen Länder.

Dort bestand direkt nach der Wiedervereinigung bereits die Notwendigkeit, die für den langfristigen Betrieb vorgesehenen Betriebe grundlegend zu modernisieren. Eine umfassende Erneuerung setzte also schon weit vor der Liberalisierung der Strommärkte ein. So schmerzlich die Aufgabe war, viele Betriebe stilllegen zu müssen, so motivierend war das Vorhaben, die Betriebe mit neuer Technik auszustatten. In den ersten Jahren nach der Einheit gewährte die Treuhandanstalt ausreichend Handlungsspielraum, indem man den Unternehmen gestattete, die durch die Angleichung der Energiepreise auf westdeutsches Niveau verfügbaren Mittel auch investiv einzusetzen. Insbesondere im Bereich der Kohlenveredlung wurden zunächst gute Gewinne gemacht. Aber auch der Verkauf der Kohle an die Stromerzeugungsunternehmen war profitabel. Im Ergebnis wurden die Investitionen zur Modernisierung, wie auch für viele Maßnahmen zur Abfederung des Strukturwandels, von den Unternehmen am Markt erwirtschaftet.

Die Situation in der Lausitz und in Mitteldeutschland war unterschiedlich. In der Lausitz waren die für den

Kohlenbunker am Kraftwerk Neurath

langfristigen Betrieb vorgesehenen Tagebaue mit leistungsfähigen Förderbrücken ausgestattet. In Mitteldeutschland war die Ausgangslage schwieriger. In den für den langfristigen Betrieb vorgesehenen Tagebauen war noch in erheblichem Umfang Zugbetrieb als Fördermittel eingesetzt. Die Gewinnungs- und Verkippungsgeräte waren vergleichsweise klein. Die Maßnahmen zur Betriebskonzentration, der Ertüchtigung der Tagebaugeräte und sicher auch der Personalanpassung zeigten schnell Wirkung. Schon wenige Jahre nach der Wiedervereinigung erreichten die Betriebe im mitteldeutschen und Lausitzer Revier eine Produktivität, die der im rheinischen Revier vergleichbar war. Mit der Öffnung der Strommärkte 1998 ergaben sich dann für alle Braunkohlenreviere zusätzliche und weitreichende Anforderungen, die Kosten zu senken.

Insbesondere durch Initiativen im Bereich der MIBRAG wurde der Arbeitsschutz zu einem Kernthema, das heute in allen Revieren gleichermaßen einen hohen Stellenwert besitzt. Die neuen amerikanischen Eigner der MIBRAG implementierten als Betriebsführungsgrundsatz den Anspruch, einen unfallfreien Betrieb zu führen. Zunächst hielten dies viele Fachleute für ein zu hoch gestecktes Ziel; im Verlauf der nachfolgenden Jahre zeigte sich allerdings, dass Fortschritte möglich waren, die nach konventioneller Betrachtungsweise früher unerreichbar schienen. Hierdurch motiviert, wurde in allen deutschen Braunkohlenrevieren das Thema Arbeitssicherheit zu einer zentralen Managementaufgabe. Heute ist der Industriezweig stolz, dass die Betriebe der Braunkohle im industriellen und gewerblichen Bereich bzgl. der Vermeidung von Unfällen an der Spitze stehen.

Rheinland – Integration von Kohle und Strom

Die Integration von Kohle und Strom ist schon wegen der räumlichen Nähe der Betriebsanlagen ein nachvollziehbarer Ansatz, obwohl er sich wegen der unterschiedlichen technischen Prozesse und Produkte nicht selbst erklärt. Die technischen Abläufe der Rohstoffgewinnung „unter freiem Himmel" sind deutlich andere als die in einem abgeschlossenen Gebäude stattfindenden Prozesse der Energieumwandlung von Kohle in Strom. Vorteile durch Integration lassen sich im Bereich der Infrastruktur erzielen, wie z. B. in der Wasserversorgung, der Bekohlung über Zug und Band oder der Absprachen zur Kohlenqualität im operativen Geschäft. Um das Miteinander von Kohle und Strom optimal zu gestalten und die Synergien der beteiligten Unternehmen zu heben, waren deshalb auch Maßnahmen auf Unternehmensebene erforderlich. Dies führte im Rheinland zur Zusammenlegung der Rheinbraun AG mit den Kraftwerken der RWE Energie AG zur RWE Rheinbraun AG, die dann 2003 zur RWE Power AG wurde.

Die Zusammenlegung eröffnete neue Möglichkeiten der Straffung der Organisation durch Beseitigung von Schnittstellen und so Kostensenkungspotenziale entlang der gesamten Wertschöpfungskette von der Kohlengewinnung im Tagebau bis zur Einspeisung in das

Dipl.-Kfm. Bernd J. Breloer

Braunkohlentagebaue und Kraftwerke werden mit einer sehr langen Zeitperspektive errichtet und betrieben. Was bedeutet dies für den Investor und für die Zusammenarbeit im Unternehmen?

Investitionen in Tagebaue und Kraftwerke bewirken eine ungewöhnlich langfristige Bindung von Kapital. Dies setzt eine ebenso langfristige und sehr sorgfältige Planung voraus. Es geht u. a. auch darum, Eventualitäten zu beleuchten und mögliche Probleme zu antizipieren. Die Planung muss deswegen auch Varianten vorsehen. Solche Planungsprozesse im Wechselspiel zwischen technischer Planung und kaufmännischer Bewertung sind Teil der Unternehmenskultur in den Braunkohlenunternehmen. Für den unternehmerischen Erfolg ist ganz wichtig, das Unternehmen bei aller Langfristigkeit steuerbar und flexibel zu halten. Dazu gehört, dass Prozesse nicht nur im technischen Sinne zu durchdringen sind, sondern dass deren potenzielle wirtschaftliche Folgen einschätzbar sein müssen. Dies setzt eine enge Zusammenarbeit zwischen technischer und kaufmännischer Planung voraus. Wenn Transparenz zwischen den Bereichen besteht, dann werden auch Verbesserungspotenziale sichtbar. Dies hat in unserem Unternehmen auf allen Ebenen immer ganz großartig funktioniert. Die Wettbewerbsfähigkeit der Braunkohle war Anfang der Neunzigerjahre gefährdet, als die Preise für Importkohle und Gas deutlich fielen. Wir haben darauf mit Kostensenkungen reagiert. Eine neue Dimension ergab sich durch den Binnenmarkt für Strom in Europa. Die Strompreise verfielen dramatisch und die Braunkohle war buchstäblich für einige Zeit unter Wasser gedrückt. In einer enormen, über viele Jahre sich hinziehenden Anstrengung gelang es, die Kosten der Braunkohlengewinnung und -verstromung deutlich zu senken und den Nachweis zu führen, dass ein wettbewerbsfähiges Niveau auch längerfristig durchgehalten werden kann.

Die Wiedervereinigung hat die Braunkohlenreviere aus Ost und West zusammengebracht. Rheinbraun hat als Berater und Investor maßgeblich an der Neustrukturierung mitgewirkt. Welche Aspekte waren nach Ihrer Einschätzung von besonderer Bedeutung?

Es kam uns darauf an, die übernommenen Unternehmen langfristig wettbewerbsfähig zu machen. Deswegen mussten zunächst die zukunftsfähigen Bereiche sauber von jenen Bereichen abgetrennt werden, die mittel- oder längerfristig nicht fortgeführt werden konnten. Und dann standen Kostensenkungen und Modernisierungen, also die technische Aufrüstung im Vordergrund. Es wurde ganz erheblich in die Tagebaue investiert und es wurden neue Kraftwerke errichtet. Am Ende war dies eine Erfolgsstory: Die Braunkohle hatte sich bei der Modernisierung in Ostdeutschland gegen Importsteinkohle und Gas durchgesetzt.

Was leistet die Braunkohle für die Energieunternehmen und die deutsche Energieversorgung? Lohnt sich ein Engagement für die Braunkohle?

Braunkohle macht unser Land, aber auch die Unternehmen unabhängig von Preisschwankungen oder Engpässen auf den internationalen Rohstoffmärkten. Dabei können wir den Preis für die Braunkohle durch die Optimierung der Prozesse und Investitionen in neue Technologien beeinflussen. Wir haben die Sache also selbst in der Hand. Braunkohle aus allen Revieren war immer und ist auch heute ein wettbewerbsfähiger Brennstoff. Sie bietet uns Versorgungssicherheit zu Kosten, die wir selbst beeinflussen können. Und sie bietet sichere Arbeitsplätze. Es wäre fatal, auf Braunkohle zu verzichten.

Fakten

Dipl.-Kfm. Bernd J. Breloer (*1943)

Mitglied des DEBRIV-Vorstands 1993–2003, Schatzmeister 1995–2003. Studium Betriebswirtschaft Westfälische Wilhelms-Universität Münster. Bis 1992 leitende Funktionen bei Tochtergesellschaften der RWE AG. 1993–2003 Vorstandsmitglied Rheinbraun AG, später RWE Rheinbraun AG.

Hochspannungsnetz am Rande des Kraftwerks zu erschließen. Am Beispiel der RWE Power AG lassen sich die Überlegungen und Maßnahmen nachvollziehen.

Dabei sind die Maßnahmen in einem zeitlich größeren Zusammenhang zu sehen, weil die Veränderungen auf dem Energiemarkt eine ständige Anpassung von Technik und Kosten erfordern und die „Unruhe zu einem Dauerzustand" werden lassen. Dies veranschaulicht die nachfolgende Erläuterung:

In der ***Phase 1*** erfolgte eine Anpassung an den zuvor beschriebenen Verfall der Preise von Kohle und Gas durch ein Kostensenkungsprogramm in den Produktionsbetrieben um 10 bis 20 Prozent. Bei gleichzeitiger Steigerung der Auslastung der Großgeräte konnten z. B. die Gewinnungskosten um ein Viertel gesenkt werden.

Die ***Phase 2*** zeigt den sprungartigen Verfall der Strompreise und als Reaktion darauf ein zweites Kostensenkungsprogramm für die neue Erzeugungseinheit mit einer Reduzierung der spezifischen Stromkosten um 30 Prozent.

Die ***Phase 3*** wirft einen Blick auf die gegenwärtige Entwicklung nach der Einführung des Emissionsrechtehandels zur Reduktion der Treibhausgase in der EU um 20 Prozent bis 2020. Maßnahmen zur Reduzierung der CO_2-Emissionen und die Anpassung an immer volatilere Märkte werden immer bedeutsamer.

In der damaligen RWE Rheinbraun AG stellten sich Kostenreduzierung und Effizienzsteigerung als eine Aufgabe dar, die von den Mitarbeitern, der Unternehmensleitung und allen weiteren Beteiligten bis hin zum Betriebsrat zu leisten war. Ziel war die nachhaltige Senkung der jährlichen Betriebskosten zwischen den Jahren 1999 und 2004 und damit auch die Senkung der spezifischen Stromerzeugungskosten. Hierfür erfor-

derlich war u. a. die Reduzierung der Mitarbeiterzahl um ca. 5.000 Beschäftigte in einem Vierjahreszeitraum. Das Gesamtunternehmen wurde auf den Prüfstand gestellt und hierzu eine umfassende Projektorganisation unter Zuhilfenahme eines externen Beraters eingerichtet. Deutlich gemacht wurde, dass es keine „Schutzzonen" gibt, dass wirklich alle Bereiche des Unternehmens erfasst und dabei althergebrachte Strukturen zur Disposition gestellt wurden. Das Auffinden der Kostensenkungspotenziale geschah in kleinen Untersuchungseinheiten, die sich an den gegebenen Strukturen wie Abteilungen oder Betriebseinheiten orientierten. Mit der Leitung der Untersuchungseinheiten wurden erfahrene Mitarbeiter betraut, die nach der Identifikation der Kostensenkungspotenziale auch die Verantwortung zur Umsetzung hatten. Die Einsparziele wurden vorab definiert. So sollten in den Betrieben die beeinflussbaren Kosten um 40 Prozent sowie in den Verwaltungen um 35 Prozent gesenkt werden.

Die Einbindung der Mitarbeiter geschah auch durch die aktive Information der Betriebsräte in den Einzelbetrieben des Unternehmens. Geachtet wurde dabei auf eine vollständige Information und einen offenen Dialog mit allen Gruppierungen, und das in jeder Phase des Kostensenkungsprogramms. Die Betriebsräte konnten naturgemäß nicht allen Maßnahmen zustimmen, gleichwohl wurde eine breite Akzeptanz erreicht.

An der Ideenentwicklung war fast jeder zweite Mitarbeiter beteiligt. Entwickelt wurden etwa 20.000 Ideen,

Tagebau Welzow-Süd

die in ca. 5.400 Maßnahmen mündeten. Zur Umsetzung dieser Maßnahmen waren Investitionen von ca. 100 Millionen Euro erforderlich. Die Personalanpassungen wurden durch eine zeitweilige Vorruhestandsregelung für Mitarbeiter ab 51 Jahre erleichtert.

Die Realisierung von Kostensenkungsmaßnahmen war in erster Linie eine Führungsaufgabe in den Betrieben und löste daher auch die Frage aus, ob die vorhandene Organisation auch zukünftig Bestand haben sollte. Hauptziel der organisatorischen Anpassung war eine enge Verzahnung von Produktion und Instandhaltung, weil die Großgeräte mit ihrem durch die Massengewinnung und den Transport ausgelösten massiven Verschleißverhalten der wesentliche Kostentreiber in den Betrieben sind. Daraus ergab sich als zusätzliches Kriterium eine Prozess- und Anlagenorientierung für die in der Produktion verantwortlichen Mitarbeiter. Beide Ziele ließen sich durch eine prozessorientierte Organisation mit funktionsübergreifendem Einsatz der Mitarbeiter bei einer integrierten Vor-Ort-Instandhaltung kombinieren. Der Prozess der Kohlengewinnung und Abraumbewegung sowie des Bandanlagentransports wurde neu abgegrenzt und alle betrieblichen Hilfs- und Unterstützungsfunktionen wurden in einer Infrastrukturabteilung zusammengefasst. Die neue Struktur zeichnete sich durch flache Hierarchien aus.

Weitere Kostensenkungen wurden durch eine geringere Kapitalbindung bei Materialvorräten, die Entwicklung verbesserter Einkaufstrategien, die Steigerung der Anlagenausnutzung und einen niedrigeren Verbrauch von Material und Energie erreicht. In einer großen Kraftanstrengung konnten Kostenreduzierungen in den Betrieben und Verwaltungen von bis zu 30 Prozent erreicht werden. Der Erfolg der Maßnahmen wird deutlich, wenn man die Produktivität im Zeitraum von 1999 bis 2004 betrachtet, die in den Tagebauen und Kraftwerken um bis zu 50 Prozent anstieg. Ergebnis dieser Anstrengungen war die Wiederherstellung der nachhaltigen Wettbewerbsfähigkeit der Braunkohle.

Lausitz – Wettbewerbsfähigkeit durch Technik

In der Lausitz wurde im Hinblick auf die langfristige Versorgung der Kraftwerke an den Standorten Jänschwalde, Schwarze Pumpe und Boxberg sowie die Kohlenveredlung in Schwarze Pumpe zunächst ein 5-Tagebau-Konzept entwickelt. Zu nennen sind insbesondere die Tagebaue Cottbus-Nord und Jänschwalde, die im Verbund mit dem Kraftwerk Jänschwalde stehen. Der Tagebau Welzow ist im Wesentlichen auf die Versorgung des Kraftwerks Schwarze Pumpe und die Veredlungsbetriebe ausgerichtet, die sächsischen Tagebaue Nochten und Reichwalde versorgen vorrangig den Standort Boxberg mit Kohle.

Alle Tagebaubetriebe waren mit einer Förderbrücke F60 ausgerüstet, mit Ausnahme des Tagebaus Cottbus, in dem eine Förderbrücke F34 eingesetzt wird. Dabei

Tagebau Jänschwalde

steht die hinter dem „F" angeordnete Zahl für die bewältigte Abtraghöhe, das heißt, eine Förderbrücke F60 bewältigt 60 Meter Abraum, eine Förderbrücke F34 ein 34 Meter mächtiges Deckgebirge. Die Förderbrücken im Lausitzer Revier sind eine spezifische technische Lösung, die mit der Inbetriebnahme einer ersten Förderbrücke F60 im Tagebau Welzow 1973 eine neue Dimension erreichte. Die Förderbrücken F60 arbeiten im Verbund mit zwei oder drei Eimerkettenbaggern und kommen auf eine jährliche Förderleistung, die deutlich über 100 Millionen Kubikmeter liegen kann.

Der kurze Weg von der Gewinnung über die Förderbrücke hin zur Kippe, die den eigentlichen Kohlengewinnungsbetrieb überspannt, ist eine außerordentlich kostengünstige technische Lösung für die Bewältigung der vergleichsweise ungünstigen A:K-Verhältnisse im Lausitzer Revier. Voraussetzung für den Einsatz von Förderbrücken ist, dass die Flöze großräumig flach abgelagert sind. In der Planungskonzeption für die langfristigen Tagebaue ging es zunächst um die Optimierung des Förderbrückenbetriebs, indem man die zugeordnete Abtragsmachtigkeit ausbaute und damit dem kostengünstigen Förderbrückenbetrieb den größten Teil der Abraumleistung zuordnete. Heute bewältigen die Förderbrücken Abtragsbereiche, die über 70 Meter hinausreichen.

Im Zusammenhang mit der Optimierung des Förderbrückenbetriebs war ein wichtiger Aspekt, die leistungsfähigen Eimerkettenbagger technisch zu optimieren. Das geschah, indem man bei den Graborganen Verbesserungen einführte, mit denen die Nutzungsdauer deutlich gesteigert wurde. War es vor der Wende wegen schlechter Verfügbarkeit verschleißfester Materialien durchaus üblich, die Eimerketten nach vier Millionen Kubikmeter Abraum zu wechseln, so können heute bis zu 20 Millionen Kubikmeter mit einer einzigen Kettenausrüstung bewältigt werden. Hervorzuheben ist die Umstellung auf Direktantriebe. Dabei wird ein großer, variabel steuerbarer Elektromotor direkt mit dem Antrieb für die Förderkette verbunden. Durch die elektrische Steuerung des Antriebs und den Verzicht auf große mechanische Getriebe gestaltet sich der Gewinnungsvorgang sehr viel schonender. Ein vergleichmäßigter Förderstrom trägt auch dazu bei, dass der von drei Gewinnungsgeräten ausgehende Massenstrom über die Förderbrücke selbst bei höchster Leistung störungsfrei geführt wird.

Ein weiterer Schwerpunkt der betrieblichen Modernisierung waren die Kohlengewinnungsbetriebe, die unabhängig von der Abraumbewegung durch die Förderbrücke arbeiten. Sie sind heute mit leistungsfähigen Bandanlagen ausgestattet. Zwischen Tagebau und Kraftwerk sind Vorratsgräben angelegt, um den Kohlengewinnungsbetrieb optimiert fahren zu können. Die für die Kohlengewinnung eingesetzten Geräte sind zwar relativ klein, wurden aber so weit automatisiert, dass heute nur wenige Mitarbeiter für die Bedienung erforderlich sind. Neben der bedarfsgerechten Kohlenbereitstellung ist die Qualitätssteuerung eine wichtige betriebliche Aufgabe. Insbesondere die in den Veredlungsbetrieben eingesetzte Kohle muss sehr eng definierte Qualitätsparameter erfüllen.

Dipl.-Ing. Dr.-Ing. E. h. Dieter Schwirten

Anlässlich der Barbarafeier am 2. Dezember 1994 in Cottbus hielt Dieter Schwirten eine Ansprache zur Situation und Perspektive der Lausitzer Braunkohle. Die Rede macht deutlich, mit welchem Optimismus Dieter Schwirten als ein begeisterter Techniker mit Herz und Verstand die Entwicklung in der Lausitz mitgestaltet hat; daraus wird nachfolgend zitiert.

„Im August 1993 erfolgte die Verschmelzung der Unternehmen LAUBAG und ESPAG zu einer neuen, größeren LAUBAG mit dem Ziel, die Gewinnung und Veredlung der Braunkohle in einer Hand zu konzentrieren. Der vorletzte Schritt zur Privatisierung wurde im Juni dieses Jahres getan. Dabei wurde das alte, im Besitz der Treuhand stehende Unternehmen der LAUBAG in ein neues, später zu privatisierendes Unternehmen (wiederum mit dem Namen LAUBAG) und in die im Treuhandbesitz verbleibende Lausitzer Bergbau-Verwaltungsgesellschaft mbH gespalten. Als letzter Schritt erfolgte am 6. September die Privatisierung der Lausitzer Braunkohle Aktiengesellschaft an die neuen Eigentümer, ein Konsortium westdeutscher Energieunternehmen, bei dem die Rheinbraun AG die Federführung hat.

Mit dem erfolgreichen Abschluss des über vier Jahre dauernden, viel Arbeit und Schweiß erfordernden Privatisierungsvorgangs wurden die Grundlagen für den Erhalt des industriellen Kerns der Region Lausitz gelegt. Das Unternehmen Lausitzer Braunkohle Aktiengesellschaft wurde auf solide Füße gestellt und bekam eine potente Elternfamilie; die Braunkohle der Lausitz ist damit zugleich ein verlässlicher Partner für die heutige und die künftige Stromerzeugung der VEAG hier im Revier. Das Ziel der LAUBAG ist es, die Wettbewerbsfähigkeit der heimischen Braunkohle gegenüber allen anderen Energieträgern zu sichern, den Braunkohlenbergbau langfristig weiterzuführen und Garant für krisensichere Arbeitsplätze zu sein. Die großen Braunkohlenvorräte, die modern ausgerüsteten Tagebaue und Veredlungsanlagen und unsere qualifizierten und engagierten Mitarbeiter lassen uns zu Recht optimistisch in die Zukunft schauen.

Ich möchte an dieser Stelle die wirtschaftliche Bedeutung der Braunkohle für die Region anhand einiger Zahlen erläutern. Seit 1990 sind durch die LAUBAG rund 15 Milliarden DM Ausgaben in die Region geflossen, davon rund vier Milliarden als Löhne und Gehälter und über drei Milliarden DM für Materialbezüge. Allein 1993 wurden Aufträge im Umfang von 913 Milliarden DM an 5.147 Firmen in Ostdeutschland erteilt. Lohn- und Gehaltszahlungen von rund 1,3 Milliarden DM an die LAUBAG-Mitarbeiter kamen 1993 unmittelbar der Region zugute. In fast 200 Ausgründungen durch unser Unternehmen fanden rund 4.000 Mitarbeiter einen neuen Arbeitsplatz. Die neuen Firmen sind ein wichtiger Beitrag zur Entwicklung der mittelständischen Wirtschaft in der Region.

Nach der Privatisierung der LAUBAG und der VEAG werden in den nächsten Jahren weitere Investitionen in Höhe von 30 Milliarden DM auf den Weg gebracht. Die Stabilität der Kohle- und Energiewirtschaft ist damit zugleich der entscheidende Faktor für den Arbeitsmarkt. In der Lausitz sind heute bis zu 100.000 Arbeitsplätze direkt oder indirekt von der Braunkohlengewinnung und -veredlung abhängig. Realistische Alternativen für einen vergleichbar leistungsfähigen Arbeitsmarkt sind in der Lausitz weit und breit nicht zu sehen. Eine wichtige Aufgabe für das Unternehmen Lausitzer Braunkohle und die hier arbeitenden Menschen ist das stetige Ringen um Akzeptanz. Einer der Grundpfeiler ist Vertrauen. Vertrauen auch in unsere Bemühungen um ein so schwieriges Thema wie Umsiedlung. Und wir dürfen ein wenig selbstbewusst sagen: Wir sind einen guten Schritt vorangekommen. Im vergangenen Jahr haben wir gemeinsam mit den Kauscher Bürgern und der Landesregierung mit Ministerpräsident Stolpe an der Spitze den Grundstein für das neue Kausche gelegt und damit für die erste gemeinsame Umsiedlung in der

Lausitz. Dies ist ein deutliches Zeichen, und wir hoffen, dass es auch die Bürger in Horno wahrnehmen und unsere ausgestreckte Hand wenigstens zur Kenntnis nehmen.

Hervorheben möchte ich an dieser Stelle besonders die gute Unterstützung der Landesregierung Brandenburg, vor allem das engagierte Mitgestalten der Kauscher Einwohner an dieser für den Braunkohlenbergbau so wichtigen Aufgabe. Ziel der Lausitzer Braunkohle Aktiengesellschaft ist es, diese Umsiedlung gemeinsam mit den Einwohnern und für die Einwohner weiterzuführen und damit den Grundstein für den Erhalt der Dorfgemeinschaft und die Verbesserung der Lebensbedingungen zu legen. Wir sind der Meinung, dass wir nicht nur mit diesem Beispiel auf dem richtigen Weg zur Akzeptanz sind und dass die ‚neue' Braunkohle den ihr gebührenden Stellenwert als Wirtschaftsfaktor der Lausitz nicht nur behauptet, sondern sogar ausbaut."

Dipl.-Ing. Dr.-Ing. E. h. Dieter Schwirten
(*1938, †2003)

Mitglied des DEBRIV-Vorstands 1991–1998. Studium Maschinenbau RWTH Aachen. Ab 1963 Rheinbraun AG. 1990 Sprecher Geschäftsführung Lausitzer und Mitteldeutsche Braunkohlenberatungs mbH. Ende 1990 Vorsitzender Vorstand Energiewerke Schwarze Pumpe AG (ESPAG), 1993–1998 Vorstandsvorsitzender LAUBAG.

Ein systembedingter Nachteil der Förderbrückenbetriebe ist, dass mit dieser Technologie die rekultivierungsfähigen Materialien nicht separat gewonnen und verkippt werden können und die Rohkippe eine rippenartige Struktur aufweist. Aus diesem Grund wurden in allen Tagebaubetrieben leistungsfähige Vorschnitte eingerichtet. Mit ihnen werden insbesondere quartäre rekultivierungsfähige Materialien gewonnen, die über Bandanlagen um den Tagebau herum transportiert und durch Absetzer verstürzt werden. In dieser bewährten Technikkombination Bagger–Bandanlage–Absetzer ist eine planmäßige Reliefgestaltung und Wiedernutzbarmachung möglich. Die zeitnahe Herstellung eines neuen, an die langfristige Nutzung angepassten Reliefs und eine sorgsame Disposition von kulturfähigem Boden waren Voraussetzung für die heute sehr anspruchsvolle und vielfältige Rekultivierung.

Die in den Neunzigerjahren entschlossen begonnene Modernisierung führte im Zusammenhang mit der Entscheidung, welche Betriebe weitergeführt werden, zunächst zu einem Investitionsschub. Auch in den letzten zehn Jahren wurden große Beiträge für die weitere Optimierung der technischen Ausrüstung aufgebracht. Heute bewältigen die Bergleute im Lausitzer Braunkohlenrevier das relativ ungünstige A:K-Verhältnis mit der leistungsfähigen Förderbrückentechnologie nicht nur sicher, sondern auch sehr kostengünstig. Die Kosten für die Abraumbewegung je Kubikmeter liegen im Förderbrückenbetrieb deutlich unter den Kosten, die in vergleichbaren Bandanlagentagebauen aufzuwenden wären.

Zusammen mit der grundlegenden technischen Modernisierung der Betriebe wurde auch die Betriebsorganisation fortentwickelt. Heute wird eine klare Aufgabenteilung praktiziert, bei der einerseits der Betrieb des Tagebaus im Mittelpunkt steht, andererseits alle Maßnahmen zur Instandhaltung, Entwässerung, des Bahntransports der Kohle etc. Die aufgabenorientierte Organisation reicht über Tagebaugrenzen hinaus und wichtige Aufgaben werden revierweit zusammenge-

Zentralstellwerk des Eisenbahnbetriebs Vattenfall Europe

fasst. Um dies zu erreichen, wurde in den letzten Jahren sehr viel in die Mitarbeiterqualifikation investiert. Der Umgang mit moderner Mess- und Regeltechnik und die moderne Informationsverarbeitung für Planungs-, Überwachungs- und Fehlersuchzwecke hat das Profil vieler Arbeitsplätze grundlegend verändert.

Mit der Herausbildung der Vattenfall Europe AG wurde auch in der Lausitz die vertikale Integration entlang der Wertschöpfungskette von der Kohlenförderung über die Stromerzeugung bis hin zum Stromabsatz umgesetzt. Eine wichtige Entscheidung in diesem Zusammenhang war der Neubau einer Verwaltung in Cottbus. Dort sind heute technische und kaufmännische Stabs- und Leitungsfunktionen angesiedelt.

MIBRAG – Effizienter Abbau in kleinen Baufeldern

Zum Unternehmen MIBRAG gehören die beiden Tagebaue Profen in Sachsen-Anhalt und Vereinigtes Schleenhain in Sachsen. Im Tagebau Profen standen zum Zeitpunkt der deutschen Einheit ca. 400 Millionen Tonnen Kohle an, die sich auf drei Abbaufelder verteilten, nämlich auf Profen-Süd, Schwerzau und Domsen. Die langfristige Abbaukonzeption sah vor, zunächst die Kohle im Abbaufeld Profen-Süd zu gewinnen, später in das südliche Abbaufeld Schwerzau zu wechseln und daran anschließend die Kohlengewinnung wieder nach Norden in das Abbaufeld Domsen zu verlagern. Typisch für die Abbaufelder sind sogenannte Kessel, in denen die Kohle deutlich mächtiger ansteht als im Umfeld, allerdings auch deutlich tiefer reicht.

Im Tagebau Vereinigtes Schleenhain waren Anfang der Neunzigerjahre ebenfalls gut 400 Millionen Tonnen Kohle zur Gewinnung verfügbar. Damit bestand Planungssicherheit für das Kraftwerk Lippendorf für mehr als vier Jahrzehnte. Die Konzeption sieht vor, zunächst das Abbaufeld Schleenhain zu entwickeln, später die Förderung im stillgelegten Abbaufeld Peres fortzuführen und zuletzt die Kohlengewinnung in das südwestlich gelegene Abbaufeld Groitzscher Dreieck zu verlagern. Die MIBRAG hat sich bei der Entwicklung der bergtechnischen Konzepte wegen der vergleichsweise kleinräumigen Abbaubereiche und der Notwendigkeit, die Gewinnungsaktivitäten häufig zu verlagern, nach 1990 mit der Frage befasst, wie die erforderlichen Produktivitätssteigerungen unter diesen spezifischen Bedingungen erreicht werden können.

Zum Zeitpunkt der Wiedervereinigung waren die Betriebe von einem Mix verschiedener Technologien gekennzeichnet. So gab es beispielsweise noch einen umfangreichen Zugbetrieb, aber auch Bandanlagen waren bereits im Einsatz. Insbesondere ausgelöst durch die Erfahrungen der amerikanischen Miteigentümer im Bereich schwerer mobiler Tagebautechnik und der Situation im Tagebau Profen, wo eine sehr mächtige und großflächige Quarzitbank den Kohlenabbau behinderte, wurden in den Neunzigerjahren umfangreiche Untersuchungen zum Einsatz mobiler diskontinuierlich arbeitender Tagebaugeräte durchgeführt. Diese Untersuchungen verfolgten das Ziel, die sehr leistungsfähige und flexible Technik auch im mitteldeutschen Revier einzusetzen. Gute Resultate stellten sich im Bereich der Quarzitgewinnung ein, wo viele Millionen Tonnen Material im diskontinuierlichen Betrieb bewegt und in den ausgekohlten Bereich des Tagebaus verbracht wurden. Mit dem Quarzit war Material vorhanden, das es erlaubte, die Fahrbahnen für die übergroßen Lastwagen standfest herzustellen. Das nächste Einsatzfeld für

Kohlengewinnung mit Easy-Miner und Trucks

Schaufelradbagger im Tagebau Vereinigtes Schleenhain

Absetzerkippe Tagebau Profen mit rekultivierter Fläche

die mobile Technik waren die tiefen Kessel, die im Zugbetrieb nur sehr schwer und auch im Bandbetrieb nicht ohne Weiteres ausgekohlt werden konnten. Bei diesem Einsatz ergaben sich allerdings Schwierigkeiten, weil die Herstellung und der Erhalt von Fahrbahnen sehr aufwendig waren.

Die weitere Entwicklung konzentrierte sich dann wieder auf die kontinuierliche Tagebautechnik, d. h. auf die Gewinnung mit Schaufelrad- oder Eimerkettenbagger, den Bandtransport sowie die Abraumverkippung mit Absetzern. Im mitteldeutschen Revier kommen wegen der Lagerstättenbedingungen überwiegend mittlere und kleinere Geräte zum Einsatz. Kostensenkung durch steigende Betriebspunktförderung, so wie im Rheinland durch die sehr großen Bagger oder in der Lausitz durch die Förderbrücken, war also nicht gleichermaßen möglich. Ein Schwerpunkt wurde deswegen die Automatisierung. MIBRAG hat beispielsweise frühzeitig den Betrieb der Kohlemisch- und Stapelplätze im Bereich Profen und später auch im Bereich Peres automatisiert.

Die hoch automatisierten Kohlemisch- und Stapelplätze mit großer Kapazität sind eine Besonderheit des mitteldeutschen Reviers. Die gewonnene Kohle aus den Tagebauen Profen und Vereinigtes Schleenhain wird jeweils auf einem Misch- und Stapelplatz mit einer Lagerkapazität von ca. 400.000 Tonnen zwischengelagert. Dabei werden die Kohlenqualitäten aus den einzelnen Gewinnungsflözen vergleichmäßigt. Dies gewährleistet die Einhaltung der hohen Qualitätsanforderungen der Kraftwerke hinsichtlich Heizwert, Aschegehalt, Schwefelgehalt und Körnung. Gleichzeitig wird die Belieferung der Abnehmer vom Tagebaubetrieb entkoppelt. Dies ist Voraussetzung für viele kostensenkende Maßnahmen im Tagebaubetrieb und bei der Instandhaltung.

Auch in anderen Bereichen konnte durch die konsequente Einführung von moderner Überwachungs- und Leittechnik der Personalbedarf deutlich reduziert werden. Im Ergebnis sind die Betriebe im mitteldeutschen Revier hinsichtlich Produktivität und Kohlengestehungskosten durchaus vergleichbar mit denen der übrigen Reviere. Den lagerstättenbedingten Erschwernissen stehen allerdings auch lagerstättenspezifische Vorteile gegenüber, beispielsweise ein relativ günstiger „A:K" in einer Größenordnung von 3:1 sowie ein höherer Heizwert.

ROMONTA – Stoffliche Nutzung der Braunkohle

Die eozänen Braunkohlen in Mitteldeutschland zeichnen sich im Vergleich zu den Lagerstätten in der Lausitz und im Rheinland durch hohe Bitumen- bzw. Wachsgehalte aus. Besonders ausgeprägt ist diese Eigenschaft in der Oberröblinger Braunkohlenmulde, in der Nähe von Amsdorf westlich von Halle, dem Standort der heutigen ROMONTA GmbH.

Die stoffliche Nutzung der Braunkohle hat eine lange Tradition. Schon 1905 errichtete die damalige Riebeck-sche Montanwerke AG die weltweit leistungsstärkste Anlage zur großtechnischen Gewinnung von Rohmontanwachs in Amsdorf. Insoweit nimmt die heutige ROMONTA GmbH eine besondere Stellung innerhalb der deutschen Braunkohlenindustrie ein, da ihr Kerngeschäft die Extraktion von Montanwachs aus Braunkohle ist. Rohmontanwachs ist aufgrund seiner besonderen Eigenschaften ein wichtiger Grundstoff für viele Industrieprodukte und wird in mehr als 60 Staaten exportiert. Durch Modifikation und weitere Aufbereitung hat Montanwachs in den letzten Jahren an Einsatzbreite gewonnen. Neben den traditionellen Anwendungsbereichen, beispielsweise in Putz- und Pflegemitteln, als Zusatzstoff in der Gummi-, Kabel-, Kunststoff- oder Asphaltindustrie, gibt es neuere Anwendungsbereiche, beispielsweise in Form von Emulsionen für das Bauwesen oder in Lederpflegemitteln.

In den Jahren nach 1990 stand man vor der Aufgabe, einen zukunftsfähigen Weg zu finden. Im 1959 aufgeschlossenen Tagebau Amsdorf waren damals noch etwa 20 Millionen Tonnen gewinnbare Kohlenvorräte verfügbar. Bei einem Planungshorizont bis etwa 2025 ergab sich daraus als kapazitätsbestimmender Parameter die Verfügbarkeit von rund 0,5 Millionen Tonnen Kohle im Jahr. Auf diese Einsatzmenge wurde die in den Jahren 1993 bis 1997 neu errichtete Extraktionsanlage ausgelegt, die etwa 20.000 Tonnen Wachs im Jahr bereitstellen kann. Integraler Teil des Industriestandorts Amsdorf ist das Kraftwerk, in dem die extrahierte Kohle eingesetzt wird. Es arbeitet im Kraft-Wärme-Kopplungsbetrieb und verfügt über eine installierte Leistung von 48 Megawatt elektrisch. Ausgekoppelte Wärme wird für die Kohlentrocknung vor der Extraktion im Verarbeitungsprozess benötigt. Im Zeitraum nach 2004 wurden zwei weitere Dampferzeuger errichtet, die Reststoffe aus dem Umland thermisch verwerten. Damit wurde der Kraftwerksbetrieb robuster gestaltet und zusätzliches Erlöspotenzial erschlossen.

ROMONTA Amsdorf

Eine beständige Herausforderung für das Unternehmen ROMONTA ist die Kohlenbereitstellung hinsichtlich Quantität und Qualität. Heute werden in dem nach der Einheit grundlegend umgestalteten Tagebau Amsdorf zwei Flöze hereingewonnen. Der Tagebau mit einem Restkohlenvorrat von rund sieben Millionen Tonnen wird unter anspruchsvollen geotechnischen Bedingungen betrieben, die beispielsweise durch den vormaligen Tiefbau in Teilbereichen verursacht sind. Im Hinblick auf die

Kraftwerk Buchhaus

Thermische Reststoffverwertung Helmstedt

langfristige Standortsicherung nach 2025 hat ROMONTA Aktivitäten eingeleitet, mit der die Rohkohlenversorgung gesichert werden soll. In Mitteldeutschland, d.h. in den Bundesländern Sachsen-Anhalt und Sachsen, gibt es vielfältige Möglichkeiten, diese Frage zu lösen, sei es beispielsweise in Kooperation mit anderen Unternehmen, so der MIBRAG, oder durch den Aufschluss neuer Lagerstätten. Im strukturschwachen Mansfelder Land ist ROMONTA mit etwa 400 Beschäftigten ein von Mitarbeitern, Bevölkerung und Politik anerkanntes Unternehmen. Mit hohem Engagement wurden in den vergangenen 25 Jahren schwierige Herausforderungen gemeistert. Die Stichworte Markt, Technik, Umweltschutz, Produktentwicklung und Rohstoffsicherung stehen für das Aufgabenspektrum, das zu bewältigen ist.

Helmstedt – BKB auf dem Weg zu neuen Geschäftsfeldern

Mit der Entscheidung, das Kraftwerk Offleben 2002 stillzulegen und auch keinen Nachfolgebetrieb für den Tagebau Schöningen aufzuschließen, ergab sich für die BKB die Notwendigkeit einer Neuausrichtung. Sie stand auch im Zusammenhang mit der zunehmenden Integration in den E.ON-Konzern. Braunkohlenseitig bestand die Aufgabe, die bestehende enge Verknüpfung zwischen Tagebau und Kraftwerk zu optimieren, um die Kosten insgesamt wettbewerbsfähig zu halten. Die Abbauführung im Tagebau Schöningen ist einmal bestimmt durch das relativ starke Einfallen der Kohle, zum anderen wurde das Baufeld durch eine Straße und Bahnlinie geteilt. Im Hinblick auf diese beiden Randbedingungen und weitere spezifische Erschwernisse, wie z.B. verfestigte Schichten, ergaben sich vielfältige interessante ingenieurtechnische Aufgabenstellungen. Durch die zunächst nicht geplante Hereingewinnung des Verkehrsbandes im Tagebau Schöningen und die Möglichkeit, zusätzliche Kohle im Bereich der Hauptwerkstätten zu gewinnen, konnte die Betriebszeit des Kraftwerks Buschhaus von 2012 auf 2017 verlängert werden. Damit wurden die notwendigen Anpassungsprozesse erleichtert.

Im Hinblick auf den Standort und die Bedeutung von BKB bzw. E.ON im strukturschwachen Helmstedter Raum wurden frühzeitig Überlegungen angestellt, welche neuen Aktivitäten den Bergbau erst ergänzen und ihm später folgen könnten. Es gab Initiativen im Bereich Dienstleistungen und insbesondere im Bereich der Abfallverwertung. Ging es zunächst um Fragen wie Kompostierung oder Baustoffrecycling, so erlangte die thermische Verwertung von Restabfall große Bedeutung. Eine erste Anlage zur thermischen Reststoffverwertung wurde 1998 am Standort Buschhaus in Betrieb genommen. Diese Anlage wurde 2005 erweitert und hat heute eine Kapazität von 525.000 Tonnen pro Jahr, die sich auf drei gleiche Verbrennungslinien verteilen. Auf Grundlage der dabei gesammelten positiven Erfahrungen entwickelte sich die BKB zu einem überregional bedeutenden Betreiber von thermischen Reststoffbeseitigungsanlagen. Heute sind diese Aktivitäten unter der Überschrift „E.ON Energy from Waste“ als eine eigene Geschäftseinheit strukturiert, die zu E.ON Energie München gehört.

Braunkohle im Spannungsfeld der Interessen

Eine Besonderheit des Braunkohlentagebaus ist der umfassende Eingriff in Natur und Landschaft, der immer wieder Anlass ist für kritische Auseinandersetzungen von Politik und Gesellschaft mit diesem Teil der industriellen Tätigkeit. Dies ist verständlich, weil in den Wertvorstellungen der Menschen die Natur als etwas zu Bewahrendes gilt und das Umweltbewusstsein in unserer Gesellschaft mittlerweile tief verankert ist. An dieser kritischen Stelle ist die Braunkohlenindustrie in besonderer Weise gefordert. Sie stellt sich dieser Herausforderung durch eine hohe Dialogbereitschaft und eine vertiefte Fachkompetenz bei der Bewältigung der anstehenden Aufgaben. Dabei ist der unvermeidbare Eingriff der Braunkohlenindustrie in die Umwelt immer nur in Verbindung mit dem Ausgleich zu sehen und zu verstehen. Es ist das Selbstverständnis der Verantwortlichen in der Braunkohlenindustrie, stets für einen angemessenen Ausgleich zu sorgen und dies im unternehmerischen Handeln zu dokumentieren. Die über viele Jahre geführten Diskussionen mit Politik und Gesellschaft bei der Genehmigung von Tagebauprojekten zeigen, dass die Lösung der Fragen eines für alle Beteiligten verlässlichen Rechtsrahmens bedarf.

Einen besonderen Stellenwert haben im Bereich des Umweltschutzes technische Maßnahmen, mit denen die Belastungen des Umfeldes gemindert werden. Die hierfür eingesetzten technischen Mittel und Verfahren unterliegen einer dynamischen Entwicklung, die von den Unternehmen in den vergangenen 25 Jahren sehr aktiv vorangebracht wurde.

Behördliche Genehmigungen, ein Beitrag zu mehr Akzeptanz

Landesplanungsgesetz/Braunkohlenplan

Der Übergang zu großflächigen Tagebauen nach dem wirtschaftlichen Aufschwung in den Fünfzigerjahren führte zu neuen Ansätzen in der Planung und Genehmigung von Braunkohlentagebauen. Das Bundesland Nord-

Folgende Begriffe umfassen den Spannungsbogen der Maßnahmen von Eingriff und Ausgleich:

• Land-/Flächeninanspruchnahme	und	Rekultivierung
• Inanspruchnahme von Siedlungen	und	Umsiedlungen
• Inanspruchnahme von Infrastruktur	und	Verlegung
• Absenkung des Grundwassers	und	Schutzmaßnahmen und Wiederanstiegskonzepte
• Staub- und Lärmentwicklung	und	Immissionsschutz

rhein-Westfalen erließ bereits 1950 vorausschauend das Gesetz zur Gesamtplanung im rheinischen Braunkohlengebiet. Darauf aufbauend hat sich die Landesplanung als Instrument zur Bündelung und Lösung der Fragen des Eingriffs und Ausgleichs ständig weiterentwickelt. Nach der Wiedervereinigung 1990 haben die neuen Bundesländer Brandenburg, Sachsen und Sachsen-Anhalt aufgrund der positiven Erfahrungen im Rheinland einen vergleichbaren Rechtsrahmen gesetzt.

In einem Braunkohlenplanverfahren erfolgt der Interessenausgleich zwischen den energiewirtschaftlichen Notwendigkeiten eines Braunkohlentagebaus einerseits und den Belangen der Umwelt sowie den sozialen Belangen der im Abbaugebiet ansässigen Bevölkerung andererseits. Dabei werden unter Beteiligung der Öffentlichkeit und der relevanten öffentlichen Stellen die notwendigen Ziele, wie z. B. die Abbaugrenzen, die Flächen für die Umsiedlung oder die Maßgaben für die Rekultivierung, nach dem Ende des Abbaus formuliert. Ein wichtiger Aspekt ist die Verlegung von Straßen und der Erhalt einer funktionsfähigen Verkehrsinfrastruktur.

Braunkohlenplan (Verfahrensablauf)

Politische Vorgaben

- Landesentwicklungsprogramm
- Landesentwicklungsplan
- Leitentscheidungen der Landesregierung zur künftigen „Braunkohlenpolitik"

Aufstellen und Beschlussfassung von Braunkohlenplänen

Vorbereitung

Beibringung aller Angaben zur Beurteilung der sozialen und ökologischen Verträglichkeit durch den Bergbautreibenden

Erarbeitung und Aufstellung

Entwurfserarbeitung durch die Landesplanungsbehörde, Vorlage und Einholung der Stellungnahme des Braunkohlenausschusses, Beteiligungsverfahren, Erörterung mit den Beteiligten, Mitteilung des Ergebnisses des Beteiligungsverfahrens an den Braunkohlenausschuss, Gelegenheit zur Stellungnahme des Braunkohlenausschusses

Beschlussfassung und Bekanntmachung

Beschlussfassung durch die Landesregierung, Erlass der Braunkohlen- und Sanierungspläne als Rechtsverordnung, Bekanntmachung

Lausitzer Spreeaue

So wurden bei dem in den Neunzigerjahren durchgeführten Braunkohlenplanverfahren für den Anschlusstagebau Garzweiler II allein 12.000 Einwendungen eingebracht, die es abzuwägen galt. Die politische Abwägung erfolgte im Braunkohlenausschuss, einem Sonderausschuss des Bezirksplanungsrates Köln, der sich aus gewählten Vertretern der Städte, Gemeinden und Kreise innerhalb und außerhalb des Braunkohlenplangebietes sowie aus Vertretern der Behörden, Verbände und Gewerkschaften zusammensetzt.

In den neuen Ländern bestehen Braunkohlenausschüsse in Sachsen, Sachsen-Anhalt und Brandenburg. Die Zusammensetzung ist unterschiedlich, ist aber immer darauf bedacht, die Region und ihre politischen Vertreter sowie gesellschaftliche Gruppen angemessen einzubinden. Ziel aller Braunkohlenplanverfahren ist es, den Braunkohlenbergbau im Sinne der Raumordnung und Landesplanung sowie der Umweltvorsorge und -verträglichkeit innerhalb der Regionen zu ordnen und zu gestalten.

Braunkohlenpläne sind Grundlage für die Umsetzung von politischen Zielen eines Landes und für die Braunkohlenförderung eines Unternehmens. Inhaltlich setzen sich die Braunkohlenpläne mit energiewirtschaftlichen, ökologischen und sozialen Belangen auseinander; sie tragen diese Fragen durch die Beteiligung im Ausschuss bis hin zum Landtag in die Öffentlichkeit und sorgen für die gewünschte Transparenz des Abwägungsprozesses zwischen Ökonomie und Ökologie. Dazu zählen z. B. ganz konkret Fragen zu einem Eingriff durch die Inanspruchnahme schützens-

Umsiedlung Pier, erster Spatenstich

Umsiedlung Etzweiler

werter Feuchtgebiete im Nahbereich der Tagebaue und die Ausgleichsmaßnahmen durch eine Bewässerung dieser Gebiete, oder die Festlegung der Abbaugrenze und Sicherheitslinie, womit bestimmt wird, welche Orte im Verlauf der Braunkohlengewinnung später umzusiedeln sind.

Durch die ausführliche Behandlung von Sachfragen einerseits und die politische Abwägung innerhalb eines demokratisch legitimierten Gremiums andererseits wird im Vorfeld einer anstehenden Genehmigung ein Beitrag zur Akzeptanz eines Tagebauvorhabens geleistet. Die Prüfung, ob das Vorgehen gesetzeskonform ist, findet seine Fortsetzung ggf. in Gerichtsverfahren, in denen die Genehmigungen erneut auf den Prüfstand gestellt werden können. In den vergangenen Jahrzehnten ist es zunehmend über mehrere Instanzen hinweg zu gerichtlichen Prüfungen gekommen. Auch hier bedeutet – bei einem positiven Ausgang der Verfahren im Sinne des Bergbauunternehmens – ein entsprechender Gerichtsentscheid eine Zunahme der Akzeptanz des Vorhabens.

Im Rahmen des Braunkohlenplanverfahrens werden mit Bezug auf das EU-Recht gesonderte Prüfungen der Umweltverträglichkeit und der Sozialverträglichkeit vorgenommen. Mit der Genehmigung eines Braunkohlenplanes wird dem Bergbauunternehmen die erforderliche Planungssicherheit für einen Zeitraum von 30 Jahren und mehr gegeben und damit der Weg frei gemacht für die notwendigen Investitionen. Die betroffenen Kommunen und Fachplanungsbehörden erhalten einen Orientierungsrahmen für die weiteren Planungsschritte, wobei sie an die Ziele der Raumordnung und Landesplanung gebunden sind. Die betroffenen Bürger verfügen damit über eine verlässliche Grundlage für ihre persönliche Lebensplanung.

Bundesberggesetz/Betriebsplan

Das Bundesberggesetz (BBergG) wurde nach einer grundlegenden Überarbeitung gegenüber den vorhergehenden landesrechtlichen Bestimmungen vom Bundestag beraten und beschlossen sowie am 13. August 1980 im Gesetzblatt veröffentlicht. Das Gesetz wurde zwischenzeitlich besonders im Hinblick auf neuere Entwicklungen im Umweltrecht mehrfach novelliert und bildet die gesetzliche Grundlage für alle Maßnahmen, die der Gewinnung der Kohle dienen, und für die Wiedernutzbarmachung als einem bedeutenden Element von Eingriff und Ausgleich. Das Gesetz sagt im Einzelnen: *„Wiedernutzbarmachung ist die ordnungsgemäße Gestaltung der vom Bergbau in Anspruch genommenen Oberfläche unter Beachtung des öffentlichen Interesses."*

Alle Arbeiten zur Aufsuchung, Gewinnung oder Aufbereitung sowie zur Wiedernutzbarmachung der vom Bergbau nicht mehr benötigten Flächen bedürfen eines zugelassenen Betriebsplanes. Dieser Betriebsplan ist vom Bergbauunternehmer aufzustellen und wird nach der Zulassung durch die Bergbehörde ausgeführt. Das bergrechtliche Betriebsplanverfahren ist sowohl ein Instrument der Genehmigung als auch der Aufsicht, weil es der Behörde einen vollständigen Einblick in den Betrieb gestattet.

Renaturierter neuer Flusslauf der Inde

Für die Beendigung eines Betriebes ist ein Abschlussbetriebsplan vorzulegen. Darin sind die technischen Maßnahmen zur ordnungsgemäßen Herstellung der Oberfläche und die Dauer der Arbeiten darzulegen. Mit der Fertigstellung der Arbeiten endet die Bergaufsicht. Darüber hinaus bearbeiten die Bergbehörden wegen der Komplexität der Fragen des Eingriffs und Ausgleichs auch Genehmigungsverfahren auf Grundlagen des Wasserrechts, des Immissionsschutzrechts und des Abfall- und Bodenschutzrechts.

Vom bergrechtlichen Abschlussbetriebsplan berührte Rechtsgebiete

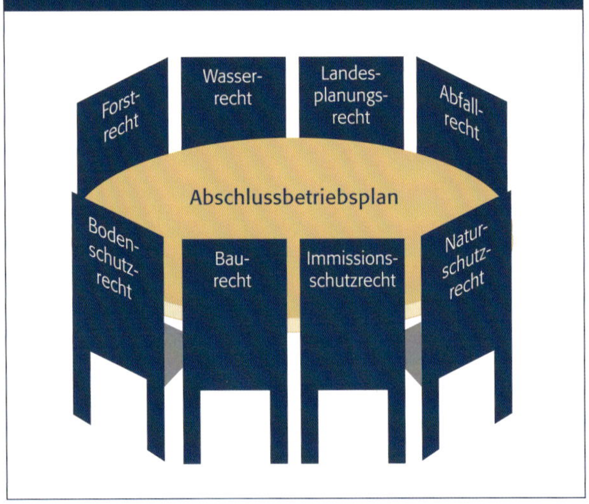

Rekultivierung im Tagebau Garzweiler, im Hintergrund Kraftwerk Frimmersdorf

Interessenausgleich, eine Aufgabe für Politik, Behörden und Wirtschaft

Die raumgreifenden Maßnahmen des Braunkohlenbergbaus, die Komplexität der ausgelösten Fachfragen und behördlichen Genehmigungsschritte sowie die Langfristigkeit der Planungen mit ihren Auswirkungen auf Mensch und Natur bedeuten in den Revieren im Rheinland, in Mitteldeutschland und in der Lausitz große Herausforderungen für Politik, Verwaltung und Wirtschaft. Letztlich konnten für die über Jahrzehnte währenden strittigen Projekte wie den Anschlusstagebau Garzweiler II, die Umsiedlung von Horno im Tagebau Jänschwalde oder Heuersdorf im Tagebau Vereinigtes Schleenhain innerhalb des skizzierten Rechtsrahmens Genehmigungen erteilt werden, sodass die Tagebaue gemäß der behördlichen Vorgaben erfolgreich geführt werden können. Dazu zählen auch die umfangreichen und komplexen Klageverfahren durch alle gerichtlichen Instanzen. Dabei wurde erfreulicherweise die Rechtmäßigkeit des Eingriffs und die Angemessenheit des Ausgleichs immer wieder in unterschiedlicher Weise bestätigt. Diese Entwicklung ist auch ein Beleg für die Bereitschaft der Braunkohlenindustrie, sich den Herausforderungen unserer demokratischen Gesellschaft zu stellen und so die notwendige Akzeptanz für die bergbauliche Tätigkeit immer wieder neu zu erarbeiten. Dazu zählt auch eine permanente Begleitung oder Überwachung der Maßnahmen des Eingriffs und Ausgleichs durch eine entsprechende Begleitforschung und ein Monitoring durch staatliche Institutionen, wie etwa beim Erhalt der Feuchtgebiete an Schwalm und Nette im Bereich Garzweiler II, der Spreeauen-Renaturierung nördlich von Cottbus oder der begleitenden Sozialforschung

Umsiedlung Otzenrath

vor, während und nach der Umsiedlung von Ortschaften in Ost- und Westdeutschland.

Neue Landschaften nach dem Tagebau

Ziel der Wiedernutzbarmachung und Rekultivierung ist die Gestaltung einer landestypischen, vielgestaltigen und langfristig lebendigen Landschaft. Prioritäre Belange sind zunächst die Herstellung nachhaltig nutzbarer land- und forstwirtschaftlicher Flächen. Immer bedeutsamer wurden die Anlage von Seen in ausgekohlten Tagebauen und der Naturschutz. Wichtig ist der Aspekt Freizeit und Erholung. Bis in die Neunzigerjahre hinein prägte die forstliche und landwirtschaftliche Rekultivierung die Bergbaufolgelandschaften in den Revieren in Deutschland. Die Wiederherstellung von ertragreichen Flächen für den Anbau von Getreide, Zuckerrüben oder das Anpflanzen von Bäumen für die Holzwirtschaft waren bedeutsame Ziele. Der Wunsch nach Flächen für die Naherholung erhielt einen zunehmenden Stellenwert, insbesondere für die tagebaunahen Gemeinden.

Mit der Zunahme auch naturschutzfachlicher Ansprüche, die in den Abbaugebieten vorhanden waren, werden in den Bergbaufolgelandschaften inzwischen auch Sonderflächen für den Biotop- und Artenschutz angelegt. Hier fließen auch Anforderungen des europäischen Naturschutzrechts, insbesondere der Flora-Fauna-Habitat-Richtlinie und der Vogelschutzrichtlinie, ein. Hinzu kommt für den Biotop- und Artenschutz eine Vernetzung der neuen Landschaft mit im Umfeld der Tagebaue vorhandenen intakten Biotopgemeinschaften.

Weitere Schwerpunkte sind die Anlage von großen Wasserflächen zum Ausgleich des durch die Rohstoffentnahme entstandenen Massendefizits, vorzugsweise

Betriebsflächen und wieder nutzbar gemachte Flächen im Braunkohlenbergbau in Deutschland

REVIER	Landinanspruchnahme insgesamt	Betriebsflächen (Abraum, Kohle, Kippe) 1)	Wieder nutzbar gemachte Flächen				
			Insgesamt	davon			
				Landwirtschaft	Forstwirtschaft	Wasserflächen u. zukünft. Wasserflächen in rekult. Gelände	Sonstiges 2)
	ha	ha	ha	ha	ha	ha	ha
Rheinland	30.328,8	9.313,9	21.014,9	11.058,3	7.997,8	803,3	1.155,5
%	100,0	30,7	69,3	36,5	26,4	2,6	3,8
Helmstedt	2.669,0	1.177,7	1.491,3	608,8	648,3	48,6	185,6
%	100,0	44,1	55,9	22,8	24,3	1,8	7,0
Hessen	3.505,9	81,4	3.424,5	1.818,6	735,4	665,8	204,7
%	100,0	2,3	97,7	51,9	21,0	19,0	5,8
Bayern	1.803,0	-	1.803,0	119,0	958,0	683,0	43,0
%	100,0	-	100,0	6,6	53,1	37,9	2,4
Lausitz	84.116,7	30.841,3	53.275,4	9.611,7	30.085,2	7.560,3	6.018,2
%	100,0	36,7	63,3	11,4	35,8	9,0	7,2
Mitteldeutschland	48.191,6	11.706,6	36.485,0	10.489,4	11.755,3	11.157,4	3.082,9
%	100,0	24,3	75,7	21,8	24,4	23,2	6,4
Deutschland	170.615,0	53.120,9	117.494,1	33.705,8	52.180,0	20.918,4	10.689,9
%	100,0	31,1	68,9	19,8	30,6	12,3	6,3

1) einschl. Rekultivierungsrückstände und Risikoflächen 2) Wohnsiedlungen, fremde Betriebe, Verkehrswege etc. Stand: Januar 2009

in Mitteldeutschland und der Lausitz. Dabei entstehen in den ehemaligen Bergbaugebieten Erholungszentren mit überregionaler Bedeutung.

In den vergangenen 25 Jahren haben sich die Ziele und Methoden im Bereich der Rekultivierung fortentwickelt und sind heute sehr stark differenziert. In vielerlei Hinsicht haben sie eine regionaltypische Ausprägung erfahren. Die hohe Akzeptanz der Bergbaufolgelandschaften und das erlebte Nebeneinander verschiedener Nutzungsarten zum Wohle von Mensch und Natur sind einer der großen Aktivposten der Braunkohlenindustrie in der Umweltdebatte. Die Anerkennung der Rekultivierungsleistung durch die breite Öffentlichkeit und speziell durch die Menschen in den Bergbauregionen ist gleichermaßen Herausforderung und Motivation für die Bergbauunternehmen, auf diesem Feld weiter kreativ zu arbeiten.

Tagebau Garzweiler: ein Beispiel für ein landwirtschaftliches Vorranggebiet

Das rheinische Braunkohlenrevier liegt geografisch in der niederrheinischen Bucht. An deren Nordwestrand befindet sich zwischen den Städten Grevenbroich, Mönchengladbach und Erkelenz das Abbaugebiet Garzweiler. Es ist ein landwirtschaftliches Vorranggebiet mit einem gemäßigten Klima und guten bis sehr guten Böden. Der anstehende Löß bildet die Grundlage für eine über Generationen ertragreiche Landwirtschaft. Der Löß steht hier in Mächtigkeiten von bis zu 20 Meter an und ist vorrangig für die landwirtschaftliche Rekultivierung in Garzweiler mit einem Auftrag von mindestens zwei Metern zu verwenden. Die bilanzierten Überschüsse werden für die Herstellung von landwirtschaftlichen Flächen in benachbarten Tagebauen eingesetzt. So wurden in den Abbaugebieten

Rekultivierungskonzept Garzweiler I & II

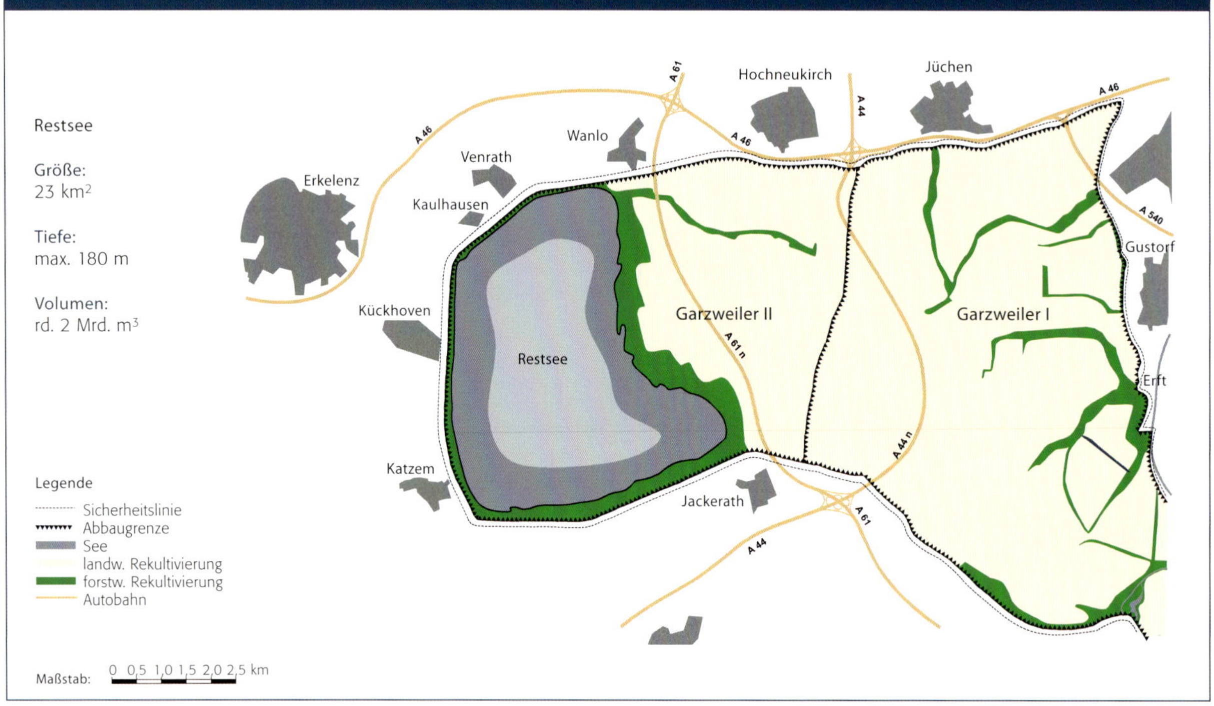

Lausitzer Spreeaue
nach Renaturierung

Frechen, Fortuna und Bergheim insgesamt mehrere Tausend Hektar mit Löß aus Garzweiler rekultiviert.

Das Feld Garzweiler II umfasst eine Fläche von 4.800 Hektar. Davon sollen nach der Verfüllung 1.800 Hektar an die Landwirtschaft zurückgegeben werden. Es verbleibt ein Restsee von rund 2.000 Hektar. Forstwirtschaftliche Flächen von zusammen rund 1.000 Hektar werden entlang der Restseeböschung oder in Form zahlreicher Grünflächen entlang von Wegen und Gewässern zur Gliederung und Auflockerung der Landschaft geplant. Das Wegenetz folgt neben überörtlichen Verbindungswegen den Grundsätzen einer großflächigen Landwirtschaft mit ausreichend bemessenen Ackerschlägen.

Die Lößgewinnung im Tagebau erfolgt durch Schaufelradbagger und Bodenauftrag durch die Absetzer nach den Prinzipien des Bodenschutzes, indem die anstehenden Schichten vollständig hereingewonnen werden und der Rekultivierungsauftrag bodenschonend erfolgt. Die landwirtschaftlichen Flächen werden in einer siebenjährigen Zwischenbewirtschaftung durch betriebseigene Schirrhöfe an ihre natürliche Ertragsfähigkeit herangeführt. Der Qualitätsstandard der Rekultivierung unterliegt einer Erfolgskontrolle durch die Fachbehörden, um die Nachhaltigkeit der betrieblichen Maßnahmen von der Bodenauswahl bis zur landwirtschaftlichen Regelbewirtschaftung sicherzustellen. Die Nachfrage von Landwirten nach den Neulandflächen ist erfreulicherweise gut, sicher auch ein Ergebnis der konstruktiven Zusammenarbeit zwischen Behörden, Wissenschaft und Wirtschaft sowie wiederum ein Beispiel für die Offenheit und das Bestreben der Braunkohlenindustrie, die Rekultivierung immer besser durchzuführen. Die Neulandflächen werden vorrangig an umzusiedelnde Landwirte im Tauschverfahren abgegeben. In der Regel findet die notwendige Bodenordnung der landwirtschaftlichen Vorranggebiete in der Rekultivierung im Rahmen von Flurbereinigungsverfahren statt.

Das Lausitzer Revier: landschaftstypische Rekultivierung

Die Lausitz präsentiert sich mit ihrer von der Eiszeit geprägten Landschaft auf sehr vielfältige Art. Es finden sich Urstromtäler mit armen quartären Sanden, Endmoränenbereiche mit kulturfähigen Mergel- und Schluffschichten sowie Hochflächen mit armen und wenig kulturfähigen Böden aus dem Tertiär. Im Landschaftsbild dominieren Kiefernwälder im Wechsel mit Weide- und Wasserflächen.

In der Industriegeschichte der Lausitz hat es bereits in den zZwanzigerjahren erfolgreiche Maßnahmen für die forstliche Rekultivierung durch den damaligen Leiter der Forstverwaltung der Niederlausitzer Braunkohlenwerke, Rudolf Heusohn, gegeben. Er hatte sich mit der Aufzucht von geeigneten Bäumen auf den kargen Böden in der Lausitz befasst und so schon frühzeitig die Grundlage für einen Ausgleich der bergbaulichen Eingriffe geschaffen. Heusohn wird zitiert mit dem Satz: *„Der Bergbau vernichtet nichts, er schafft nur neue Kulturwerte."* – Diese Aussage zeigt die fortschrittliche Einstellung der Forstwirtschaft zur damaligen Zeit.

Die Zeit von 1945 bis 1989 war bestimmt von einer starken Flächeninanspruchnahme durch die expandierende Braunkohle, ohne dass für eine angemessene Rekultivierung der ehemaligen Tagebaue gesorgt wurde. Die Rekultivierungsbemühungen konzentrierten sich auf Flächen für eine ertragreiche Land- und Forstwirtschaft sowie auf landschaftsökologische Aspekte. Verkippte Flächen ohne eine geordnete Wiedernutzbarmachung waren zu verzeichnen. Diese Defizite galt es

Weinanbau auf rekultivierter Fläche

nach der Wende abzuarbeiten. Die Aufgabe wurde von der staatseigenen LMBV (Lausitzer und Mitteldeutsche Bergbau-Verwaltungsgesellschaft) übernommen, wohingegen die Rekultivierung in den laufenden Betrieben von den privatisierten Unternehmen zu verantworten ist *(siehe hierzu Kapitel „Landschaften im Wandel")*.

Nach der Einheit wurden neue Ansätze für die Rekultivierungstätigkeit entwickelt. Ausschlaggebend dafür waren neben einer Änderung der Gesetzgebung in den Ländern Brandenburg und Sachsen auch ein spürbares Mitspracherecht der Bevölkerung in der Region und ein neues Selbstvertrauen der Bergleute. Die wesentliche Änderung bestand jedoch darin, dass die Rekultivierung wieder zu einem integralen Bestandteil der betrieblichen Tätigkeit wurde, indem z. B. eine separate Gewinnung des Kulturbodens im obersten Abraumschnitt mit anschließender Verkippung auf der Rekultivierungsoberfläche erfolgte. Im Einzelnen gelten nun folgende Anforderungen:

- Schaffung der Voraussetzungen zur schnellstmöglichen Wiedernutzbarmachung, d. h. Herstellung sicherer Kippenflächen in endgültiger Höhenlage;
- Vermeidung von Flächenzerschneidungen durch Restlöcher oder Zwischendepots;
- weitgehende Ausformung des Grobreliefs bereits bei der Verkippung zur Minimierung des Planieraufwands;
- selektive Gewinnung und Transport von kulturfähigen Bodensubstraten und Auftrag an der Oberfläche;
- Vermeidung von Verdichtungen.

Die Summe dieser Maßnahmen hat zu einem hohen Rekultivierungsstandard mit einer entsprechenden Begleitung durch wissenschaftliche Expertisen geführt. Die Bergbaufolgelandschaft ist heute landestypisch und abwechslungsreich gestaltet, orientiert sich an den Ertragsbelangen von Forst- und Landwirtschaft und hat den Natur- und Artenschutz durch Schaffung entsprechender Rückzugsräume in die Landschaft integriert. Die Rekultivierungsflächen in den Tagebauen Jänschwalde/Cottbus-Nord, Welzow-Süd und Nochten sind zudem attraktive Naherholungsgebiete geworden.

Wiedernutzbarmachung in Mitteldeutschland

Die Region Halle/Leipzig hatte durch die intensive industrielle Tätigkeit vor und nach dem Zweiten Weltkrieg bis hin zur Wende 1989 erhebliche nachteilige Auswirkungen auf die Landschaft, den Wasserhaushalt, die Luft und Vegetation zu verzeichnen. Die Braunkohlengewinnung erfolgte im Vergleich zur Lausitz oder dem Rheinland räumlich kleinteiliger. Die Tagebaue hatten nur eine geringe Förderung bei einer langen Laufzeit, was im Ergebnis zu einer umfassenden Inanspruchnahme der Landschaft und zu Belastungen der Bürger führte. Hinzu kamen die Braunkohlenveredlungsbetriebe bis hin zu Braunkohlenschwelereien und die nahe gelegene chemische Industrie, die in ihrer Gesamtheit das Erscheinungsbild einer Industrie mit starker Umweltbelastung darbot. Gleichwohl hat es in einigen Betrieben mit entsprechenden naturräumlichen Voraussetzungen landwirtschaftliche Rekultivierungen gegeben.

Nach der Privatisierung und Bildung der MIBRAG mbH hat die Konzentration auf zwei Tagebaue – Profen und Vereinigtes Schleenhain – zu einer erheblichen Entlastung der Problematik von Eingriff und Ausgleich geführt. Darüber hinaus sind die Tagebaue in der Geräteausstattung auf die selektive Gewinnung der kulturfähigen Substrate und die nachfolgende Verkippung im kontinuierlichen Tagebaubetrieb um-

Dipl.-Ing. oec. Heiner Krieg

Nach der Privatisierung waren strukturelle Veränderungen und Modernisierungen notwendig. Mit welchen Maßnahmen wurde die wirtschaftliche Braunkohlenförderung erreicht?

Nach der Privatisierung konnte die MIBRAG mbH erstmals im Jahre 1999 einen Gewinn erwirtschaften. Wesentliche Voraussetzungen dafür waren die erfolgreichen Bemühungen des Vorstands der MIBRAG, als Treuhandunternehmen mit Unterstützung der Länder Sachsen und Sachen-Anhalt den Neubau von modernen Braunkohlenkraftwerken in Mitteldeutschland voranzutreiben. Mit der Inbetriebnahme der Kraftwerke Wählitz, Schkopau und Lippendorf konnte damit eine mengenmäßig höhere Auslastung der Tagebaue erreicht werden.

Die erheblichen Investitionen, die von der MIBRAG mbH seit 1994 insbesondere in den Tagebauen realisiert wurden, haben zu einer deutlichen Steigerung der Effektivität und damit zur Senkung der Fixkosten geführt, die in den Tagebauen immerhin bis zu 80 Prozent betragen. Allerdings war trotz der technisch-technologischen Maßnahmen auch ein Personalabbau unvermeidbar.

Die gemeinsame Umsiedlung von Großgrimma war ein entscheidendes Signal für die Zukunft der Braunkohle in Mitteldeutschland. Wie haben Sie die sozial verträgliche Umsiedlung vorbereitet und durchgeführt?

Für den langfristigen Weiterbetrieb der Tagebaue Profen und Vereinigtes Schleenhain bestand die Notwendigkeit zur Umsiedlung der Ortschaften Großgrimma und Heuersdorf. Die Grundvoraussetzungen für die Umsiedlung Großgrimmas wurden bereits in den Jahren 1990/1993 geschaffen, indem es dem Vorstand der MIBRAG als Treuhandunternehmen gemeinsam mit der damaligen Landesregierung von Sachsen-Anhalt gelungen war, die Mehrheit der Bürger von der Richtigkeit einer gemeinsamen Umsiedlung und der Chance eines Neuanfangs zu überzeugen. Am 19. März 1992 fasste die Gemeinde den Beschluss zur vorzeitigen Umsiedlung nach Hohenmölsen. Der Zeitraum bis zum Abschluss der Umsiedlung im Jahre 1998 war geprägt von der Realisierung der vielfältigsten Ideen und Wünsche. Nicht alles war machbar, immerhin mussten die Interessen und Bedürfnisse von 800 Bürgern berücksichtigt werden.

In diesem Spannungsfeld gab es während des gesamten Zeitraums immer wieder heftige Diskussionen und berechtigte wie auch unberechtigte Kritiken. Ein besonderer Dank gilt daher der Bürgermeisterin Sabine Meinhardt, die aktiv die Umsiedlung ihrer Bürger begleitet hat und immer wieder maßgeblich zum Ausgleich unterschiedlicher Interessen beigetragen hat. Die 1997 gegründete Kulturstiftung Hohenmölsen dient der Erinnerung an den Ort Großgrimma und soll dazu beitragen, das gegenwärtige und zukünftige Leben zu gestalten.

Die notwendige Umsiedlung von Heuersdorf war ein langer und schwieriger Weg, auf dem sich die MIBRAG immer um eine einvernehmliche gemeinsame Umsiedlung bemüht hat. Wie beurteilen Sie heute nach Abschluss der Umsiedlung diesen Prozess?

Das Resultat der Umsiedlung von Heuersdorf ist auf den ersten Blick hinsichtlich der Entschädigung und des neu entstandenen Eigentums mit Großgrimma vergleichbar. Eine gemeinsame und zügige Umsiedlung wurde jedoch nicht erreicht. Entstanden sind unter aktiver Mitwirkung der Betroffenen drei Standorte mit dörflichem Charakter in den Ortslagen Regis-Breitingen, Hagenest und Frohburg. Und die Emmauskirche wurde auf Wunsch der Kirchengemeinde nach Borna umgesetzt.

Vergleicht man den Verlauf der Umsiedlungen beider Ortschaften, sind erhebliche Unterschiede festzustellen. Auf der einen Seite waren die Anstrengungen der MIBRAG und vieler direkt und indirekt Beteiligter für eine erfolgreiche und sozial verträgliche Umsiedlung im Interesse der Weiterführung des Tagebaues Vereinigtes Schleenhain zu verzeichnen, und auf der anderen Seite bestand eine Gruppe Heuersdorfer Bürger sowie Außenstehender auf den Erhalt des Dorfes. Dadurch erstreckte sich die Umsiedlung auf anderthalb Jahrzehnte und erzeugte bei vielen Unsicherheit, Ängste und Misstrauen. Viele Bürger bedauerten die Verzögerungen und häufig wurde mir nach einem Umzug in das neue Haus gesagt: „Herr Krieg, diesen Schritt hätten wir viel eher machen sollen."

Auf der Basis des Heuersdorf-Vertrages, der von der sächsischen Landesregierung im Interesse der Einwohner ausgearbeitet worden war, konnte letztlich die Umsiedlung sozial verträglich abgeschlossen werden. An dieser Stelle ist es mir ein Bedürfnis, den Einwohnern von Großgrimma und Heuersdorf für ihr Vertrauen zu danken und ihnen in ihrem neuen Zuhause viel Glück zu wünschen.

Welche regionalwirtschaftliche Bedeutung hat die MIBRAG heute?

Nach der Umstrukturierung und Neuordnung der Energiewirtschaft im mitteldeutschen Raum leistet die MIBRAG heute einen stabilen Beitrag zur sicheren Energieversorgung in Deutschland und nimmt einen wichtigen Platz in der mitteldeutschen Wirtschaft ein. Die MIBRAG mbH beschäftigt mehr als 2.100 Mitarbeiter und bildet derzeit nahezu 170 junge Menschen zu Facharbeitern aus. Die Aufwendungen für Material und Fremdleistungen, einschließlich Investitionen, belaufen sich jährlich auf 200 bis 250 Millionen Euro, was letztlich Arbeit und Beschäftigung für viele Firmen und Handwerker der Region bedeutet. Nicht unerwähnt bleiben sollte in diesem Zusammenhang das soziale Engagement der MIBRAG und ihrer Mitarbeiter in der Region.

Dipl.-Ing. oec. Heiner Krieg (*1947)

Mitglied des DEBRIV-Vorstands 1997–2008. Studium Ingenieurökonomie, Bergakademie Freiberg. Leitende Funktionen im mitteldeutschen Braunkohlenrevier. 1996–2008 Kaufmännischer Geschäftsführer MIBRAG.

gestellt worden. Die Tagebaue bewegen sich in landwirtschaftlichen Vorranggebieten, sodass auch hier die Anlage von Flächen für die Landwirtschaft im Vordergrund steht. Forstliche Flächen werden überwiegend im Bereich von Böschungen angelegt.

Die Wiedernutzbarmachung der stillgelegten Tagebaue in Regie der LMBV hat mit der Anlage von Restseen im Raum Leipzig die Möglichkeiten der Naherholung und des Tourismus eröffnet *(siehe auch hierzu „Landschaften im Wandel")*.

Umsiedlungen

In den Braunkohlenrevieren in der Lausitz, in Mitteldeutschland und im Rheinland sind Ortsumsiedlungen im Bereich der Tagebaue im Sinne einer geordneten Entwicklung und Führung des Tagebaubetriebes unvermeidbar. Die rechtliche Grundlage für die Durchführung einer solchen in das persönliche und öffentliche Eigentum eingreifenden Maßnahme bilden das Bundesberggesetz und die einschlägigen Landesplanungsgesetze der Länder. Hierzu zählt auch die Beschaffung des Ersatzlandes für den neuen Ort im erforderlichen Umfang.

Umsiedlung Haidemühl an den Standort Sellessen

Zehn Jahre Umsiedlung Schwerzau

Ebenso bedeutsam sind die Informationen für die betroffenen Bürger hinsichtlich der Notwendigkeit eines solchen Eingriffs im zeitlichen Vorfeld und die Angebote für eine sozial verträgliche Umsiedlung mit dem Ziel, persönliche Härten zu vermeiden. Auch in dem Fall der Ortsumsiedlung geht es um die Balance von Eingriff und Ausgleich. Die Aufgabe von „Haus und Hof" ist an die energiewirtschaftliche Notwendigkeit und den Beitrag der Braunkohle insbesondere zur Stromversorgung gebunden. Die Umsiedlung ist vertretbar, wenn dem einzelnen Bürger ein angemessener Ausgleich für den Verlust der materiellen und immateriellen Werte erstattet wird. Gleiches gilt für Gemeinschaftswerte, die mit Begriffen wie Dorfgemeinschaft, Vereine etc. verbunden sind. Ziel ist ein Angebot zur Fortführung des Dorflebens an einem neuen Standort.

Deutschlandweit sind seit dem Beginn des 20. Jahrhunderts in mehr als 370 Orten, Siedlungen und Anwesen in Einzellagen rund 120.000 Menschen umgesiedelt worden. Diese Maßnahmen fanden überwiegend im ländlichen Raum statt. Dabei wurden verschiedene Lösungen verfolgt oder haben sich entwickelt:

- die Einzelumsiedlung, bei der die Bürger individuell eine Immobilie außerhalb des Abbaugebietes erwerben;
- die Gruppenumsiedlung, bei der sich die Betroffenen an unterschiedlichen Orten straßenzugweise ansiedeln;
- die gemeinsame Umsiedlung der betroffenen Bevölkerung einer Ortschaft mit dem Ziel, die Dorfgemeinschaft möglichst intakt zu belassen.

Bereits in den Fünfzigerjahren favorisierten Umsiedler im rheinischen Revier das Konzept der gemeinsamen Umsiedlung, anfänglich nach dem Prinzip des Naturalersatzes durch das Bergbauunternehmen. Später nahm der Wille zur Selbstbestimmung zu. Die Umsiedler verlangten für ihr Altanwesen eine Barentschädigung, um den Neubau nach eigenen Vorstellungen zu verwirklichen. Seit den Neunzigerjahren wollten die Betroffenen ihr künftiges Wohnumfeld an dem neuen Ort immer stärker selbst bestimmen. Es entwickelte sich das Konzept der Bürgermitwirkung, bei dem die Einwohner neben der individuellen Planung eines Einzelanwesens auf die Gestaltung ihres neuen Dorfes in allen einzelnen Planungsschritten Einfluss nehmen können.

Im mitteldeutschen und dem Lausitzer Revier war es im sozialistischen System bis in die Achtzigerjahre üblich, den Betroffenen im Rahmen von Gruppenumsiedlungen Neubauwohnungen in Mehrfamilienhäusern zur Verfügung zu stellen, wobei auf individuelle Wünsche und eine angemessene Entschädigung im Sinne eines Vermögensausgleichs nicht eingegangen wurde. Die Umsiedlungspraxis in der ehemaligen DDR hatte wegen der Dominanz der Rohstoffversorgung und einer anderen Sicht auf Eigentum auf die Wünsche der betroffenen Bevölkerung also nicht in ausreichendem Umfang Rücksicht genommen. Bei der im ländlichen

Umsiedlung Kausche

Umsiedlung Großgrimma

Raum heimischen Bevölkerung stieß diese Vorgehensweise zunehmend auf Kritik und Ablehnung, sodass ab Mitte der Achtzigerjahre auch Eigenheime in industrieller Bauweise angeboten wurden.

Diese Ansätze können nicht darüber hinwegtäuschen, dass die mangelnde Akzeptanz dieser Vorgehensweise eine ablehnende Haltung bei der Bevölkerung geradezu provoziert hat. Diese Erfahrungen waren bei den Menschen in der Zeit nach der Wende verständlicherweise weiter lebendig und hatten zu einem zumindest anfänglichen Misstrauen gegenüber den Planungen der neuen Braunkohlengesellschaften geführt.

Seit der deutschen Einheit gelten für alle Braunkohlenbundesländer gleiche rechtliche und politische Rahmenbedingungen. Die gemeinsame Umsiedlung bildet damit bundesweit einen von der betroffenen Bevölkerung akzeptierten und auch zeitgemäßen Handlungsrahmen für die Durchführung der auch weiterhin notwendigen Ortsumsiedlungen. Herausragende Beispiele aus dieser Zeit sind die Umsiedlungen von Kausche, Geisendorf und Haidemühl in der Lausitz, Großgrimma und Schwerzau in Mitteldeutschland sowie Otzenrath/Spenrath und Holz im Rheinland. Die über fast 20 Jahre umstrittenen Umsiedlungen von Horno im Tagebau Jänschwalde und Heuersdorf im Tagebau Vereinigtes Schleenhain haben wegen der langen Dauer an den Kräften der Dorfgemeinschaft gezehrt und eine gemeinsame Umsiedlung nur schwerlich realisierbar gemacht. Gleichwohl sind für einen Teil der Umsiedler wieder neue Dorfgemeinschaften entstanden.

Für laufende Umsiedlungen in den Revieren sind heute folgende Grundsätze einer sozial verträglichen Umsiedlung maßgeblich: Angebot einer gemeinsamen Umsiedlung; bürgernahe Kommunikation; Planung mit dem Bürger; angemessene Entschädigung, orientiert am Wirtschaftswert; bedarfsorientierte Unterstützung und Beratung von Einzelpersonen und Gruppen, z. B. Landwirten, Gewerbetreibenden; Verdeutlichung der Chancen bei einer Umsiedlung für die Kommunalentwicklung.

Diese Grundsätze sind bei jeder Umsiedlung nur Leitlinien und bedürfen immer wieder der Erneuerung und Anpassung an die örtlichen und regionalen Verhältnisse. Jeder Ort schreibt so seine individuelle Umsiedlungsgeschichte.

Landschaften im Wandel

Kap Zwenkau mit Hafenanlage 2009

Die Herausforderungen der Braunkohlensanierung im Überblick

Das mitteldeutsche und das Lausitzer Braunkohlenrevier wurden mit der deutschen Einheit Europas größte Landschaftsbaustelle. Seit Anfang der Neunzigerjahre findet mit dem ökologischen Großprojekt der Braunkohlensanierung ein beeindruckender Wandel statt.

Im Zuge der Spaltung des Bergbaus in einen zu privatisierenden und einen schrittweise stillzulegenden Teil, bzw. verbunden mit der Aufgabe der Sanierung und Wiedernutzbarmachung, entstanden zunächst die Lausitzer Bergbau-Verwaltungsgesellschaft mbH (LBV) bzw. die Mitteldeutsche Bergbau-Verwaltungsgesellschaft mbH (MBV). Die im August 1994 gleichfalls gegründete LMBV fungierte ab Anfang 1995 zunächst als Holding in Berlin für beide Unternehmen und trug Verantwortung für die gezielte Beendigung des nicht privatisierbaren auslaufenden Braunkohlenbergbaus, die Bewältigung der Bergbaualtlasten sowie die Vermarktung der wieder nutzbar gemachten Liegenschaften. Anfang 1996 wurden MBV und LBV unternehmensrechtlich auf die LMBV verschmolzen. Die zu Anfang revierbezogenen Strukturen der Unternehmen wurden später durch eine länderorientierte Organisation ersetzt.

Als Bundesunternehmen erfüllt die LMBV zunächst die bergrechtlichen Verpflichtungen der Alteigentümer. Zu ihren Aufgaben gehören: die Wiedernutzbarmachung stillgelegter Tagebaue und Veredlungsstandorte als Voraussetzung für eine Folgenutzung, Normalisierung des Wasserhaushaltes, die Beseitigung von Altlasten zur Gesundung der Natur, der Abbruch von Industrieanlagen, die Neuansiedlung von Industrie und Gewerbe auf Altstandorten sowie der Verkauf von Liegenschaften. Insgesamt hat die LMBV die Verantwortung für 39 ehemalige Braunkohlentagebaue mit 224 Restlöchern sowie 120 stillgelegte Industrie- oder Veredlungsstandorte in den ostdeutschen Bundesländern übernommen. Anfänglich erstreckten sich die zu sanierenden Areale und Anlagen des Braunkohlenbergbaus auf über 1.000 Quadratkilometer. Seit 1992 wurden insgesamt 8,5 Milliarden Euro in die Wiedernutzbarmachung und Revitalisierung der bergbaulich beanspruchten Flächen investiert.

Die Aufgaben der Braunkohlensanierung werden in einem dreistufigen System bewältigt. Über die erste Ebene, den Steuerungs- und Budgetausschuss für die Braunkohlensanierung, der sich paritätisch aus je vier Mitgliedern des Bundes und der Braunkohlenländer Brandenburg, Sachsen, Sachsen-Anhalt und Thüringen zusammensetzt, wird der Gesamtprozess koordiniert. Auf der zweiten Ebene agiert die LMBV, deren Arbeit von vier „Regionalen Sanierungsbeiräten" begleitet wird. Schließlich erfolgt auf der dritten Ebene die Umsetzung der Sanierungsmaßnahmen durch Unternehmen der privaten Wirtschaft.

Die LMBV ist Projektträgerin und setzt in vielen Fällen auch daran anschließende Aufwertungsmaßnahmen zur Gestaltung der Bergbaufolgelandschaften um. Dazu plant sie die notwendigen Arbeitsschritte, erarbeitet die

Übersicht über den Aufwand zur Braunkohlensanierung im mitteldeutschen und Lausitzer Revier (Stand 18.01.2010)

Sanierungsaufwand Zeitraum	Schwerpunktaufgaben	Umfänge ausgewählter Sanierungsleistungen
ABM 1990–1993 724 Mio. EUR	• Abriss/Demontage von Anlagen und Gebäuden • Beseitigung von Altlasten • Flächensanierung	• 140 Mio. m^3 Massenbewegung • 1,5 Mio. t Demontage/Verschrottung • 1,3 Mio. m^3 Abbruch • 27.000 ha Herstellung von Nutzflächen
Verwaltungsabkommen I 1993–1997 3.835 Mio. EUR	• Fortsetzung der mit ABM 1990–1992 begonnenen Grundsanierung • Stilllegung von Produktionsanlagen und Abriss/Demontage • Beseitigung von Altlasten • Vorbereitung und Beginn von Flutungsmaßnahmen	• 670 Mio. m^3 Massenbewegung • 365 Mio. m^3 geotechnische Sicherung • 2.100 Mio. m^3 Wasserhebung/ Reinigung/Ableitung • 5.700 ha Rekultivierung • 2,1 Mio. t Demontage/Verschrottung • 5,7 Mio. m^3 Abbruch • 6,0 Mio. m^3 Schadstoffsanierung
Verwaltungsabkommen II 1998–2002 2.619 Mio. EUR	• Abschluss der Grundsanierung • Weiterführung Abriss/Demontage • Geotechnische Sicherung • Wasserzuführung und Flutung gesicherter Restlöcher	• 640 Mio. m^3 Massenbewegung • 525 Mio. m^3 geotechnische Sicherung • 1.880 Mio. m^3 Wasserhebung/ Reinigung/Ableitung • 640 Mio. m^3 Fremdwasserzufuhr • 5.550 ha Rekultivierung • 6,6 Mio. m^3 Schadstoffsanierung • 4,1 Mio. t Abfallbeseitigung
Verwaltungsabkommen III 2003–2007 1.612 Mio. EUR	• Wasserzuführung und Flutung weiterer Restlöcher • Gefahrenabwehr Wiederanstieg des Grundwassers • Geotechnische Sicherung • Entwicklung von Industrieparks	• 1.100 Mio. m^3 Fremdwasserzufuhr • 1.065 Mio. m^3 Wasserhebung/ Reinigung/Ableitung • 4,3 Mio. m^3 Schadstoffsanierung • 3,4 Mio. t Abfallbeseitigung • 3.500 ha Rekultivierung
Verwaltungsabkommen IV 2008–2012 1.025 Mio. EUR	• Flutung und Herstellung von Seen • Normalisierung des Wasserhaushalts in den Regionen	• Fertigstellung von 28 Seen (40 Prozent aller Seen) • Herstellung weiterer Nutzflächen • Pflege und Bewirtschaftung

Berzdorfer See

entsprechenden Genehmigungsanträge, führt die Ausschreibungen durch, entscheidet über die Vergabe der Leistungen, hat das Projektmanagement bei der Baudurchführung inne und kontrolliert die Ergebnisse sowie die Verwendung der finanziellen Mittel. Zur Umsetzung der Sanierungsarbeiten wurden durch die LMBV bis Ende 2009 177 Abschlussbetriebspläne erarbeitet. Darüber hinaus ist in Verbindung mit der Flutung der Tagebaurestlöcher die Durchführung von insgesamt 52 Wasserrechtsverfahren notwendig. Neben der bergbaulichen Wiedernutzbarmachung wurden umfangreiche Abbruchmaßnahmen und Maßnahmen zur Altlastenbeseitigung an den Kohlenveredlungsstandorten Schwarze Pumpe, Lauchhammer, Böhlen oder Espenhain durchgeführt.

Bezogen auf die Situation im Jahre 1990 wurde ein großer Teil der Sanierungsaufgaben bis Ende 2008 bewältigt. Die Abbruch- und Massenbewegungsleistungen sind nahezu abgeschlossen. Die Massenverdichtungsleistungen sind zu gut 90 Prozent realisiert. Ebenso waren bis 2008 fast drei Viertel der Aufgaben zur Rekultivierung und mehr als 60 Prozent der Maßnahmen zur Altlastensanierung und zur Wiederherstellung des Wasserhaushalts umgesetzt. Bei der Mehrzahl der Industrieareale erfolgten der komplette Rückbau der Gebäude sowie die Renaturierung der Flächen. Und einige aufgrund ihrer Lage und Verkehrsanbindung besonders geeignete Standorte wurden als neu erschlossene moderne Industrieparks vermarktet. Mehrere der Tagebaugroßgeräte konnten als technische Zeitzeugen erhalten werden. Der Schwerpunkt der Braunkohlensanierung liegt in den Jahren nach 2010 auf der Herstellung der Bergbauseen.

Die Bergbaufolgelandschaften geben heute wirtschaftliche Impulse, vor allem für die Freizeit- und Tourismuswirtschaft. An den neuen Industriestandorten sind zahlreiche Arbeitsplätze im verarbeitenden und im

Organisation der Braunkohlensanierung

1. Ebene Steuerung/Kontrolle	• Setzen länderübergreifender Prioritäten • Billigung der Gesamtplanung • Budgetierung und Genehmigung der Projekte • Vorlaufendes/Nachlaufendes Controlling	Steuerungs- und Budgetausschuss für die Braunkohlesanierung (StuBA) - Gremium des Bundes und der Länder
	↓ Regionale Sanierungsbeiräte ↑	
2. Ebene Projektträgerschaft	• Sanierungsplanung, Genehmigungsverfahren • Ausschreibung/Vergabe • Projektdurchführung und Controlling • Nachnutzungsvorbereitung/Verwertung	Lausitzer und Mitteldeutsche Bergbau-Verwaltungsgesellschaft mbH (LMBV)
	↓ ↑	
3. Ebene Durchführung der Sanierung	• Durchführung der Sanierungsarbeiten • nach wettbewerblicher Vergabe • Abrechnung und Übergabe sanierter Objekte	Auftragnehmer der Sanierung - private Unternehmen

Dienstleistungsgewerbe entstanden. Nicht zuletzt ist in diesem Zusammenhang auf die großen ökologisch wertvollen und nachhaltig nutzbaren Landschaften hinzuweisen.

Rütteldruckverdichtung

Die Anfänge der Braunkohlensanierung (1990–1992)

Mit der deutschen Wiedervereinigung wurde kurzfristig die Stillsetzung von mehr als zwei Dritteln der Tagebaukapazitäten und der Stilllegung fast aller Veredlungsbetriebe notwendig. Auch die vor 1989 aufgelaufenen negativen Landschafts- und Umweltbeeinflussungen in den Braunkohlenrevieren mit ihren gravierenden Auswirkungen waren aufzuarbeiten. Die Braunkohlensanierung wurde zu einer neuen Aufgabe für das vereinte Deutschland.

Angesichts des im Zuge der Deutschen Wiedervereinigung schnell sichtbar werdenden Ausmaßes der Sanierungsaufgaben musste ohne planerischen Vorlauf unverzüglich gehandelt werden. Das geschah zunächst auf der Basis von Arbeitsbeschaffungsmaßnahmen (ABM). Der schnelle und intensive Einsatz von ABM in der Braunkohlensanierung seit Anfang 1991 erfolgte unterstützt durch das Bundesumwelt- und das Bundesarbeitsministerium, die betroffenen Bundesländern, die Treuhandanstalt sowie den Braunkohlenunternehmen, d.h. zunächst den in Aktiengesellschaften umgewandelten Kombinaten sowie nach Spaltung von LAUBAG und MIBRAG durch LBV, MBV sowie später LMBV. Eine wichtige Rolle kam auch dem Sozialpartner IG BE bzw. IG BCE zu.

Die Arbeitsbeschaffungsmaßnahmen (ABM) in der Braunkohlensanierung auf Grundlage des Arbeitsförderungsgesetzes (AFG) zielten damals zunächst auf die Wiederherstellung land- und forstwirtschaftlicher sowie industriell und gewerblich nutzbarer Flächen. Der Schwerpunkt lag auf der Beräumung bebauter Areale, dem Abriss von Anlagen und Gebäuden sowie der Beseitigung von Bodenverschmutzungen. Dabei hatte der beschäftigungspolitische Aspekt eine herausragende Bedeutung. In den Jahren zwischen 1991 und 1993 entfielen mehrere 10.000 Arbeitsplätze im Bergbau. Durch die Braunkohlensanierung mittels ABM wurde einem Teil der betroffenen Arbeitnehmer eine anspruchsvolle Erwerbsmöglichkeit geboten. ABM war häufig eine Brücke zu neuen Tätigkeiten oder eine Station auf dem Weg in den Ruhestand.

Der Auftrag der LMBV und der Auftakt (1993–1997)

Allerdings wurde schnell klar, dass die durch den Braunkohlenabbau verursachten außergewöhnlichen Umweltprobleme auf Dauer nicht durch groß angelegte Arbeitsbeschaffungsmaßnahmen (Mega-ABM) zu lösen waren. Im Ergebnis der zwischen Bund und Ländern im September 1992 erzielten Einigung wurde das erste „Verwaltungsabkommen über die Regelung

Dr.-Ing. Wolfgang Fritz

Welche Aufgaben standen vor Ihnen, als Sie 1994 zum „Obersten Bergbausanierer" berufen wurden?

Die Privatisierung der langfristig mit Absatzchancen ausgestatteten Förderkapazitäten der Braunkohlenkombinate in der ehemaligen DDR war 1994, also rund vier Jahre nach der Wende, weitgehend abgeschlossen. Die nicht privatisierten Betriebe, es handelte sich um insgesamt 39 Tagebaue und 224 Restlöcher sowie 38 Veredlungsbetriebe, wurden in Mitteldeutschland und in der Lausitz zunächst in zwei Verwaltungsgesellschaften zusammengefasst, die dann am Ende des Jahres 1995 zu der Lausitzer und Mitteldeutschen Bergbau Verwaltungsgesellschaft mbH (LMBV) verschmolzen wurden. Dies war die Voraussetzung dafür, nach einheitlichen Kriterien in den verschiedenen Regionen die Abschlussarbeiten in den Tagebauen zu planen und durchzuführen.

Insbesondere die Wiederherstellung eines ausgeglichenen Wasserhaushaltes machte ein einheitliches, länderübergreifendes, Handeln nötig. Die LMBV erhielt vom Gesellschafter, der Bundesrepublik Deutschland, vertreten durch das Bundesministerium der Finanzen, den Auftrag, die auslaufenden Tagebaue, Brikettfabriken und Kraftwerke zu betreiben, den Auslaufbergbau zu gestalten und die nach dem Bundesberggesetz notwendigen Arbeiten zur Wiedernutzbarmachung zu veranlassen. Hierfür hat sich die Bezeichnung Sanierungsbergbau eingebürgert; auch deswegen, weil sich im Umfeld der Betriebe Altlasten befanden, die einer sicheren Verwahrung zugeführt werden mussten. Die kostengünstige Durchführung der Sanierungsleistungen wurde durch die Vergabe aller operativen Arbeiten im Wettbewerb sichergestellt.

Das Verwaltungsabkommen Bund/Länder zur Finanzierung der Altlastenbeseitigung war die Basis für die Bergbausanierung. Wie haben Sie die Zusammenarbeit mit den Bundes- und Landesbehörden erlebt?

Um eine zügige Erledigung der Arbeiten sicherzustellen, hatte der Bund mit den betroffenen Bundesländern Brandenburg, Sachsen, Sachsen-Anhalt und Thüringen bereits 1995 in einem Verwaltungsabkommen die Finanzierung der Sanierungsarbeiten geregelt. Dieses Abkommen hat sich bewährt und wurde bis heute dreimal verlängert. Der Bund verpflichtete sich in diesem Vertrag, den größten Anteil der Kosten zu tragen; ein Viertel entfiel auf die Länder. Zusätzlich standen Mittel der Arbeitsverwaltung zur Verfügung. Die Mittelverwendung wurde von einem Steuerungs- und Budgetausschuss begleitet. In diesem Ausschuss waren die beteiligten Bundesländer und der Bund mit je vier Vertretern jeweils verschiedener Ministerien vertreten. In diesem heterogen zusammengesetzten Ausschuss, der nur einstimmig entscheiden konnte, wurde in sachlicher Form sehr erfolgreich zusammengearbeitet. Es gab kein Projekt, das wegen Ablehnung dieses Ausschusses nicht ausgeführt werden konnte. Dies war möglich, weil die LMBV schon im Vorfeld alle Planungen in engster Abstimmung mit den Landesbehörden vorbereitet hatte.

Die Sanierungsfortschritte waren auch mit ständigen Personalanpassungen verbunden. Mit welchen Maßnahmen haben Sie den Rückgang sozial verträglich gestaltet?

Der strukturelle Umbau des Braunkohlenbergbaus nach der Wende hat am Ende dazu geführt, dass mehr als 100.000 Arbeitsplätze verloren gingen. Alle Bemühungen der LMBV waren darauf gerichtet, die Entlassungen in den freien Arbeitsmarkt so gering wie möglich zu halten. Eine Zwischenbilanz 1998 wies nach, dass durch Sanierung (19 Prozent), Unternehmensausgründungen (sieben Prozent) und Vorruhestandregelungen (27 Prozent) mehr als die Hälfte der Mitarbeiter einen sozial verträglichen Übergang gefunden haben. Ein Fünftel der Mitarbeiter hat sich auf eigenen Wunsch vom Unternehmen getrennt und durch Eigeninitiative eine neue Beschäftigung gefunden. Insgesamt musste rund ein Viertel der Mitarbeiter schließlich in den freien Arbeitsmarkt entlassen werden. Die LMBV hat darüber hinaus durch den Verkauf von Industrie- und Gewerbeflächen die Neuansiedlung von Industrie und Gewerbe gefördert. Es wird geschätzt, dass dadurch rund 5.000 neue Arbeitsplätze geschaffen werden konnten. Trotz dieser Bemühungen sind die Bergbauregionen in Ostdeutschland bis heute durch überdurchschnittlich hohe Arbeitslosigkeitsraten gekennzeichnet.

Wenn Sie heute die Sanierungsergebnisse betrachten, sind dann Ihre Visionen erfüllt worden? Wurde das Geld richtig investiert?

Wenn man heute die neuen Landschaften betrachtet, die in den ehemaligen Tagebaugebieten entstanden sind, ist man überrascht über das abwechslungsreiche Landschaftsbild. So verbinden jüngere Leute beispielsweise im Südraum Leipzig oder auch in Bitterfeld heute die attraktive Seenlandschaft nicht mehr mit Bergbaueingriffen. Diese jungen Generationen können sich gar nicht vorstellen, welche Entwicklung die Landschaft durchgemacht hat. Die vor 20 Jahren in Gang gesetzte Sanierung hat sich als großartiger Erfolg für die Regionen erwiesen. Unternehmerisch kann man die Bilanz ziehen, dass trotz mancher Erschwernisse, die sich später dann durch das Auftauchen unbekannter Altlasten eingestellt hatten, mit deutlich geringerem Aufwand saniert werden konnte, als anfangs berechnet. Das Sanierungsvorhaben kann man also getrost zu den ganz großen Erfolgsgeschichten im Zuge der deutschen Einheit rechnen.

Dr.-Ing. Wolfgang Fritz (*1936)

Mitglied des DEBRIV-Vorstands 1996–2000. Studium Bergbau und wissenschaftliche Tätigkeit am Institut für Bergbaukunde RWTH Aachen. Ab 1969 Steinkohlenbergbau Ruhr, 1989–1994 Vorstand Ruhrkohle Niederrhein AG und Ruhrkohle Bergbau AG. 1995–2000 Vorsitzender der Geschäftsführung LMBV.

der Finanzierung der ökologischen Altlasten“ (VA I) für den Zeitraum von 1993 bis 1997 verabschiedet. Danach übernahmen der Bund 75 und die Länder 25 Prozent der Kernkosten für die Braunkohlensanierung. Mit dem VA I konnte die in 1991 und 1992 über ABM begonnene Sanierung kontinuierlich fortgeführt werden. Die maßgeblichen Finanzierungsquellen in dieser Periode waren der Bund, die beteiligten Länder, die Treuhandanstalt, die Bundesanstalt für Arbeit sowie Erlöse aus dem Auslaufbergbau.

Der mit ihrer Gründung 1993/94 formulierte Gesellschaftsauftrag der LMBV umfasst drei zentrale Aufgaben:

- geordnete Stilllegung der nicht privatisierten Betriebe, d. h. auch befristeter Betrieb von Tagebauen und Veredlungsanlagen (Auslaufbergbau);
- Gefahrenabwehr auf bergbaulichen Anlagen, Rekultivierung von bergbaulich in Anspruch genommenen Flächen, Sanierung des beeinträchtigten Wasserhaushaltes und Beseitigung bzw. Sicherung von ökologischen Altlasten sowie Wiedernutzbarmachung von Industriearealen;
- Privatisierung und Verwertung des Anlagenvermögens, insbesondere der umfangreichen Liegenschaften.

Zu Beginn der Geschäftstätigkeit der LMBV kam es zunächst darauf an, die zu bewältigenden großen Aufgaben in ihren Dimensionen zu erfassen sowie die Prozesse, Abläufe und den Aufbau des Unternehmens effektiv zu strukturieren und zu organisieren. Darüber hinaus lag in diesem Zeitraum der Schwerpunkt der Tätigkeit der LMBV vor allem auf der Planung,

Besucherbergwerk F60 Lichterfeld

Kanupark Markkleeberg

Vorbereitung und Durchführung von Maßnahmen zur Gestaltung von Tagebauresträumen (Grundsanierung). Im Zeitraum von 1993 bis 1997 wurden fünf nicht privatisierbare Abbaubetriebe im mitteldeutschen Revier sowie fünf Tagebaue im Lausitzer Revier stillgesetzt.

Orientiert an den Rekultivierungs- und Sanierungszielen gelang es zunehmend, die technischen und organisatorischen Fragen einer Lösung zuzuführen. Ein wichtiger Aspekt war die sichere Gestaltung der Tagebaurestlöcher, insbesondere der Böschungen der künftigen Seen. Dazu war die Verlagerung enormer Mengen von Bodenmassen vor allem aus gekippten Bereichen notwendig. Entwickelt und erprobt wurden Verfahren insbesondere zur Stabilisierung setzungsfließgefährdeter Kippen. In diesem Zeitraum wurden die Gestaltungsarbeiten so weit vorangetrieben, dass mit der Flutung von insgesamt zehn größeren künftigen Seen begonnen werden konnte.

Arbeitsschwerpunkte neben der zunehmenden Bedeutung der Herstellung von land- und forstwirtschaftlichen Nutzflächen waren die Verschrottung von einer Vielzahl nicht mehr benötigten Großgeräte sowie der Abbruch von baulichen Anlagen. Zugleich wurden zunehmend schadstoffbelastete Bereiche saniert.

Die Braunkohlensanierung im Wandel (1998–2002)

Nachdem bis Ende 1997 große Fortschritte in der Grundsanierung erreicht waren, verlagerten sich die Schwerpunkte. Deutlich größere Bedeutung erlangten die Aufgaben der Massenverdichtung und die Flutung der nunmehr bergtechnisch gesicherten Restlöcher. Zur Verteilung der für die Bergbausanierung erforderlichen bzw. verfügbaren Wassermengen wurde in der Lausitz im Jahr 2000 als länderübergreifende Einheit eine „Flutungszentrale Lausitz“ bei der LMBV geschaffen, der die Steuerung von Wassermengen und -qualitäten obliegt.

Dem Wandel der inhaltlichen Anforderungen wurde auch bei der Ausgestaltung des Verwaltungsabkommens für diese Periode Rechnung getragen. Mit dem zweiten Verwaltungsabkommen für den Zeitraum von 1998 bis 2002 (VA II) konnte nicht nur die Braunkohlensanierung fortgesetzt werden. Durch die Bereitstellung von Mitteln zur Erhöhung des Folgenutzungsstandards der neuen Landschaften und zur Abwehr von Gefahren aus dem Grundwasserwiederanstieg wurden auch neue Anforderungen im Abkommen verankert.

Die Finanzierung erfolgte in diesem Zeitabschnitt vor allem aus Mitteln des Bundes, der Länder und der Bundesanstalt für Arbeit. Die finanziellen Aufwendungen für Maßnahmen zur Verbesserung von Nachnutzungsmöglichkeiten der Bergbaufolgelandschaften wurden ausschließlich von den Ländern aufgebracht. Ende 1999 nahm die LMBV mit der Stilllegung der Tagebaue Zwenkau und Meuro die letzten in ihrem Verantwortungsbereich betriebenen Produktionsstätten außer Betrieb.

Die Gestaltung neuer Landschaften (2003–2007)

Mit dem VA III wurde die Finanzierung der Braunkohlensanierung in den Jahren 2003 bis 2007 gewährleistet. Unter Zurückstellung unterschiedlicher Rechtsstandpunkte wurden erstmals Finanzmittel für Maßnahmen zur Abwehr von Gefahren im Zusammenhang mit dem Wiederanstieg des Grundwassers bereitgestellt, die jeweils zur Hälfte von Bund und Ländern aufzubringen waren. Die bereits vorher sichtbare Verlagerung der Sanierungsschwerpunkte hin zur Gestaltung und Flutung von Seen verstärkte sich in dieser Periode. So wurde die Fremdwasserzufuhr zur Flutung der Tagebaurestlöcher gegenüber dem Zeitraum zwischen 1998 und 2002 fast um das Vierfache gesteigert.

Für weitere zehn Seen begann die Flutung. Hierzu gehörten der Gröberner See, der Geiseltalsee, der Zwenkauer See und der Störmthaler See in Mitteldeutschland sowie der Sedlitzer See, der Partwitzer See, der Geierswalder See, der Ilsesee, der Blunoer Südsee und der Sabrodter See in der Lausitz. Fertiggestellt wurden zwischen 2003 und 2007 der Seelhausener See, der Wallendorfer See und der Bockwitzer See im mitteldeutschen sowie der Gräbendorfer See im Lausitzer Revier *(siehe Übersicht „Stand der Flutungen").*

Insgesamt werden in der Lausitz und in Mitteldeutschland 120 kleine, mittlere und größere Seen mit einer Fläche von zusammen 270 Quadratkilometern entstehen. Damit vergrößert sich die Wasserfläche Deutschlands um fast ein Fünftel, wenn man den Bodensee außer Acht lässt. Darüber hinaus sind auch beeindruckende Ergebnisse bei der Rekultivierung der umliegenden Bergbauflächen vorzuweisen. Bis Ende 2008 entstanden in den ehemals bergbaulich genutzten Arealen fast 14.800 Hektar rekultivierte Wald- und Landwirtschaftsflächen. Daneben wurden große, vom Menschen weitgehend unbeeinflusste Gebiete angelegt, in denen sich viele seltene und vom Aussterben bedrohte Tier- und Pflanzenarten wieder ansiedelten. Zahlreiche naturnahe Flächen wurden an Stiftungen und Verbände übertragen, so das Naturparadies Grünhaus, die Naturlandschaft Wanninchen oder Flächen in der Goitzsche.

Einweihung des Aussichtsturms am Berzdorfer See

Beachtliche Erfolge konnten in diesem Zeitraum auch bei der Sanierung und Entwicklung von ausgewählten ehemaligen Industriearealen erzielt werden. Hierzu gehören die heutigen Mitteldeutschen Industrieparks Espenhain und Großkayna-Frankleben sowie die Lausitz-Industrieparks Kittlitz/Lübbenau, Sonne/Großräschen, Marga/Senftenberg und Lauchhammer. Gemeinsam mit der Vattenfall Europe Mining AG entwickelt die LMBV den Industriepark Schwarze Pumpe, auf dem sich viele neue Unternehmen angesiedelt haben.

Dipl.-Ing.
Reiner Dähnert

Wie sehen Sie persönlich den mit der Wiedervereinigung verbundenen Wandel vom Bergmann zum Bergbausanierer?

Bis zur Wende war alles auf die Erfüllung der Produktionsaufgaben ausgerichtet, d.h. entsprechend der staatlichen Vorgaben Braunkohle zu fördern und den Kraftwerken und Veredelungsanlagen bereitzustellen. Seit 1990 gab es die völlig neue Aufgabe, neben den wettbewerbsfähigen Tagebauen, Kraftwerken und Veredlungsanlagen eine Vielzahl von Betrieben zu schließen, Anlagen abzureißen, Flächen zu sanieren und Bergbaufolgelandschaften zu gestalten. Hinzu kamen die Beseitigung von Altlasten, die Normalisierung des Wasserhaushalts sowie die Umgestaltung von Altstandorten zur Neuansiedlung von Industrie und Gewerbe. Aus der Sicht des Bergmanns waren zwar die Aufgaben und Ziele neu, aber hier konnte ich meine langjährigen Erfahrungen und meine bergmännischen Kenntnisse einbringen.

Welche Herausforderungen standen vor Ihnen?

Bergbauprojekte haben in der Regel lange Planungszeiten und erstrecken sich über viele Jahrzehnte. Mit der Wiedervereinigung und den veränderten Marktbedingungen mussten unmittelbar und im hohen Tempo alle bisherigen Bergbauplanungen überarbeitet, die wettbewerbsfähigen und die stillzulegenden Tagebaue getrennt, die Privatisierung des Lausitzer Braunkohlenbergbaus vorbereitet und die stillzulegenden Tagebaue schnell in die Sanierung übergeleitet werden. In der Altlastensanierung standen große Aufgaben vor uns: zum einen die geordnete Stilllegung der nicht privatisierten Betriebe, zum anderen auch befristete Weiterführung des sogenannten Auslaufbergbaus. Zur Gefahrenabwehr mussten zahlreiche rutschungsgefährdete Böschungen gesichert werden, unfruchtbare Kippenböden waren zu rekultivieren, stillgelegte Industrieanlagen und ein gestörter Wasserhaushalt in der Lausitz wurden saniert und neue Industrieareale wurden entwickelt. Zugleich war uns klar, dass mit den notwendigen Sanierungsmaßnahmen ein gewisser Ausgleich an Arbeitsplätzen geschaffen werden musste für jene, die in der Braunkohlen- und Energiewirtschaft verloren gingen. So wurde im Rahmen der Strukturanpassungsmaßnahmen nicht Arbeitslosigkeit finanziert, sondern Arbeit in der Bergbausanierung sinnvoll gefördert.

Was waren die herausragenden Sanierungsleistungen und wie wurde das Know-how entwickelt?

Aus der Vielzahl von Sanierungstechnologien möchte ich drei herausgreifen, die ich für wesentlich erachte:

Aufgrund des Massendefizits war die rasche Flutung der Tagebaurestlöcher die einzige Alternative, um einen weitestgehend ausgeglichenen Wasserhaushalt wiederherzustellen. Dazu haben wir ein flussgebietsübergreifendes Wasserwirtschaftssystem von der Oberlausitz bis zum Spreewald erarbeitet, das langfristig eine attraktive Seenlandschaft in der Lausitz schafft. Nach und nach wurde allen Beteiligten klar, dass die Themen Grundwasserwiederanstieg, Fremdwassereinspeisung und sichere Gestaltung der Tagebauseen uns sehr lange begleiten werden.

Es wurden Lösungen zur Beherrschung schwieriger Altlasten entwickelt. So mussten z.B. bei der Sanierung der Teerdeponien Terpe und Zerre die von den schadstoffhaltigen Ablagerungen ausgehenden Gefährdungen dauerhaft beseitigt werden. Dabei wurden 340.000 Tonnen Teerprodukte verwertet bzw. entsorgt und die Fläche der sogenannten „Abproduktenhalde" als naturnahes Bauwerk mit forstlicher Bepflanzung hergestellt und in die umgebende Landschaft eingegliedert.

Wir haben in den Neunzigerjahren gemeinsam mit wissenschaftlichen Einrichtungen die Grundlagen für die Böschungssicherung zur Kippensanierung geschaffen und diese ständig weiterentwickelt. So haben sich die durch Bodenverdichtung hergestellten unterirdischen Dämme bis heute an den Uferbereichen der neuen Tagebauseen bewährt und gewährleisten die Sicherheit in den für die Öffentlichkeit zugänglichen Bereichen.

Dipl.-Ing. Reiner Dähnert (*1934)

Mitglied des DEBRIV-Vorstands 1994–1998.
Berufsausbildung, Ingenieurstudium in Chemnitz
Ab 1954 Lausitzer Braunkohlenbergbau, Studium Bergbaumaschinen, Bergakademie Freiberg.
Leitende Funktionen im Lausitzer Braunkohlenbergbau.
1994–1996 Geschäftsführer Technik LBV, 1996–1998 Generalbevollmächtigter LMBV.

Die Flutung der alten Gruben zu Seen (2008–2012)

Für den Zeitraum von 2008 bis 2012 bietet das VA IV eine Grundlage für die Fortsetzung der Braunkohlensanierung. Die Hauptaufgabe in diesem Zeitraum ist die Normalisierung der wasserwirtschaftlichen Verhältnisse in den Bergbauregionen, wobei die Flutung der Tagebaurestlöcher im Zentrum der Aufmerksamkeit steht. Die Flutung der Tagebauseen erfolgt überwiegend durch die Einleitung von Fremdwasser aus Flüssen und Reinigungsanlagen. Die Planungen für die Flutung der Tagebauseen werden durch die zuständigen Behörden der Bundesländer unter Berücksichtigung der anderen vorrangig zu behandelnden Interessen der Wassernutzung, z. B. hinsichtlich des Wasserstandes der Flüsse, der Versorgung von Kraftwerken und der Landwirtschaft, genehmigt. Bei einer zeitnahen Flutung mit neutralem Flusswasser ergeben sich folgende Vorteile:

- Die Flutungszeit wird erheblich verkürzt und die gestalteten Seenlandschaften sind schneller nutzbar.
- Mit der Fremdwassereinleitung können eine bessere Wasserqualität erreicht und die Seen an andere Gewässer angebunden werden.

Steganlage Bärwalder See

- Ein sich weitestgehend selbst regulierender Wasserhaushalt im gesamten räumlichen Umfeld der ehemaligen Tagebaue kann zügiger erreicht werden.

Im Zeitabschnitt 2008–2012 kommen die „Nachzügler“ unter den Bergbauseen zur Flutung. Für einige in der Lausitz befindliche Seen, wie den Heidesee, den Kleinleipischer See, den Kortitzmühler See, den Lugteich und den Graureihersee, beginnt die Flutung in diesem Zeitraum. Mit 28 Seen werden mehr als 40 Prozent der Gesamtzahl der zu füllenden Seen in der Lausitz bereits bis 2012 fertiggestellt.

Das Unglück von Nachterstedt

Am 18. Juli 2009 kam es im Randbereich des Tagebaus Nachterstedt zu einer Böschungsrutschung, die auch einen bewohnten Siedlungsbereich erfasste. Dabei waren drei Menschenopfer zu beklagen. Die LMBV als dort verantwortlich handelndes Unternehmen hat nachdrücklich tiefes Mitgefühl und Beileid gegenüber den Angehörigen der Verunglückten zum Ausdruck gebracht. Das Mitgefühl galt auch den Bewohnern von Nachterstedt, insbesondere jenen 41 Betroffenen, die nach dem Unglück nicht mehr in ihre Wohnungen zurückkehren konnten. Nach Erörterung der Sicherheitssituation mit Sachverständigen musste das abgesperrte Wohngebiet für unbewohnbar erklärt werden. Die LMBV erarbeitet in enger Abstimmung mit dem Landesamt für Geologie und Bergbau (LAGB) für dieses Areal eine Sicherungs- und Sanierungskonzeption. Die frühzeitig begonnene Schadensregulierung erfolgte unabhängig von der noch festzustellenden Ursache für das Unglück. Die LMBV hat alles darangesetzt, so schnell wie möglich die Ursachen zu ermitteln, und unterstützte in vollem Umfang die Untersuchungen der Behörden und der Staatsanwaltschaft. Transparenz hatte dabei einen hohen Stellenwert.

Die LMBV plant und gestaltet die Resträume der Tagebaue stets nach dem aktuellen Stand der Technik. Dabei werden staatlich anerkannte Sachverständige hinzugezogen. Erst nach Zulassung bzw. Genehmigung der erforderlichen Maßnahmen durch die zuständigen Behörden, gegebenenfalls unter Auflagen, werden die Sanierungsmaßnahmen umgesetzt. Auch Erfolgskontrollen werden durchgeführt und von den Behörden abgenommen. Bei den Sicherheitsstandards wurden von Anfang an keine Abstriche gemacht, um etwa Kosten zu reduzieren. Dieses Prinzip haben die Geldgeber, d.h. der Bund und die Braunkohlenländer Brandenburg, Sachsen, Sachsen-Anhalt und Thüringen, inhaltlich stets voll mitgetragen. Nach der Identifizierung der Ursachen wird die LMBV als Projektträgerin der Braunkohlensanierung auf dieser Grundlage unverzüglich auch die erforderlichen Schlussfolgerungen für den Tagebau Nachterstedt – und wenn notwendig, auch für andere Standorte – ziehen.

Der Blick in die Zukunft der Sanierung (2013–2018)

Mit dem Jahr 2012 werden die wesentlichen Aufgaben der Grundsanierung weitgehend abgeschlossen sein. Die Wasserfüllung wird ihren Fortgang nehmen und bis 2018 werden in fast allen Tagebauen die Planwasserstände erreicht sein. Lediglich die Flutung des Klinger Sees und des Concordiasees wird erst nach 2018 abgeschlossen. Darüber hinaus werden sich 13 vor allem der ungestörten Entwicklung von Flora und Fauna vorbehaltene Seen durch einen langsamen Wiederanstieg des Grundwassers über die Zeit von selbst mit Wasser füllen. Mit der Erreichung des Endwasserstandes beginnt eine mehrere Jahrzehnte umspannende Phase der Gewässernachsorge, in deren Mittelpunkt die Verbesserung der Wasserqualität und die Überwachung der Sicherheit der Uferböschungen stehen.

Anfang der Neunzigerjahre schätzte man bei der Erstellung der Eröffnungsbilanzen den Aufwand für die Braunkohlensanierung auf eine Größenordnung von ca. 16 Milliarden Euro. Obwohl sich zusätzliche Anforderungen ergaben, wurde durch planerische, technische und betriebliche Optimierung der ganze Prozess sehr effizient gestaltet. Bis Ende 2020 werden insgesamt nur rund neun Milliarden Euro für die Gestaltung der neuen Landschaften eingesetzt worden sein. Dieser hohe finanzielle Aufwand ist eine gute Investition in die Zukunft. Außerdem war die Bergbausanierung für die soziale Flankierung des Strukturwandels ungemein wichtig. Zunächst wurden viele Tausende und heute noch Hunderte von Arbeitsplätzen in Mitteldeutschland und der Lausitz gesichert.

Stand der Flutungen (Stand: 30.11.2009)

Legende: bereits in Flutung | Flutung abgeschlossen | noch zu fluten | Füllstand

Restloch	Seename	ha	Mio. m³	Flutung (Beginn – Füllstand – Ziel)
RL Burghammer	Bernsteinsee	445	36	07/97 – 99 % – 2010
RL Lohsa II	SB* Lohsa II	1.081	97	08/97 – 49 % – 2014
RL Bärwalde	SB* Bärwalde	1.299	173	11/97 – 99 % – 2009
RL Spreetal NO	Spreetaler See	314	97	11/98 – 88 % – 2015
RL Bluno	Neuwieser See	632	56	03/02 – 57 % – 2015
RL Nordschlauch	Blunoer Südsee	350	64	03/05 – 68 % – 2015
RL Nordrandschlauch	Sabrodter See	136	27	04/06 – 77 % – 2015
RL Scheibe	Scheibe See	684	110	08/02 – 90 % – 2012
RL Berzdorf	Berzdorfer See	965	333	11/02 – 82 % – 2010
RL Dreiweibern	SB* Dreiweibern	286	35	07/96 – 100 % – 2002
RL Olbersdorf	Olbersdorfer See	60	6	09/96 – 100 % – 1999
RL Südostschlauch	Bergener See	133	3	58 % – 2015
RL Lugteich	Lugteich	96	3	18 % – 2010-11
RL Kortitzmühle	Kortitzmühler See	28	1	70 % – 2012-12
RL D/F	Graureiher See	137	5	21 % – 2010
** Speicherbecken*		6.646	1.047	1996 97 98 99 2000 01 02 03 04 05 06 07 08 2009 ....

Flutungen im Sanierungsbereich Lausitz (Ostsachsen)

Legende: bereits in Flutung | Flutung abgeschlossen | Füllstand

Restloch	Seename	ha	Mio. m³	Flutung (Beginn – Füllstand – Ziel)
RL Delitzsch SW	Werbeliner See	441	43	12/98 – 96 % – 2010
RL Haubitz (Witznitz)	Haubitzer See	160	25	04/99 – 97 % – 2010
RL Hain (Witznitz)	Hainer See	400	73	04/99 – 97 % – 2010
RL Kahnsdorf (Witznitz)	Kahnsdorfer See	121	22	04/99 – 88 % – 2018
RL Werben	Werbener See	80	9	11/98 – 63 % – 2090
RL Markkleeberg	Markkleeberger See	252	61	07/99 – 99 % – 2010
RL Störmthal	Störmthaler See	733	158	09/03 – 78 % – 2011
RL Zwenkau	Zwenkauer See	970	172	03/07 – 26 % – 2013
RL Haselbach	Haselbacher See	335	25	09/93 – 99 % – 2002
RL Cospuden	Cospudener See	436	109	08/93 – 100 % – 2000
		3.928	696	1996 97 98 99 2000 01 02 03 04 05 06 07 08 2009 ....

Flutungen im Sanierungsbereich Mitteldeutschland (Westsachsen/Thüringen)

Stand der Flutungen (Stand: 30.11.2009)

bereits in Flutung | Flutung abgeschlossen | noch zu fluten | Füllstand

Restloch	Seename	ha	Mio. m³	Beginn	Füllstand	Ende
RL 4	Schönfelder See	140	8	12/97	100 %	2008
RL Greifenhain	Altdöberner See	879	294	05/98	57 %	2017
RL 12	Drehnaer See	226	13	10/99	85 %	2011
RL 23	Bischdorfer See	255	19	11/00	89 %	2012
RL SRS Jänschwalde	Klinger See	320	100	11/00	28 %	2021
RL Klettwitz-Nord	Bergheider See	320	36	09/01	75 %	2012
RL 14/15	Schlabendorfer See	556	46	06/02	67 %	2012
RL Koschen	Geierswalder See	620	92	03/04	91 %	2012
RL Skado	Partwitzer See	1.120	130	11/04	70 %	2012
RL Sedlitz	Sedlitzer See	1.330	206	12/05	45 %	2015
RL Meuro	Ilse-See	771	153	03/07	21 %	2015
RL Gräbendorf	Gräbendorfer See	457	93	03/96	100 %	2007
RL F	Lichtenauer See	326	23		86 %	2013-15
RL 131N	Heidesee	82	4		97 %	2012-12
RL 24	Kahnsdorfer See	70	2		11 %	2010-15
RL 131S	Kleinleipischer See	55	7		69 %	2012-12
		7.518	1.225			

1996 97 98 99 2000 01 02 03 04 05 06 07 08 2009 ....

Flutungen im Sanierungsbereich Lausitz (Brandenburg)

bereits in Flutung | Flutung abgeschlossen | Füllstand

Restloch	Seename	ha	Mio. m³	Beginn	Füllstand	Ende
RL Kayna-Süd	Großkaynaer See	253	27	08/96	90 %	2009
RL Nachterstedt	Concordiasee	581	172	10/98	42 %	2027
RL Golpa-Nord	Gremminer See	541	67	01/00	93 %	2010
RL Mücheln	Geiseltalsee	1.853	423	06/03	86 %	2010
RL Gröbern	Gröberner See	374	68	01/04	91 %	2010
RL Goitsche	Großer Goitzschesee	1.331	213	05/99	100 %	2002
RL Rösa	Seelhausener See	634	74	07/00	100 %	2005
RL Merseburg-O 1b	Raßnitzer See	315	66	03/98	100 %	2002
RL Merseburg-O 1a	Wallendorfer See	343	36	08/98	100 %	2004
RL Großkayna	Runstedter See	233	54	05/01	100 %	2002
		6.458	1.200			

1996 97 98 99 2000 01 02 03 04 05 06 07 08 2009 ....

Flutungen im Sanierungsbereich Mitteldeutschland (Sachsen-Anhalt)

3 Braunkohle im Spannungsfeld – Versorgungssicherheit und Klimaschutz (2005–2010–2020)

Neue Herausforderungen für die Braunkohle

Das erste Jahrzehnt des 21. Jahrhunderts war energiepolitisch durch zwei eigentlich einander zuwiderlaufende Entwicklungen gekennzeichnet: Auf der einen Seite stand ein massiv steigender Rohstoff- und Energiebedarf, vor allem der großen Schwellenländer wie China und Indien, deren Wirtschaft mit zum Teil zweistelligen Raten pro Jahr wuchs und dafür Rohstoffe und besonders Energierohstoffe benötigte. Auf der anderen Seite stand das internationale Bemühen, zur Entlastung des Klimas den Ausstoß von Treibhausgasen zu reduzieren, vor allem von Kohlendioxid. Es liegt auf der Hand, dass die sich aus dieser Situation ergebenden Zielkonflikte politisch nur schwer zu lösen waren und zu widersprüchlichen Entscheidungen führen mussten. Davon war auch die deutsche Braunkohle erheblich betroffen.

Der Wettlauf um Ressourcen

Nachdem die Öl- und Gaspreise nach dem Jahr 2000 zunächst angestiegen waren, stagnierten sie anschließend für einige Jahre. Um 2005 beschleunigte sich jedoch wieder der Preisauftrieb, und im Jahr 2007 erreichten die Energiepreise historische Höchststände. Parallel dazu war eine drastische Verteuerung bei allen Rohstoffen zu verzeichnen. Auslöser für diese Entwicklung war die enorme Nachfrage nach Rohstoffen, insbesondere in China, Indien und den asiatischen Schwellenländern. Ein Preiseinbruch erfolgte im Nachgang zur Finanzkrise in den Jahren 2008 und 2009. Danach setzten allerdings wieder Auftriebstendenzen ein.

Die Preisentwicklung war ein Indikator für den deutlichen Anstieg des Weltenergieverbrauchs. Vom Jahr 2000 bis zum Beginn der Finanzkrise im Jahr 2008 stieg der Weltenergieverbrauch von 13,0 auf 16,1 Milliarden Tonnen Steinkohlenäquivalent. Bemerkenswert dabei war, dass der Kohlenverbrauch etwa dreimal so schnell stieg wie der Verbrauch von Öl und doppelt so schnell wie der Gasverbrauch. Dabei war die Entwicklung in China erneut von besonderer Bedeutung.

Diese Entwicklung war für die EU-Kommission Anlass, sich verstärkt mit dem Thema Versorgungssicherheit zu befassen. In verschiedenen Dokumenten, beispielsweise in den Strategischen Energieberichten I und II aus den Jahren 2007 und 2009, wurde das Thema Versorgungssicherheit explizit angesprochen. Dabei spielte natürlich die Einschätzung eine Rolle, in welchem Maß die einzelnen Energieträger künftig zur Verfügung stehen würden. Um das Jahr 2005 basierten rund 90 Prozent der europäischen Stromversorgung auf Kohle (29 Prozent), Kernenergie (30 Prozent), Gas (20 Prozent) sowie der großen Wasserkraft (11 Prozent; insbesondere in den Alpen, auf der Iberischen Halbinsel sowie in Schweden). Wind, Biomasse und Sonnenenergie leisteten nur additive Beiträge. Das galt für die EU insgesamt; aber selbst in ambitionierten Staaten wie Deutschland war und ist der Anteil der regenerativen Energieträger vergleichsweise gering, wenn auch dank starker finanzieller Förderung deutlich wachsend.

DEBRIV
Bundesverband Braunkohle

Schon bevor der Vertrag von Lissabon am 1. Dezember 2009 in Kraft trat, wurde immer klarer, dass die Fragen der Energieversorgung auf Ebene der Mitgliedstaaten zunehmend schwieriger eigenständig zu lösen sind. Europa als ressourcenarmer Kontinent musste sich zunehmend mit der Frage auseinandersetzen, mit welchen Strategien man auf die hohe und tendenziell steigende Importabhängigkeit reagieren wollte. In der Prioritätenliste wurde die Energieeffizienz an die erste Stelle gesetzt, an die zweite Stelle trat der Ausbau der erneuerbaren Energien. Die Nutzung der heimischen Ressourcen rückte ebenfalls wieder stärker in den Vordergrund. Dies war tendenziell ein Lichtblick für die Kohle, die in Europa reichlich vorhanden ist und die auch in vielen Revieren über lange Zeit abgebaut werden kann. Einem Durchbruch in der kommunikativen Akzeptanz als Energieträger stand allerdings das Klimathema diametral entgegen.

Die Braunkohle in der Energiewirtschaft Deutschlands 2009

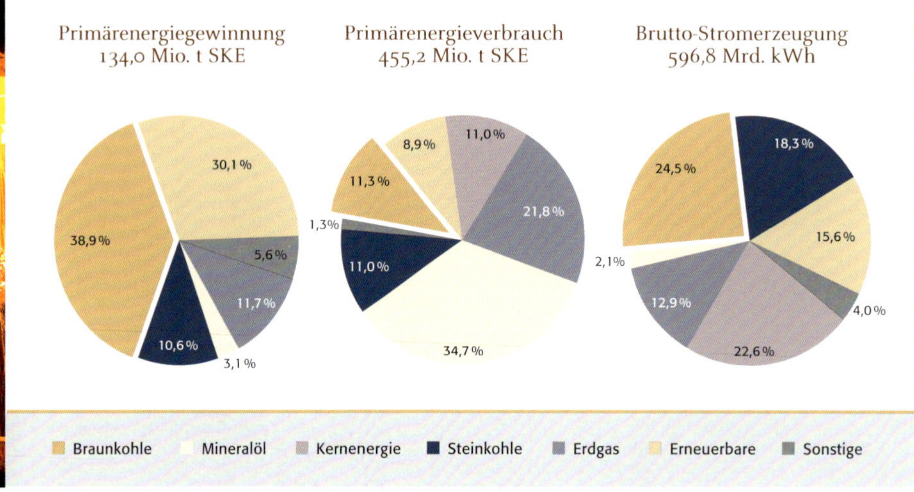

Angaben vorläufig, z. T. geschätzt – Stand: 02/2010

Klimapolitik wird ein bestimmender Faktor

Im Juni 1992 hatte in Rio de Janeiro die Konferenz der Vereinten Nationen über Umwelt und Entwicklung stattgefunden. Verabschiedet worden war eine Klimarahmenkonvention mit dem Ziel, gefährliche und von der Menschheit verursachte Eingriffe in das Klimasystem der Erde zu verhindern bzw. deren Auswirkungen zu reparieren. Der Weltklimagipfel in Kyoto 1997 wurde dann zum Ausgangspunkt für eine Welt-Umweltpolitik. Die im Anhang „B" des Kyoto-Protokolls aufgeführten industrialisierten Vertragsstaaten verpflichteten sich, ihre Treibhausgasemissionen im Zeitraum 2008–2012 um durchschnittlich 5,2 Prozent unter das Niveau von 1990 zu senken. Für die einzelnen Länder waren dabei unterschiedliche Vorgaben vorgesehen, die vor allem von deren wirtschaftlicher Entwicklung abhingen.

Bei der Ratifizierung des Kyoto-Protokolls traten die 15 alten EU-Mitgliedstaaten als Gemeinschaft auf und verpflichteten sich zur Senkung ihrer Emissionen um insgesamt acht Prozent. Innerhalb der EU wurde das Reduktionsziel nach dem Prinzip der Lastenteilung aufgeteilt. Dabei hat sich beispielsweise Deutschland

Anteil der Kohle an der Stromerzeugung ausgewählter Länder in Europa (Stand 2007)

Prof. Dr.-Ing. Dr.-Ing. E. h. Kurt Häge

Sie sind frühzeitig nach der Wiedervereinigung in den Osten gegangen. Was waren für Sie prägende Ereignisse zur Wendezeit?

Neben der Freude über die Wiedervereinigung, die ich als den größten Glücksfall der deutschen Geschichte des 20. Jahrhunderts ansehe, war der Gedanke, einen ganzen Industriezweig, die Braunkohlenindustrie in der Lausitz, neu aufzubauen und zu strukturieren, das prägende Ereignis zur Wendezeit.

Wie haben Sie als Mitglied der Lausitzer und Mitteldeutschen Braunkohlen-Beratungsgesellschaft (LMBB) Anfang der Neunzigerjahre die Chancen für eine Weiterführung des Braunkohlenbergbaus im Osten Deutschlands gesehen?

Wir, d. h. das Team der LMBB, waren von Anfang an davon überzeugt, dass die Lagerstätten und die Abbautechnik der ostdeutschen Braunkohlenvorkommen zukunftsfähig sind. Allerdings war von vornherein auch klar, dass dies nur durch eine erhebliche Reduzierung der Tagebaue bei gleichzeitiger Rationalisierung der Abbauorganisation möglich sein würde.

Was waren die grundlegenden technischen bzw. technologischen Innovationen und strukturellen Veränderungen, um eine Wirtschaftlichkeit in den ostdeutschen Bergbauunternehmen zu erreichen?

Praktisch musste außer dem reinen Stahlbau der Gewinnungs- und Fördergeräte die gesamte technische Ausstattung der Tagebaue erneuert und modernisiert werden. Hierbei stand natürlich die gesamte Steuerungs- und Leitelektronik im Vordergrund, aber auch die Verschleißtechnik an Baggereimern und Förderketten. Wir ließen uns davon leiten, nicht die Technik von heute, sondern die Technik von übermorgen zu entwickeln und einzusetzen, um damit den ostdeutschen Braunkohlenbergbau durch Innovation zukunftsfähig zu machen und ihm gegenüber anderen Energieträgern Wettbewerbsvorteile zu verschaffen. Gleichzeitig musste durch flache Managementsysteme die Effizienz von Verwaltungs- und Betriebsabläufen gesteigert werden.

Ein alter, oft zitierter Spruch heißt: „Bergbau ist nicht eines Mannes Sache!" – Welche Rolle spielten Ihre Führungsmannschaft und die Belegschaft bei der Neustrukturierung der Lausitzer Braunkohle?

Seit 1990 haben wir die Führungsmannschaft und die Belegschaft systematisch verjüngt. Alle haben begeistert und hoch motiviert an der Neustrukturierung mitgearbeitet und eigene Vorschläge eingebracht. Die Zusammenarbeit zwischen dem Vorstand und der Führungsmannschaft war von großem Vertrauen geprägt, sonst wäre es nicht möglich gewesen, in so kurzer Zeit zahlreiche zukunftsweisende Entscheidungen zu treffen. In der Tat, das Resultat beruht auf Teamarbeit in ihrer reinsten Form.

Was war für Sie als Bergmann die größte Herausforderung bei der Zusammenführung von LAUBAG und VEAG zur Vattenfall Europe Mining & Generation?

Obgleich LAUBAG und VEAG zwei ostdeutsche Unternehmen waren, die beide aus der Wendezeit hervorgegangen sind, hatten wir es bei der Zusammenführung mit zwei sehr unterschiedlichen Unternehmenskulturen zu tun. Dies wirkt bis heute nach. Die größte Herausforderung für mich als Vorstandssprecher von Vattenfall Mining & Generation war die Durchsetzung des Standortes Cottbus für die gemeinsame Hauptverwaltung. Dies war und ist der wichtigste Schritt für die Integration beider Unternehmen.

Wann war für Sie klar, dass die Strategie der Effizienzsteigerung mit der CCS-Strategie ergänzt werden muss?

Spätestens mit Aufkommen der Klimadiskussion seit dem Jahr 2000 wurde klar, dass wir für die Kohle ein neues Konzept brauchen, um diesen Brennstoff zukunftsfähig zu machen und eine Alternative zu den Dekarbonisierungsplänen zu haben. Die ursprüngliche Idee einer europaweiten Clean-Coal-Strategie mündete später in den größeren CCS-Rahmen ein.

Was waren für Sie Schlüsselerlebnisse bzw. Meilensteine in Ihrer Tätigkeit in der europäischen Technologieplattform für CO_2-freie, fossil befeuerte Kraftwerke (Zero Emission Fossil Fuels Power Plants/ZEP)?

Die Gründung der Technologieplattform ZEP, die ich als Vorstandschef in der ersten, dreijährigen Wahlperiode führen durfte, ist ein Meilenstein an sich. Denn es gelang erstmals, Kohle-, Gas- und Ölindustrie unter einem Dach zusammenzuführen. Im späteren Verlauf war die Entwicklung unserer Leuchtturmprojekte zur CCS-Technologie Schlüsselerlebnis und Meilenstein zugleich.

Sie leben schon lange in der Lausitz. Wie fühlt sich ein „Magdeburger", der lange im Rheinland gelebt hat, in der Region, und welche Entwicklungschancen sehen Sie für die Lausitz?

Meine Frau und ich fühlen uns in der Lausitz ausgesprochen wohl. Dies hat viele Gründe, die in der Landschaft, dem Wetter, den Menschen, der Infrastruktur in Cottbus, dem Serviceangebot und vielem anderen begründet sind.

Die Entwicklungschancen der Lausitz sehe ich nicht nur im Tourismus, das Potenzial hat gewiss Grenzen, sondern vor allem im Mittelstand auf dem Sektor von Hochtechnologien, unterstützt durch Hochschule und Fachhochschule, durch Energieforschung und -anwendung. Stützpfeiler der Entwicklung der Region wird auch in Zukunft die Lausitzer Braunkohlenindustrie sein, der ich noch viele erfolgreiche Jahrzehnte wünsche.

Prof. Dr.-Ing. Dr.-Ing. E. h. Kurt Häge (*1942)

Mitglied des DEBRIV-Vorstands 1995–2006, Vorsitzender des DEBRIV-Vorstands 2004–2006. Studium Bergbau und Wirtschaftswissenschaften, RWTH Aachen, Promotion. Ab 1972 Rheinbraun AG. 1990–1991 Geschäftsführer Lausitzer und Mitteldeutsche Braunkohlen-Beratungsgesellschaft mbH. Ab 1993 Vorstand Bergbau, LAUBAG, seit 1998 Sprecher des Vorstands LAUBAG, 2002–2005 Vorstandssprecher der Vattenfall Europe Mining & Generation und Vorstand Vattenfall Europe AG.

zu einer Verringerung der Treibhausgasemissionen um 21 Prozent verpflichtet, wobei der ohnehin stattfindende massive Rückgang des CO2-Ausstoßes durch den Strukturwandel in der ostdeutschen Industrie berücksichtigt worden war. Auf der anderen Seite sollte z. B. Spanien seine Emissionen sogar noch um 15 Prozent steigern dürfen, um seine wirtschaftliche Entwicklung vorantreiben zu können. Die Unterzeichnung des Kyoto-Protokolls durch die EU begründete insgesamt eine Verantwortung für die Gemeinschaft, sich mit den notwendigen Maßnahmen auseinanderzusetzen und die Zielerreichung zu überwachen. Die Mitgliedstaaten können seitdem auf diesem Feld nicht mehr eigenständig agieren.

Der Vertrag von Kyoto sah eine Vielzahl von Mechanismen und Verfahren vor, die es den Vertragsstaaten erleichtern sollte, ihre Ziele zu erreichen. Zwei wesentliche Elemente waren der Handel mit Emissionsrechten zwischen den Unterzeichnerstaaten und die Möglichkeit, Emissionsminderungen auch dort durchzuführen, wo dies am kostengünstigsten möglich sein würde, also Maßnahmen in weniger entwickelten Staaten, im Vertrag „Clean Development Mechanism" genannt.

Der anlagenbezogene Emissionshandel in der EU

Die EU hatte sich bereits unabhängig von den Vorgaben der Verhandlungen in Rio und Kyoto selbst mit der Frage des Klimawandels und einer möglichen Reduzierung von Treibhausgasemissionen befasst. So wurde 2003 nach mehr als zehnjähriger Diskussion eine europäische Energiesteuerrichtlinie verabschiedet, die im Wesentlichen festlegt, den Verbrauch von Energie steuerlich zu belasten. Die Einführung einer Stromverbrauchssteuer in Deutschland basierte auf dieser Initiative. In den meisten Mitgliedstaaten und in Deutschland wurde aber in diesem Zusammenhang darauf verzichtet, die zur Stromerzeugung eingesetzte Energie zu besteuern. Die Steuer blieb somit in der Stromerzeugung wettbewerbsneutral und führte nicht zu Änderungen im Energieträgermix. Sie hatte damit auch keine Auswirkungen auf das Klima.

Energie- und prozessbedingte CO_2-Emissionen in Deutschland 1990/2009 in Mio. Tonnen nach Energieträgern

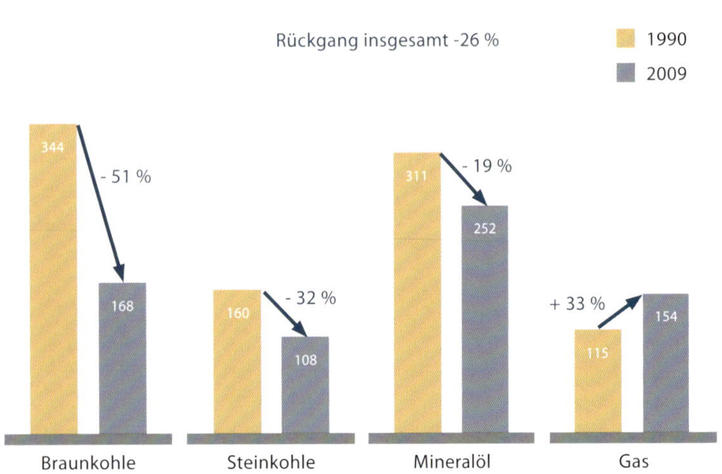

Neubaukraftwerk BoA 2/3 in Neurath

Die ursprünglich vorgesehene Besteuerung der CO_2-Emissionen wurde im Gesetzgebungsverfahren zur Energiesteuerrichtlinie fallen gelassen, im Wesentlichen, weil man den anlagenbezogenen Emissionshandel als flexibles und marktorientiertes Instrument zunehmend favorisierte. Die EU-Staaten einigten sich dann im Jahr 2003 im Rahmen der Ausformulierung des europäischen Programms für den Klimaschutz u. a. darauf, ab 2005 ein anlagenbezogenes Emissionshandelssystem einzuführen. Dieses Cap-and-Trade-System entwickelte sich zu einem zentralen Baustein der Klimapolitik der Europäischen Union.

Der Emissionshandel erfasste und begrenzte bei seiner Einführung 2005 den Kohlendioxidausstoß von rund 12.000 Anlagen in 30 europäischen Ländern (27 EU-Staaten plus Liechtenstein, Island und Norwegen) in der Stromerzeugung sowie in den energieintensiven Sektoren der Industrie, z. B. Stahlwerke, Raffinerien oder Zementfabriken, die zusammen etwas mehr als die Hälfte der europäischen CO_2-Emissionen ausmachen.

Neue Schwerpunkte der Umweltpolitik

Auch in Deutschland trat die Klimaschutzpolitik zunehmend ins Zentrum der politischen Diskussion. Hier hatten sich 2005 die parteipolitischen Kräfteverhältnisse deutlich verändert. Zunächst scheiterte bei der Landtagswahl im Mai in Nordrhein-Westfalen die dort bis dahin regierende Koalition aus Sozialdemokraten und Grünen. Die neue Regierung unter dem christdemokratischen Ministerpräsidenten Jürgen Rüttgers wurde von der CDU und der FDP getragen. Auch als Folge dieses Wahlergebnisses kündigte Bundeskanzler Gerhard Schröder (SPD) an, vorgezogene Neuwahlen auf Bundesebene anzustreben. Diese fanden dann am 18. September 2005 statt. Dabei wurde die CDU/CSU stärkste Fraktion im Deutschen Bundestag, erzielte allerdings mit der als Koalitionspartner vorgesehenen FDP zusammen keine Mehrheit. Daraufhin kam es zur Bildung einer großen Koalition aus CDU/CSU und SPD unter Führung von Bundeskanzlerin Angela Merkel. Zu den Zielen dieser Koalition, wie sie im Koalitionsvertrag formuliert wurden, gehörte mit hohem Stellenwert auch der Klimaschutz. Dazu hieß es:

„Wir stehen vor großen Herausforderungen, die sich insbesondere aus den Gefahren des Klimawandels und den absehbaren Preis- und Verteilungskonflikten bei Energie und Rohstoffen ergeben. Deutschland und Europa brauchen deshalb einen neuen Aufbruch, der die Ziele erfolgreicher wirtschaftlicher Entwicklung und wirksamen Klima- und Umweltschutzes mit den sozialen Anliegen der Menschen im Sinne eines nachhaltigen Wirtschaftens im 21. Jahrhundert zusammenführt. Der wichtigste Schlüssel dazu ist eine Doppelstrategie zur Steigerung der Energie- und Ressourceneffizienz sowie zum Ausbau erneuerbarer Energien und nachwachsender Rohstoffe. Dies ist im Rahmen eines breiten Energiemix der Erfolg versprechende Weg zur internationalen Wettbewerbsfähigkeit der deutschen Wirtschaft, zur Verringerung der Belastung von Verbrauchern und Unternehmen durch steigende Energie- und Rohstoffpreise und gleichzeitig zum Schutz der Erdatmosphäre und der Umwelt."

Deutschland, so hieß es weiter, werde auch künftig seine führende Rolle im Klimaschutz wahrnehmen. Ziel sei es, den weltweiten Temperaturanstieg auf ein als klimaverträglich angesehenes Niveau 2° Celsius gegenüber dem vorindustriellen Stand zu begrenzen. Die große Koalition war sich also zumindest verbal einig, für Deutschland eine „Vorreiterrolle" beim Klimaschutz zu reklamieren und damit international und in der EU reüssieren zu wollen. Hinter dieser gemeinsamen und publikumswirksamen Vereinbarung verbargen sich allerdings von Anfang an erhebliche Unklarheiten. Wie der in der Regierungserklärung angesprochene „breite Energiemix" tatsächlich zusammengesetzt sein sollte, wurde politisch nicht festgelegt. Die Rolle der Kernenergie in einem künftigen Energiemix blieb ebenso umstritten wie die der Kohle. Zu diesen Fragen existierten zum Teil entgegengesetzte Auffassungen der Koalitionsparteien. Eine konsistente Energiepolitik war angesichts der weit auseinanderklaffenden politischen Prioritäten während der gesamten Legislaturperiode 2005 bis 2009 nicht zu gestalten. Zugleich wurden Energiefragen immer wieder zu Wahlkampfthemen, und zwar regional ebenso wie bundesweit.

Gegenstand ständiger öffentlicher Auseinandersetzungen waren der Umgang mit der Kernenergie wie auch der Bau von neuen Kohlenkraftwerken, die an vielen Stellen geplant wurden, insbesondere um alte, wenig effiziente Anlagen zu ersetzen. Damit nahmen die Wahlkämpfer tatsächliche oder vermeintliche Befindlichkeiten der Bevölkerung auf, denn weder Kernenergie noch neue Kohlenkraftwerke erfreuen sich großer Beliebtheit in der jeweiligen Nachbarschaft, ein Problem, das inzwischen für nahezu alle großen Infrastrukturvorhaben zu gelten scheint. Die Politik hat aber ihrerseits nicht wirklich versucht, für die selbst als notwendig erachteten Einrichtungen um Akzeptanz zu kämpfen und damit eine Führungsfunktion in der gesellschaftlichen Debatte zu übernehmen. Auch fehlt es am Willen, das Thema Versorgungssicherheit im Energiesektor sachlich und explizit zu behandeln. Das Ziel, den Anteil der regenerativen Energien auf 30 Prozent im Bereich Strom im Jahr 2020 zu steigern, beinhaltet implizit die Frage, wie die übrigen 70 Prozent des Strombedarfs gedeckt werden sollen. Meist wurde darauf mit dem Hinweis reagiert, dass die Zukunft ohnehin den regenerativen Energien gehöre. Die staatlichen Stellen haben in den vergangenen Jahren, trotz Veröffentlichung vieler Grundsatzpapiere, keine Gesamtschau entwickelt.

Der von der Regierung Schröder 2000 konzipierte Ausstieg aus der Kernenergienutzung blieb auch unter der großen Koalition Regierungspolitik. Die Nutzung der

Wirkungsgradsteigerung durch Kraftwerksneubauten

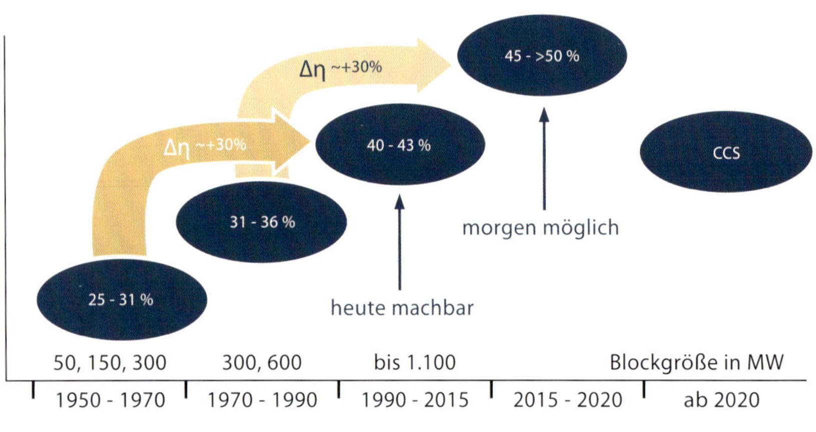

Kraftwerk Boxberg, im Vordergrund Neubaublock R

Kohle, d. h. sowohl Stein- als auch Braunkohle, wurde wegen damit verbundenen CO_2-Ausstoßes ebenfalls zunehmend kritisch gesehen. Erdgas, Jahre zuvor noch als Hoffnungsträger eingeschätzt, war aber massiv im Preis gestiegen, zudem wurde spätestens im Gefolge der Auseinandersetzung um die Erdgaslieferung an die Ukraine die politische Anfälligkeit dieses Energieträgers deutlich. Obwohl Gestaltungsspielraum vorhanden war, entwickelte sich der anlagenbezogene Emissionszertifikatehandel in der EU über die Jahre gesehen faktisch zu einem Instrument, das Investitionen in moderne Kraftwerkstechnologien mit einem hohen Unsicherheitsfaktor belastete. Nachdem bei der Einführung des Systems die Zuteilung der Emissionszertifikate auf Basis historischer Emissionen erfolgte, führte die weitere Entwicklung zu deutlichen und für die Kohle nachteiligen Veränderungen.

Dabei ist nicht so sehr auf die Reduzierung der verfügbaren CO_2-Menge, d. h. die Wirkung des Caps, zu verweisen. Bedeutsamer sind die Veränderungen der Zuteilungsregeln mit einem wachsenden Anteil von CO_2-Rechten, die von den Anlagenbetreibern ersteigert werden müssen. Damit steigen die Belastungen im Bereich der Kohlenverstromung Schritt für Schritt. Die im Stromsektor ab 2013 vorgesehene Auktionierung aller Zertifikate begünstigt den Brennstoffwechsel, weg von der versorgungssicheren und preiswerten Kohle hin zum Erdgas. Investitionen in hoch effiziente Ersatzkapazitäten, die gleichermaßen dazu beitragen würden, die Klimaziele 2020 zu erreichen, haben so deutlich an Attraktivität verloren.

Die eigentlich aus weltweiten Energietrends abzuleitende Schlussfolgerung, möglichst alle verfügbaren und vor allem die heimischen Energieträger zu nutzen und dabei auf modernste Technik zu setzen, zog die Politik jedoch nicht. Stattdessen wurde akzeptiert, dass der Emissionshandel den Aspekt der Versorgungssicherheit unbeachtet ließ. Den Argumenten der betroffenen Industrien wurde nicht gefolgt, beim Emissionshandel über die Setzung brennstoffspezifischer Benchmarks auf eine Verdrängung von Kohle zugunsten von Gas zu verzichten und damit die Nutzung der heimischen Energieträger und einen breiten Energiemix möglich zu machen. Auch das Argument, dass die Auktionierung keinerlei Nutzen für das Klima böte, weil dafür allein die Begrenzung der Menge zähle, fand keine Beachtung. So verdüsterten sich die Perspektiven speziell für die Braunkohle.

Die Einführung des Emissionshandels hatte zunächst ein unmittelbares Ansteigen des Strompreises zur Folge, vor dem gerade die Energiewirtschaft und auch die betroffene Industrie vehement gewarnt hatten. Denn auch wenn die Zertifikate in der ersten Handelsperiode kostenlos zur Verfügung gestellt wurden, hatten sie aufgrund ihrer begrenzten Verfügbarkeit einen Preis, der nach betriebswirtschaftlichen Kriterien als sogenannte Opportunitätskosten in die Strompreisbildung einfließen musste. Da diesem Preis jedoch noch keine gleich hohen Kosten gegenüberstanden, führte die Preiserhöhung zunächst zu den von der Politik und Industrie kritisierten steigenden Erträgen aller Stromerzeuger. Die Stromwirtschaft argumentierte dagegen zu Recht, dass gerade zur auch aus Klimaschutzgründen erforderlichen Modernisierung bzw. Erneuerung des Kraftwerkparks sowie zur Entwicklung klimaschonender Technologien ein ungewöhnlich hoher Mitteleinsatz erforderlich sei, der nur durch entsprechende Erträge finanzierbar sei.

Die deutsche Energiewirtschaft, namentlich auch die unter dem Vorwurf des „Klimakillers" besonders angegriffene Braunkohlenindustrie, setzte ungeachtet dieser Hemmnisse und entgegen den gängigen Ausstiegsszenarien früh auf eine technologische Anpassung, d. h. auf die kontinuierliche Modernisierung der in Teilen ohnehin zum Ersatz anstehenden Kapazitäten.

Effizienzsteigerung und Kohlendioxidabscheidung als Lösungsansätze

Die Kohlenindustrie hat sich frühzeitig zu einer Strategie bekannt, bei der erreichbare Effizienzpotenziale möglichst umfassend genutzt werden, indem die Kraftwerke kontinuierlich modernisiert werden. Umfangreiche Investitionen, auch in der deutschen Braunkohle, wurden seit der deutschen Einheit getätigt, und auch zum Zeitpunkt des 125. DEBRIV-Jubiläums sind erneut große Braunkohlenkraftwerke, so etwa im Rheinland und in der Lausitz, im Bau.

Die Strategie der Effizienzsteigerung im Bereich der Stromerzeugung stößt allerdings jenseits 2020 an ihre Grenzen. Seit einigen Jahren verdichtet sich immer mehr die Erkenntnis, dass im Zeitraum zwischen den Jahren 2020 und 2050 die CO_2-Emissionen im europäischen Wirtschaftsraum drastisch zurückgeführt werden sollen. In Verknüpfung mit dem sogenannten 2°-Celsius-Ziel und den dazugehörigen Aussagen der Wissenschaft wird es für erforderlich gehalten, dass die Treibhausgasemissionen der Industriestaaten verglichen mit heute um 80 bis 95 Prozent reduziert werden müssen. In einem Szenario, bei dem derart tiefe Einschnitte erforderlich werden, müsste längerfristig nicht nur die Stromerzeugung CO_2-frei sein. Auch Emissionen, beispielsweise aus der Stahl-, Zement- oder Mineralölverarbeitung oder aus den Bereichen Verkehr und dezentrale Wärmeerzeugung, wären dann nicht mehr zulässig.

Unter diesen Rahmenbedingungen wird die Kohlendioxidabscheidung und -verbringung in geeignete geologische Formationen zu einer strategischen Option. Die Notwendigkeit für eine CO_2-Abscheidung ergibt sich im Stromsektor aus der Tatsache, dass es unter den Gegebenheiten in Mitteleuropa kaum vorstellbar ist, die Stromversorgung allein auf der Grundlage erneuerbarer Energien ganzjährig und rund um die Uhr sicherzustellen. Die erneuerbaren Energien sind sehr stark witterungsabhängig; dies bezieht sich nicht nur auf kurze Zeiträume, sondern auch auf lange Perioden. Beispielsweise kann bei kalten, wetterbestimmenden Hochdrucklagen im Winter über Wochen kein ausreichender Wind zur Energieerzeugung verfügbar sein.

Die Braunkohlenverstromung bleibt eine ernst zu nehmende Alternative – gerade unter Berücksichtigung neuer Technologien. Denn einerseits steht die Braunkohle als heimische Energiequelle jederzeit zur Verfügung, andererseits ist sie in Kombination mit einer CO_2-Abscheidung ein umweltverträglicher und wettbewerbsfähiger Energieträger zur Stromerzeugung. Dies ist bedeutsam, denn die Kohlendioxidabscheidung ist energieintensiv, und hier ergeben sich je Einheit abgeschiedener Tonne CO_2 spezifische Kostenvorteile gegenüber dem Konkurrenten Erdgas, der in der Regel teurer ist und über lange Strecken nach Europa transportiert werden muss.

Clean-Coal-Konzept

In der öffentlichen Wahrnehmung rückte das Thema Umwelt in den Siebziger- und Achtzigerjahren immer stärker in den Vordergrund. Ging es zunächst eher um den Nachbarschaftsschutz, beispielsweise den Staubausstoß von Industrieanlagen, wurden mit der Zeit großräumige Fragen bedeutsamer. Das betraf beispielsweise die Wasserqualität in den Flüssen oder die Luftbelastung durch energiebedingte Emissionen. Anfang der Achtzigerjahre entstand der Begriff „Waldsterben". In den Medien wurden dazu drastische Überschriften formuliert, beispielsweise „Die Katastrophe, die keine Grenzen kennt".

Kraftwerk Niederaußem

„Waldsterben" wurde ein Synonym für weiträumige, grenzüberschreitende Luftverunreinigungen, die in großen Teilen Europas, aber auch in Nordamerika ausgedehnte Schäden an Wäldern, Böden und Gewässern sowie an Bauwerken einschließlich der historischen Denkmäler verursachen. Der sachliche Hintergrund war, dass beispielsweise die Schwefelemissionen auf dem Gebiet der heutigen EU im Jahr 1978 auf annähernd 35 Millionen Tonnen pro Jahr angestiegen waren. In West- und Ostdeutschland lag der Wert seinerzeit zusammen bei rund acht Millionen Tonnen pro

Emissionen von NO_x, Staub und SO_2 aus Braunkohlenkraftwerken in Deutschland

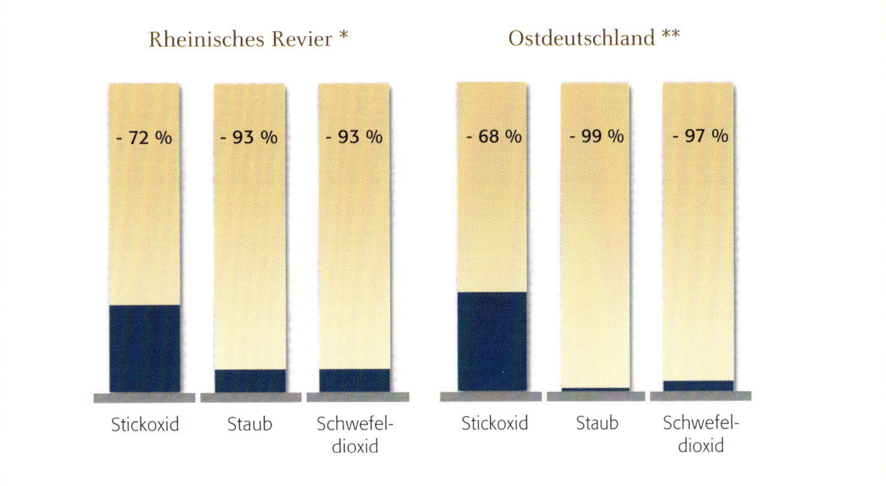

Quelle: Unternehmensangaben

* Rheinisches Revier: Kraftwerke der RWE Power seit 1983
** Ostdeutschland: Kraftwerke der Vattenfall Europe Generation 1990 bis 2002

Jahr. Neben dem Schwefeldioxid spielten die Stickoxide und der Staub eine maßgebliche Rolle in der Umweltdebatte.

Zu Beginn der Neunzigerjahre wurde bei einem kontinuierlich stark wachsenden Weltenergieverbrauch das Thema Kohlendioxidemissionen und Klimawandel bedeutsamer. Die Jahre um 1990 markieren den Beginn einer Klimapolitik, die zunächst in einigen Industrieländern, später intensiver in der gesamten EU einsetzte. Seit dem Abschluss des Protokolls von Kyoto 1997 und dessen Inkrafttreten 2005 ist die Klimapolitik auch auf internationaler Ebene fest verankert. Heute wird der Klimawandel als eine zentrale Herausforderung eingeschätzt, die Kyoto-Folgekonferenzen sollten weitere Schritte hin zu einer strukturierten und langfristig angelegten Weltklimapolitik markieren.

So steht die Kohlenindustrie gemeinsam mit der Stromwirtschaft seit gut drei Jahrzehnten vor der Aufgabe, die Menschen zu überzeugen, dass der Energieträger Kohle nicht nur kostengünstig und sicher ist, sondern dass zu deren Nutzung eine geeignete Technologie verfügbar

und der Wille vorhanden ist, die Umwelteinflüsse bei der Kohlennutzung zu minimieren. Durch den Einsatz immer besserer Technik hat die Stromwirtschaft stets angestrebt, die Zukunft der Kohlenverstromung abzusichern. In der internationalen Debatte steht dafür der Begriff „Clean Coal" – saubere Kohle.

Umweltpolitische Reaktion im Westen auf das Waldsterben

Im November 1979 schlossen 51 Staaten aus West- und Osteuropa, die Sowjetunion, die USA und Kanada das völkerrechtliche „Übereinkommen über weiträumige grenzüberschreitende Luftverunreinigungen" mit dem Ziel, die Schwefelemissionen deutlich einzuschränken. Den Vertragspartnern wurden in diesem Abkommen langfristig bindende und deutlich sinkende nationale Obergrenzen für die Emission von Schwefel vorgegeben. Geregelt wird die Methode der Datenerhebung, Auswertung sowie ein europaweites Überwachungsnetz. Die Einhaltung des Luftreinhalteabkommens wird vom zuständigen UN/ECE-Sekretariat überwacht. Dieses Abkommen war eines der ersten international koordinierten und erfolgreichen Vorhaben, um grenzüberschreitende Umweltfragen zu lösen.

Im Rahmen der Europäischen Gemeinschaft wurde diesem in Genf unterzeichneten Abkommen mit der Richtlinie über Grenzwerte und Leitwerte zur Luftqualität aus dem Jahr 1980 Rechnung getragen. Dabei verfolgte die Europäische Gemeinschaft zwei Handlungslinien. Einerseits sind länderbezogene Höchstwerte und Verminderungsraten für die klassischen Luftschadstoffe vorgegeben, andererseits wurde ein Regelwerk entwickelt, das anlagenbezogene Grenzwerte vorsieht.

In Deutschland wurde 1983 die EG-Großfeuerungsanlagen-Richtlinie über die 13. Bundes-Immissionsschutzverordnung (BImSchV) umgesetzt. Bestandteil der Regelung war eine Frist für Unternehmen, bis zum

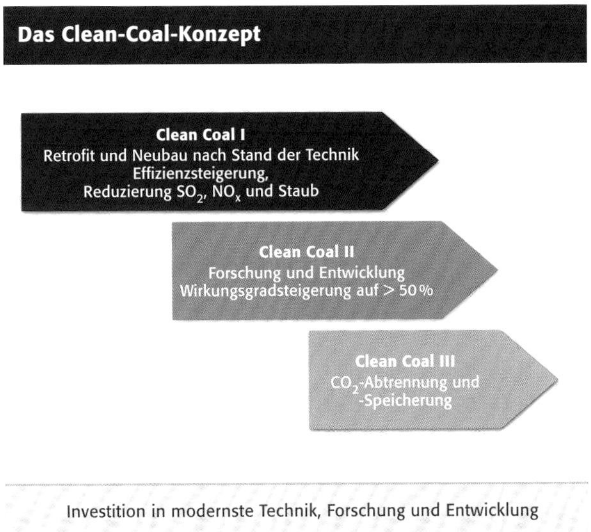

30. Juni 1984 zu entscheiden, wie die bis zum Inkrafttreten der Verordnung bestehenden oder genehmigten Anlagen weiter betrieben werden sollen. Dabei bestand die Wahlmöglichkeit, die Anlagen entweder mit einer Rauchgasentschwefelungsanlage nachzurüsten und Maßnahmen zur Verminderung der NO_X-Emissionen vorzusehen oder die Anlagen nach einer Restlaufzeit von bis zu 30.000 Stunden stillzulegen.

Im Zuge dieser Entwicklung wurden im rheinischen Revier von der damals bestehenden Kraftwerksleistung 2.200 Megawatt bis 1993 stillgelegt. An den Standorten Weisweiler, Niederaußem, Neurath und Frimmersdorf wurden 9.300 Megawatt bis 1988 nachgerüstet. Zunächst standen eine ganze Zahl von technischen Verfahren im Wettbewerb. So zum Beispiel das sogenannte Trocken-Additiv-Verfahren, das anfänglich im rheinischen Revier favorisiert wurde. Das Wellmann-Lord-Verfahren kam am Kraftwerk Buschhaus zum Einsatz; dabei wird Schwefel als Produkt gewonnen. Die Kalkwäschen haben sich zuletzt durchgesetzt, weil damit hohe Entschwefelungsgrade sicher erreicht werden, der Betrieb einerseits technisch robust und andererseits vergleichsweise kostengünstig ist.

Mit der Einführung der Kalkwäschen als vorherrschende Entschwefelungstechnik im Bereich der Kohlenkraftwerke generell und in der Braunkohle war die Frage verbunden, wie die anfallenden Gipsmengen verwendet werden. Bei den Braunkohlenkraftwerken im Rheinland wurde zunächst die Nutzung des anfallenden Gipses nicht favorisiert, weil die Schwankungen in der Brennstoffzusammensetzung kein hinreichend homogenes und reines Produkt erwarten ließen. Später wurde die Technik aber verfeinert. Heute werden große Gipsmengen, die in Braunkohlenkraftwerken anfallen, wirtschaftlich genutzt.

Die Reduzierung der Stickoxidemissionen bei der Verstromung von Braunkohle konnte durch feuerungstechnische Maßnahmen erreicht werden, weil die Kesseltemperaturen vergleichsweise gering sind und deswegen weniger sekundäre Stickoxide anfallen als beispielsweise bei der Verstromung von Steinkohle.

Umweltmaßnahmen im Bereich Braunkohlenkraftwerke nach der Einheit

In der ehemaligen DDR war die Braunkohle der bestimmende Primärenergieträger für die Stromerzeugung. Der Anteil der Braunkohle im Stromsektor betrug 88 Prozent. Die Besorgnisse der Bevölkerung wegen der Umweltbelastungen waren zwar bekannt, führten aber nicht zu den eigentlich notwendigen Konsequenzen, nämlich den Energiesektor entschlossen zu modernisieren. An vielen Stellen wurde veraltete Technik eingesetzt und es gab keine Einrichtungen zur Entschwefelung oder Entstickung. Demzufolge waren die braunkohlenbedingten Umweltbelastungen hoch. Nach der Wende wurde die Umwelt schnell zu einem politisch maßgeblichen Faktor. Deutlich wurde auch, dass der Stromverbrauch in Ostdeutschland einbrechen würde, weil viele stromintensive industrielle Aktivitäten unter den neuen Rahmenbedingungen nicht mehr wettbewerbsfähig sein würden. So musste kurzfristig

die Frage beantwortet werden, wie der Stromsektor zukünftig aussehen sollte. Die großen abbauwürdigen Lagerstätten in Mitteldeutschland und in der Lausitz beinhalteten erhebliche gewinnbare Vorräte an Braunkohle und wurden schnell als Aktivposten eingeordnet. Es wurde deshalb entschieden, bei der Modernisierung des Stromsektors der perspektivisch wettbewerbsfähigen Braunkohle einen maßgeblichen Stellenwert einzuräumen.

Die Analyse des bestehenden Kraftwerkparks ergab, dass allein die in den Siebziger- und Achtzigerjahren errichteten 500-Megawatt-Blöcke in Jänschwalde und Boxberg langfristig benötigt und als nachrüstungsfähig eingestuft werden konnten. Diese Kapazität in einer Größenordnung von 4.000 Megawatt wurde einem umfassenden Retrofit unterzogen. Hierzu gehörten der Einbau hochleistungsfähiger Entschwefelungsanlagen, eine verbesserte Entstaubung und die Durchführung von Maßnahmen zur Entstickung. Darüber hinaus wurden im Lausitzer Revier drei Neubaublöcke errichtet, zwei am Standort Schwarze Pumpe, die 1997/98 in Betrieb gingen, sowie ein Block am Standort Boxberg, der im Jahr 2000 fertiggestellt wurde.

Im mitteldeutschen Revier wurde keines der vorhandenen Großkraftwerke nachgerüstet. Man setzte vielmehr komplett auf Neubau im Bereich der Verstromung. Als Beispiel mag das Kraftwerk in Schkopau gelten, das im Verbund mit dem Chemiestandort Halle zu sehen ist und 1996 in Betrieb ging. Ein Meilenstein für die Entwicklung im mitteldeutschen Revier war die Entscheidung für einen Neubau in Lippendorf mit einer Gesamtkapazität von annähernd 1.800 Megawatt. Dieses Kraftwerk ging in den Jahren 1999/2000 ans Netz.

Klimavorsorge und Kohlenverstromung

Ergebnis dieser umfangreichen Investitionen im Bereich der Braunkohlenverstromung in den Achtziger- und Neunzigerjahren war, dass Schwefeldioxid-, Stickoxid- und Staubemissionen bei der Braunkohlenverstromung drastisch zurückgeführt wurden. Bemerkenswert ist insbesondere der Bereich Schwefeldioxid, auf den die Kraftwerke großen Einfluss haben. Hier wurden die Emissionswerte um gut 90 Prozent reduziert. Die Braunkohlenverstromung erfolgt heute emissionsarm, das neue Thema heißt Kohlendioxid.

Deutschland und Europa streben seit Anbeginn der Klimavorsorge eine Vorreiterrolle an. Frühzeitig hat sich die Bundesrepublik und wenig später auch die Europäische Union anspruchsvolle CO_2-Minderungsziele gesetzt. Auch wenn Klimavorsorge eine Frage ist, die alle Menschen angeht und alle Energieträger gleichermaßen betrifft, hat die Kohle immer besonderes Augenmerk auf sich gezogen. Doch die Klimavorsorge besteht darin, alle Energieträger hinsichtlich ihrer Umweltverträglichkeit zu prüfen und eine Balance zu finden, als deren Ziel eine sichere und wettbewerbsfähige Energieversorgung steht, sowie eine Minderung der CO_2-Emis-

Versuchsanlage zur Wirbelschichttrocknung mit interner Abwärmenutzung (WTA) im Innovationszentrum Kohle Niederaußem

sionen insgesamt. Zunächst wurde jedoch der Eindruck erweckt, man könne die Klimafrage wirksam durch einen Brennstoffwechsel lösen. In den Neunzigerjahren, nach dem Ende des Kalten Krieges, der Auflösung des Ostblocks und dem ersten Golfkrieg, wurde zunächst der Einsatz von Gas zur Stromerzeugung als aussichtsreich eingeschätzt. In vielen europäischen Staaten und auch in Deutschland glaubte man, Gas als Energiequelle könnte eine Lösung sein. Die seit Mitte der Achtzigerjahre drastisch gesunkenen Preise für Erdöl und Erdgas sowie die vergleichsweise geringen Investitionskosten für Gaskraftwerke im Vergleich zu Kohlenkraftwerken machten diese Gedankenspiele interessant, insbesondere auch nach der Liberalisierung der Strommärkte Ende der Neunzigerjahre. Danach folgte die Euphorie bezüglich der erneuerbaren Energien als Alternative zu den herkömmlichen Energieträgern.

Die weltweite Entwicklung verlief aber tatsächlich in eine andere Richtung. Gerade in den aufstrebenden Volkswirtschaften und hier insbesondere in China und Indien wurde die Primärenergie Kohle in schnell wachsendem Umfang für die Stromerzeugung eingesetzt. Deutlich wurde, dass die Kohle Teil der Geschichte vom wirtschaftlichen Aufstieg bleiben würde. Um die Stärken des Energieträgers Kohle mit den Umweltanforderungen kompatibel zu gestalten, sind allerdings flexible Konzepte und Strategien im Bereich der Kohlenverstromung erforderlich, die entsprechend den regionaltypischen Gegebenheiten in den einzelnen Ländern eingesetzt werden können. Das betrifft Deutschland ebenso wie die gesamte Europäische Union sowie alle anderen Länder in einem globalen Kontext.

Die Strukturen im Stromsektor können nur langfristig und sinnvollerweise markt- und kostenorientiert fortentwickelt werden. Die Kohlenindustrie hat frühzeitig kommuniziert, dass die Effizienzsteigerung durch eine kontinuierliche Modernisierung des Kraftwerkparks der sinnvolle und realisierbare Ansatz sei. Ganz offensichtlich existiert Altes und Neues nebeneinander, wenngleich jede Neuinvestition einen erheblichen Umweltbeitrag leisten kann. Unterstellt man den Ersatz einer Altanlage durch ein Kraftwerk mit heutiger Technologie, dann ergeben sich in der Regel spezifische CO2-Einsparungen von rund einem Drittel.

Das Kraftwerkerneuerungsprogramm im rheinischen Revier, das im Zusammenhang mit der Genehmigung von Garzweiler II zwischen dem Energiekonzern RWE und der Landesregierung von Nordrhein-Westfalen vereinbart wurde, beruht auf diesem Ansatz und hat zum Ziel, die Effizienz der Kohlenverstromung deutlich zu steigern und so die spezifischen CO2-Emissionen je erzeugte Kilowattstunde zu senken. Als erstes neues Kraftwerk wurde am Standort Niederaußem im Jahr 2003 eine 1.000-Megawatt-Anlage in Betrieb genommen. Der Wirkungsgrad beträgt 43 Prozent und übertrifft die in den Neunzigerjahren in Ostdeutschland erreichten Werte von 41 bis annähernd 43 Prozent. Eine Doppelblockanlage am Standort Neurath mit einer

Der Effizienz-Dreh im Braunkohlenkraftwerkspark
Kontinuierliche Kraftwerkserneuerung bedeutet CO_2-Minderung zu minimalen Kosten

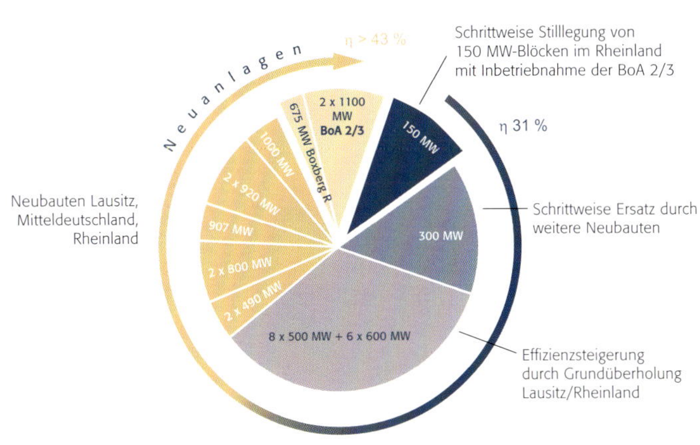

Kapazität von gut 2.200 Megawatt und am Standort Boxberg mit einer Kapazität von rund 700 Megawatt, die im Jahr 2011 in Betrieb gehen sollen, nutzen vergleichbare Techniken. Auch im mitteldeutschen Revier wird über ein Ersatzkraftwerk am Standort Profen intensiv gesprochen. Dabei sind und bleiben Investitionen der Schlüssel, um Umweltziele zu erreichen und den Industriestandort wettbewerbsfähig zu halten.

Neue Technologien in der Stromerzeugung

Nun genügt es in der Umweltdebatte nicht, das zu tun, was heute machbar ist. Öffentlichkeit und Politik fragen, was morgen möglich und übermorgen denkbar ist. In diesem Sinne haben die europäische Kohlenindustrie und der deutsche Braunkohlenbergbau unter der Überschrift „Clean Coal" (saubere Kohle) eine inhaltlich und zeitlich abgestufte Strategie formuliert und kommuniziert.

Deutlich werden soll, dass unter anderem eine Emissionsminderung bei gleichzeitiger Effizienzsteigerung in ökonomisch und ökologisch optimierten Schritten erreicht werden kann. Dazu gehört, wie in Deutschland bereits durchgeführt, die Modernisierung bestehender Kraftwerke mit dem Ziel, die SO_2-, NO_x- und Staubemissionen zu reduzieren und durch Retrofit, beispielsweise im Bereich der Turbinen oder im Wasserkreislauf, die Wirkungsgrade anzuheben. Auch wenn in den deutschen Braunkohlenrevieren auf diesem Feld bereits viel geschehen ist, zeigen in den Jahren ab 2000 durchgeführte Maßnahmen, beispielsweise von RWE an den 600-Megawatt-Blöcken im Rheinland oder von Vattenfall an den 500-Megawatt-Blöcken in der Lausitz, dass auch in Deutschland noch Raum für Verbesserungen besteht.

Im Hinblick auf die längere Frist ist der Neubau von Kraftwerken gemäß dem Stand der Technik von großer Bedeutung. Jedoch muss die Situation in Europa und auch in Deutschland differenziert betrachtet werden: Bedeutsam für das rheinische Revier ist, dass nach Abschluss des Bauvorhabens in Neurath, mit dem die 150-Megawatt-Blöcke abgelöst werden, ein Investitionsprozess fortgeführt wird. Die nächste Investition in die Braunkohlenkraftwerke im Rheinland hat zum Ziel, die aus den Sechziger- und Siebzigerjahren stammenden 300-Megawatt-Blöcke abzulösen.

Einen großen Stellenwert haben Entwicklungsarbeiten, die mit dem Ziel erfolgen, den Ressourcenverzehr weiter zu reduzieren, indem die Wirkungsgrade ange-

Ausgangspunkt: Klimavorsorge – zwei Felder für Forschung und Entwicklung

Kraftwerkstechnik

- Auswahl und Erprobung der Kraftwerkstechnik
  - pre-combustion
  - post-combustion
  - oxyfuel
- Technische und wirschaftliche Bewertung

CO_2-Speicherung

- Erkundung geeigneter Speichergesteine
  - Ausgebeutete Gas- und Ölfelder
  - Aquifere
- Für eine dauerhafte und sichere CO_2-Speicherung

Die Prüfung der Langzeitsicherheit und der Umweltverträglichkeit der Speicherung von CO_2 ist die entscheidende Forschungsaufgabe und Voraussetzung für ein CO_2-emissionsarmes Kraftwerk.

Oxyfuel-Pilotanlage
Schwarze Pumpe

hoben werden. Auch für Braunkohlenkraftwerke sind Wirkungsgrade von gut 50 Prozent erreichbar, indem die Dampfparameter, d.h. die Temperatur und der Druck, weiter gesteigert werden. Der Zeithorizont dafür reicht bis etwa ins Jahr 2020.

Hoch effiziente Kraftwerke sind auch Voraussetzungen für die Entwicklung neuer Technologien zur Abscheidung und Lagerung von CO_2. Unabhängig von der Frage, welcher Kraftwerkprozess einmal zum Durchbruch kommt, ist die CO_2-Abscheidung mit einem Verlust des Wirkungsgrades verbunden, sodass wegen der begrenzten Ressourcenverfügbarkeit die CO_2-Abscheidung nur dann sinnvoll ist, wenn der Prozess zuvor insgesamt hoch effizient gestaltet wurde.

Auf dem Weg zu einem CO_2-armen Kraftwerk konzentrieren sich die Entwicklungsarbeiten auf drei Verfahrenslinien. Bei einem Ansatz geht es um die CO_2-Abscheidung nach der Verbrennung mithilfe einer CO_2-Rauchgaswäsche. Der Oxyfuel-Prozess, d.h. die Verbrennung der Kohle mit Sauerstoff anstelle von Luft, stützt sich auf viele bekannte Komponenten und ermöglicht, das CO_2 hinter dem Kessel ohne Ballast von Stickstoff im Rauchgasstrom zu fassen. Der dritte verfahrenstechnische Ansatz ist die Vergasung der Kohle und die CO_2-Abtrennung aus einem Rohgas. Das dabei gewonnene wasserstoffreiche Brenngas wird in einem kombinierten Gasturbinendampfkraftwerk verbrannt oder ist Ausgangspunkt für die stoffliche Nutzung, z.B. die Erzeugung von Methanol. Die in den Jahren nach 2005 sehr stark forcierten Entwicklungsarbeiten haben zum Ziel, die Verfahren möglichst wirtschaftlich und robust zu gestalten. In Deutschland befassen sich die beiden großen Braunkohlenunternehmen RWE und Vattenfall mit großen Vorhaben zur Demonstration, wobei die Prozesskette von der CO_2-Abscheidung im Kraftwerk über den Transport bis zur Ablagerung erprobt werden soll.

Nach Einschätzung der internationalen Fachöffentlichkeit und beispielsweise auch der Internationalen Energieagentur (IEA) werden die Abscheidung und die Speicherung von Kohlendioxid einen wichtigen und kostengünstigen Beitrag leisten müssen, um die längerfristig sehr ambitionierten CO_2-Minderungsziele zu erreichen. Vorrangig betrifft dies voraussichtlich den Stromsektor, schon mittelfristig werden aber auch andere industrielle Tätigkeiten einzubeziehen sein, bei denen größere Mengen an CO_2 anfallen.

Im Rahmen der international immer stärker koordinierten Klimastrategien, beispielsweise auf den politischen Ebenen der G8 und EU, wurden wichtige Weichenstellungen vorgenommen, um diese Technologien im großtechnischen Maßstab zu demonstrieren. Als ambitioniertes Ziel gilt, diese Technologien 2020 zur industriellen Reife zu führen. Parallel zur Entwicklung der Abscheidetechnologien besteht die Aufgabe, erste Elemente einer Transport- und Speicher-Infrastruktur vorzubereiten, wobei dies eine Frage ist, die voraussichtlich nicht mehr auf der Ebene eines Staates lösbar sein dürfte. So liegen in Mitteleuropa die potenziellen Speicherregionen eher am Rand der Nord- und Ostsee bzw. unter der Nordsee.

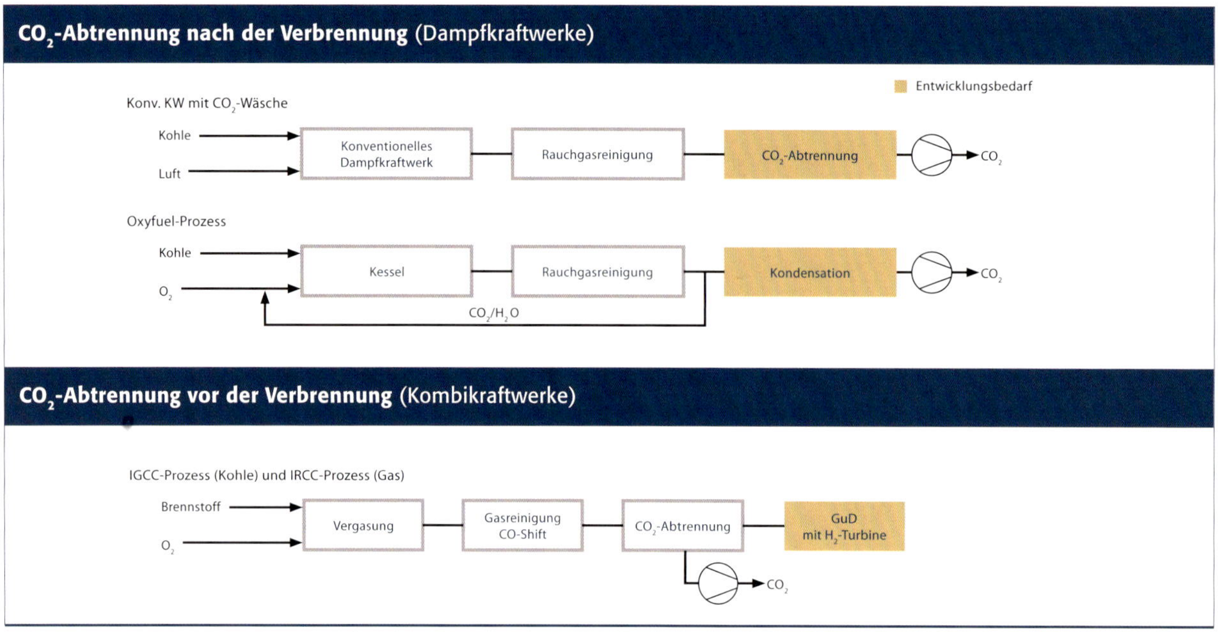

Die industriellen Schwerpunkte mit den großen CO2-Quellen liegen jedoch weiter südlich in den traditionellen Industrierevieren.

Die Bedeutung der Netzinfrastruktur für eine funktionierende Energieversorgung Europas ist durch die Entwicklung im Strom- und Gasbereich bekannt. Eine CO2-Infrastruktur wird voraussichtlich vergleichbare Leistungen erbringen müssen. Es geht also über die Frist gesehen um die Verknüpfung von CO2-Quellen unterschiedlicher Kapazitäten und Lastprofile mit Speichern, die räumlich weit entfernt liegen können.

Im Jahr 2010 sind die Kohlendioxidabscheidung sowie der Transport und die Speicherung in geologischen Formationen keine Vision mehr. Um aus dieser Technologie jedoch eine belastbare Option zu machen, ist es erforderlich, technische, rechtliche, aber auch politische Fragen zielgerichtet anzugehen und zu lösen. Dies ist keine Aufgabe, die von einem der Unternehmen allein geleistet werden kann. Erforderlich ist eine kraftvolle Public-private-Partnership. Denn die Besonderheit der CO2-Abscheidung im Vergleich zu anderen Umweltfragen, die zuvor gelöst wurden, ist, dass sich die Kosten hierfür in vollkommen anderen Dimensionen bewegen als bisher bekannt. Unterstellt man, dass die Reduzierung der klassischen Emissionen – SO2, NO_X, Staub – die Stromerzeugungskosten um 10 bis 20 Prozent für Kohlenkraftwerke erhöht hat, bedeutet die Einführung der CO2-Abscheidung voraussichtlich eine Verdopplung.

Mit dem Emissionshandel wurde in der Europäischen Union das Prinzip „The polluter pays" (der Verusacher zahlt) umgesetzt. Im europäischen System ist für die Stromerzeugung ab 2013 eine Vollauktionierung der notwendigen Zertifikate vorgesehen. Das führt dem Staat zusätzliche Einnahmen zu, dem betroffenen Sektor wird jedoch Geld entzogen. Damit ist der Emissionshandel in der europäischen Ausgestaltung tendenziell investitionsfeindlich. Längerfristig wird der Emissionshandel die Nutzung von CCS-Technologien bewirken. Die notwendigen Demonstrationsvorhaben sowie der Aufbau einer Transport- und Speicher-Infrastruktur werden dadurch voraussichtlich nicht so schnell und in der Breite, wie heute klimapolitisch gewünscht, in Gang gesetzt. Im Jahr 2010 ist ein geeigneter Rahmen noch nicht gesetzt, vieles allerdings ist in Bewegung.

Technologieführerschaft als Antwort auf die Herausforderungen

Die Braunkohlenförderung in Deutschland erfolgt heute ausschließlich im Tagebaubetrieb. Dabei werden die das Wertmineral überlagernden Deckgebirgsschichten planmäßig vorlaufend abgeräumt sowie an anderer Stelle wieder verstürzt. Die Kohlengewinnung vollzieht sich in einer offenen Baugrube. Im Bereich der Braunkohle besteht das überlagernde Deckgebirge üblicherweise aus Lockergestein, d. h. nicht verfestigten sandigen oder bindigen Schichten. Vorlaufend zum Tagebaubetrieb wird die offene Grube durch eine Grundwasserabsenkung trockengelegt. Der Landinanspruchnahme auf der Gewinnungsseite steht im Regelbetrieb die Wiedernutzbarmachung auf der Verkippungsseite gegenüber. Eine wesentliche bergtechnische Aufgabe in den Braunkohlentagebauen ist die Massenbewegung. Es kommt die kontinuierliche Tagebautechnik zum Einsatz, bei der die Verfahrensschritte Gewinnen, Fördern und Verkippen unterschieden werden. Dabei haben sich in der deutschen Braunkohle zwei Anlagenkonfigurationen bewährt, nämlich

Bagger-Band-Absetzersysteme
sowie
Direktversturzsysteme.

Diese Gerätesysteme kommen in Abhängigkeit von der Lagerstättensituation und hier im Wesentlichen von der Ablagerung der Flöze (eben, geneigt, gestört) sowie der Tiefe zum Einsatz. Im Lausitzer Revier dominiert wegen der geringen Teufe von bis zu 100 Metern das Direktversturzsystem mit den Abraumförderbrücken.

Bedingt durch die großen Teufen von bis zu 450 Metern, der unterschiedlich geneigten Ablagerungen der Flöze sowie durch eine wechselnde Schichtung von Braunkohle und Abraum kommen heute in den Revieren in Mitteldeutschland, Helmstedt und im Rheinland die Systeme Bagger-Band und Absetzer zum Einsatz. Im mitteldeutschen Revier wurde die Förderbrückentechnologie nach ersten Versuchen in den Zwanzigerjahren (Tagebau Bubendorf) noch bis in die Neunzigerjahre in den Tagebauen Profen-Nord, Delitzsch-Südwest und Zwenkau eingesetzt.

Die große wirtschaftliche und technische Bedeutung einer leistungsfähigen Gewinnungs- und Fördertechnik ergibt sich aus dem Tatbestand, dass für die Gewinnung der Braunkohle ein Mehrfaches an Abraum bewegt werden muss. So wurden beispielsweise etwa 170 Milli-

onen Tonnen Braunkohle im Jahr 2009 gefördert, wofür knapp eine Milliarde Kubikmeter Deckgebirgsmassen bewegt werden mussten. Daraus ergibt sich ein Förderverhältnis zwischen Abraum und Kohle von 5,5:1.

An dieser Stelle sollen nur einige Teilaspekte der Bergbautechnik behandelt werden. Umfassende Darstellungen sind in dem Fachbuch „Der Braunkohlentagebau" nachzulesen, das im Jahr 2009 im Springer Verlag mit Unterstützung des DEBRIV erschienen ist. Dieses Fachbuch richtet sich an Interessierte aus der Wissenschaft und der Praxis zugleich. Eine Dokumentation der technisch-wirtschaftlichen Entwicklung der deutschen Braunkohlenindustrie erfolgt in der Zeitschrift „World of Mining", früher „Surface Mining" und davor „Braunkohle", die in enger Kooperation zwischen der Gesellschaft für Bergbau, Metallurgie, Rohstoff- und Umwelttechnik e. V. (GDMB) und DEBRIV erscheint. In diesem Zusammenhang ist auch auf das technische Ausschusswesen des DEBRIV zu verweisen. Die gemeinschaftliche Ausschussarbeit dient dem Erfahrungsaustausch über technische und organisatorische Maßnahmen mit dem Ziel, möglichst „best practice" zu betreiben. Technologieentwicklung soll nicht nur die Wettbewerbsfähigkeit erhalten, sondern ist auch eine Antwort auf die steigenden Anforderungen im Bereich Umwelt- und Nachbarschaftsschutz sowie Arbeitssicherheit und Gesundheitsvorsorge.

Rheinisches Revier – ein Beispiel für einen kontinuierlichen Verbesserungsprozess

Die Braunkohlenförderung im rheinischen Revier lag in den vergangenen Jahren in einer Größenordnung von rund 100 Millionen Tonnen Kohle. So erreichten die Betriebe im Jahr 2009 eine Kohlenförderung von 92 Millionen Tonnen, während die Abraumbewegung in einer Größenordnung von 460 Millionen Kubikmeter lag.

Schema eines Braunkohlentagebaus im Bagger-Band-Absetzer-Betrieb

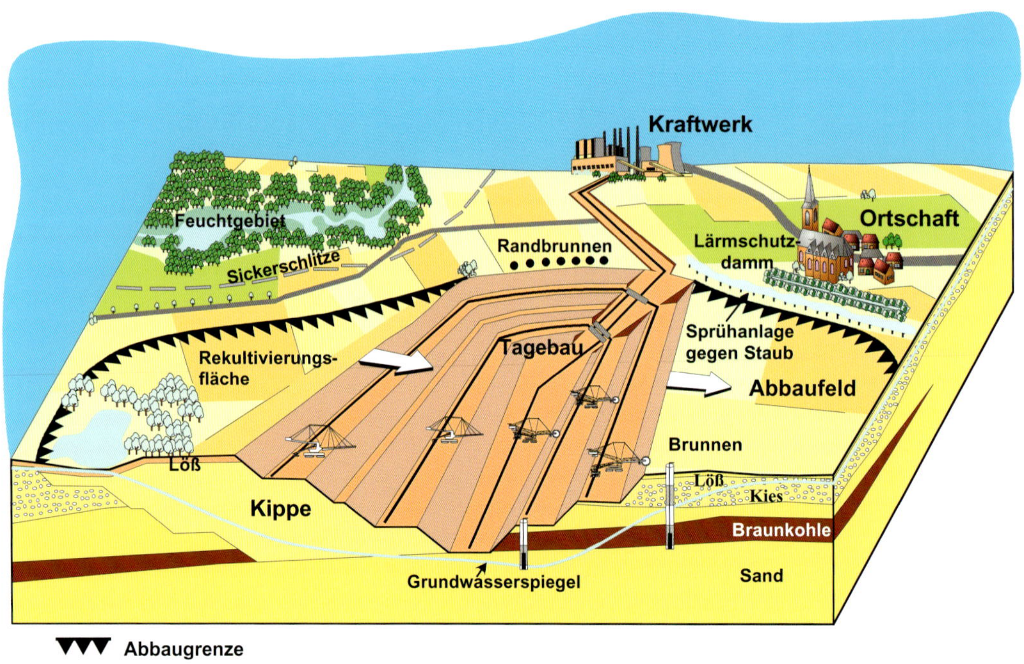

Dr.-Ing. Dietrich Böcker

In den Neunzigerjahren bestand die Gefahr, dass die Braunkohle ihre traditionell gute Wettbewerbsposition verliert. Was waren aus Ihrer Sicht die wichtigsten Schlussfolgerungen aus dieser Entwicklung?

Die Aufgabe, Kosten zu senken und Effizienz zu steigern, hat den gesamten Vorstand der damaligen Rheinbraun AG über Jahre sehr intensiv beschäftigt. In meinen Aufgabengebieten, zunächst im Bereich der Braunkohlenveredlung und anschließend auch im Bergbau und in den Kraftwerken, ging es darum, die Prozesse zu straffen und den in guten Jahren gewachsenen „Speck" abzutrainieren. Wohltuend war die Bereitschaft aller Mitarbeiter, zu einer schnelleren Gangart überzugehen und Innovationen aktiv zu gestalten.

Wir haben in großem Umfang die Ausrüstung modernisiert und viele technische Abläufe weitgehend automatisiert. Technik war die eine Seite, Organisation die andere. Durch strikte Prozessorientierung aller Abläufe gelang es, Redundanzen zu beseitigen, Zuständigkeiten und Verantwortungen besser zu ordnen und damit die Instandhaltungs- und Produktionsabläufe reibungsärmer zu verzahnen. Die Anzahl der Mitarbeiter wurde deutlich verringert. Im Ergebnis wurde die Kostenposition der Braunkohle wesentlich verbessert. Sehr positiv wirkte sich aus, dass das Prinzip des Führens über Ziele in der Mannschaft fest verankert wurde. Ein genauso wichtiges Ergebnis war das neue Verständnis im Unternehmen, dass die gute Konkurrenzposition nur durch permanente Verbesserungen auch in der Zukunft gehalten werden kann.

Das Vorhaben Garzweiler II hat in vielerlei Hinsicht bekannte Dimensionen gesprengt. Was sind für Sie die wesentlichen Erfahrungen und Schlussfolgerungen?

Garzweiler II war und ist ein ganz wichtiger Baustein für die Zukunft des rheinischen Reviers. Immerhin hängt ein Drittel der Gesamtförderung davon ab. Das Besondere an diesem Anschlusstagebau war nicht die Technik, sondern die ungewöhnlich schwierige politische und genehmigungsrechtliche Situation. Unser Ziel war immer, Akzeptanz für die drei großen Tagebaue im Bereich der Landes-, Regional- und Kommunalpolitik sowie in der Bevölkerung zu erhalten, und dies, obwohl die Braunkohle nicht mehr mit so hohen Mitarbeiterzahlen punkten kann wie in früheren Jahren.

Die Genehmigung war letztendlich nur erreichbar, weil zwischen den großen Parteien eigentlich unstrittig blieb, dass die Braunkohle energiewirtschaftlich notwendig ist und einen hohen volkswirtschaftlichen und regionalwirtschaftlichen Nutzen generiert. Das Genehmigungsverfahren Garzweiler hat jahrelang große öffentliche Aufmerksamkeit auf sich gezogen. Dahinter allerdings verbarg sich ein Arbeitsprozess, der alle Beteiligten einer sehr großen Arbeitsbelastung ausgesetzt hatte. Trotz der Anspannung konnten wir es uns nicht erlauben, auf der technischen Seite Stillstand zuzulassen. Wir haben in diesen Jahren sehr intensiv an Fragen wie Prozessleittechnik, Automatisierung sowie an modernen Verfahren zur Trocknung, Verbrennung und Vergasung der Braunkohle gearbeitet. Die intensive Weiterführung dieser Aktivitäten, aber auch die Entscheidung zum Bau eines neuen 1.000 Megawatt (BoA-) Kraftwerksblocks in wirtschaftlich schwierigen Zeiten, zur langfristigen Sicherung der Zukunft, belegen das.

Was waren für Sie in der Zeit als Präsident von EURACOAL die wichtigsten Eindrücke und Aktivitäten?

Die Kohlenindustrie hat durch die Gründung von EURACOAL die Erweiterung der EU vorweggenommen. Frühzeitig ist es gelungen, in Brüssel eine Plattform zu etablieren, an der die gesamte Kohlenindustrie partizipiert. Es war ein großer Erfolg, dass wir die Interessen der Kohlenproduzenten, d. h. der europäischen Stein- und Braunkohlenindustrie, und zusätzlich auch die der Kohlenimporteure haben bündeln können.

In Brüssel ging es von Anfang an darum, für den Energieträger Kohle, der in Konkurrenz zum Öl und Gas steht, eine angemessene Rahmensetzung zu erreichen, sodass die Kohlengewinnung und die Kohlennutzung in einem vom Wettbewerb bestimmten Energiemarkt weiter konkurrenzfähig gestaltet werden können. Nachdem in den Neunzigerjahren in Brüssel die Kohle nur noch beiläufig und im Zusammenhang mit vergangenen glorreichen Zeiten genannt wurde, gelang es im Zusammenhang mit dem Erweiterungsprozess der Union, die positiven Aspekte der Kohle wieder stärker zu artikulieren. Dabei haben die traditionell starke Position der Kohle in den Erweiterungsländern, aber auch die weltweite Entwicklung eine Rolle gespielt, in der die Kohle entgegen vielen Prognosen wieder zum Stromenergieträger Nummer eins wurde. Sehr beschäftigt hat uns auf der Brüsseler Bühne die Frage, wie die auf Kraftwerksmodernisierung und CO_2-Vermeidung durch Effizienzsteigerung ausgerichtete Strategie erfolgreich kommuniziert werden kann. Frühzeitig wurde deutlich, dass es notwendig war, die Themen CO_2-Vermeidung, CO_2-Abscheidung und Speicherung aufzugreifen, positiv zu besetzen und in eine konstruktive Bahn zu lenken.

EURACOAL funktioniert, weil es schon am Anfang gelungen war, eine Arbeitsweise zu entwickeln, die nicht von Konkurrenz, sondern von Respekt und Kollegialität geprägt war. Mit großem Vergnügen und mit Hochachtung erinnere ich mich an eine Reihe von Persönlichkeiten, gerade aus den neuen EU-Mitgliedstaaten, die engagiert für unsere gemeinsamen Ziele gearbeitet haben. Dadurch habe ich die Erweiterung der Europäischen Union in positiver Weise erleben können.

Dr.-Ing. Dietrich Böcker (*1944)

Mitglied des DEBRIV-Vorstands 1992–2005. Studium Maschinenbau, RWTH Aachen, Promotion. Ab 1974 Rheinbraun AG. 1992–2004 Vorstand Rheinbraun AG, später RWE Rheinbraun AG und RWE Power AG, zunächst Kohlenveredlung, anschließend zusätzlich Bergbau und Braunkohlenkraftwerke.

Große Bedeutung für die Produktivität der Tagebaue im rheinischen Revier haben die kontinuierlich arbeitenden Fördersysteme, die aus den Elementen Schaufelradbagger/Bandanlage/Absetzer bestehen. Die Größenentwicklung erreichte 1978 mit der Inbetriebnahme einer ersten Gerätegruppe und einer Kapazität von 240.000 Kubikmetern am Tag ihren Endpunkt. Die technische und betriebliche Entwicklung wird mit dem Ziel vorangetrieben, die Ausnutzung dieser sehr kapitalintensiven Fördereinrichtungen zu optimieren. Im Bereich der Schaufelradbagger stehen hierfür Projekte wie die Erhöhung und leistungsorientierte Regelung der Schwenkgeschwindigkeit des Schaufelradauslegers und der Schüttungszahl des Schaufelrads oder auch die Einführung einer Konturschnittautomatik. Mit dem Ziel der Effizienzsteigerung geht es um den „mannlosen" Betrieb der gesamten Bandförderstrecke, aber auch um die Automatisierung schwieriger Übergabepunkte, beispielsweise vom Bagger auf die Bandanlage oder von der Bandanlage zum Absetzer.

Erhebliche Anstrengungen wurden unternommen, um die Qualitätsparameter im Bereich der Kohlengewinnung und Abraumbewegung besser beherrschen zu können. Im Bereich der Instandhaltung und Logistik wurden viele Projekte realisiert, um durch modularen Aufbau und möglichst baugleiche Ausführung wichtiger Bauteile den Zeitbedarf für die Instandhaltung zu reduzieren. Dazu gehört die intensive Beschäftigung mit Verschleißfragen, sei es an Graborganen, in den

Tagebau Jänschwalde

Bandübergaben oder im Bereich der Fördergurte. Besondere Beachtung hinsichtlich der angestrebten Produktivitätssteigerung haben die Hilfs- und Nebenarbeiten, beispielsweise die Oberflächenentwässerung im Tagebau, der Erhalt einer funktionierenden Wege- und Verkehrsinfrastruktur oder auch der Brandschutz bis hin zum Rettungswesen.

War der technische Fortschritt in der Vergangenheit in der Regel auf einzelne Komponenten bezogen, so wird gegenwärtig der Ansatz eines übergeordneten Prozessmanagements verfolgt. Die Potenziale für eine Verbesserung in den einzelnen Geräten scheinen weitgehend ausgeschöpft, sodass der systemische Ansatz mehr Aussicht auf Erfolg verspricht. Der Gesamtblick reicht von der Gewinnung der Lagerstätte über den Transport von Abraum und Kohle, die Beschickung der Kohlenbunker bis hin zur Materiallogistik eines Tagebaubetriebes. Hierdurch werden Ansatzpunkte für eine weitergehende Automatisierung des Förderprozesses und eine verbesserte Auslastung der kapitalintensiven Geräte geschaffen. Grundlagen dieser technischen Weiterentwicklung sind die am Markt verfügbaren Techniken, die auf die Bedingungen des Tagebaubetriebes angepasst werden müssen. Die Umsetzung der Automatisierung erfolgt schrittweise, von der Teilautomatisierung z. B. eines Beladewagens am Schaufelradbagger bis hin zur Vollautomatisierung im Kohlenbunker.

Lausitzer Revier – Leistungssteigerung und Umweltschutz durch moderne Technik

Im Jahr 2009 betrug die Braunkohlengewinnung im Lausitzer Revier 56 Millionen Tonnen, die Abraumbewegung 400 Millionen Kubikmeter. Diese Förderleistung wurde in vier aktiven Tagebauen erbracht, das Förderverhältnis Abraum zu Kohle lag bei 7,1:1.

Von besonderer Bedeutung für das Lausitzer Revier ist der Einsatz von Abraumförderbrücken. Voraussetzung für den Einsatz dieser Technologie ist eine ebene, ungestörte Ablagerung der Abraum- und Kohlenschichten sowie ein ausreichender Anteil an rolligen Böden zum Aufbau einer standsicheren Kippe. Diese Bedingungen sind in der Lausitz gegeben. Ein Schwerpunkt der Technikentwicklung in der DDR war die Fortentwicklung der Förderbrückentechnologie. Abraumförderbrückenverbände sind außerordentlich leistungsfähig und erreichen, wegen einer vergleichsweise geringen Zahl möglicher Störstellen, eine sehr gute zeitliche Auslastung und niedrige spezifische Produktionskosten.

Die Förderbrücken vom Typ F60 sind in den Tagebauen Jänschwalde, Welzow-Süd und Nochten das Kernstück der Gerätetechnik. Diese Abraumförderbrücken wurden, wie auch andere Geräte und Anlagen in der Lausitz, in den Neunzigerjahren einer grundlegenden Rekonstruktion und Erneuerung unterzogen. Dabei kam bei Beibehaltung des prinzipiellen Geräteaufbaus bzw. der Stahlkonstruktion modernste Technik in der Prozesssteuerung, der Automatisierung und den Messverfahren zur Kippengestaltung zum Einsatz. Die maschinen- und elektrotechnische Ertüchtigung wurde ergänzt durch technische Neuerungen wie die Umrichtertechnik an den Brückenbaggern für die Eimerketten-Direktantriebe und die betriebliche Anwendung der Lasermesstechnik sowie des GPS zur Standorterfassung und Vermessung der Oberflächenprofile. Tagesleistungen von deutlich mehr als 500.000 Kubikmeter sind das Ergebnis dieses langjährigen Innovationsprozesses.

Herstellung einer Dichtwand

Die Gerätetechnik im Tagebau Reichwalde wird zurzeit umfassend ertüchtigt und modernisiert. Auch in diesem Tagebau ist eine Förderbrücke vom Typ F60 das Herzstück. Der seit 1999 gestundete Tagebau wird im Jahr 2010 die Kohlenförderung wieder aufnehmen.

Im Tagebau Cottbus-Nord kommt eine Förderbrücke vom Typ F34 zum Einsatz. Dieser Tagebau ist der einzige, in dem die Kohle noch direkt in der Grube in Eisenbahnwaggons verladen wird.

Eine Besonderheit im Bereich der Tagebaue Jänschwalde, Cottbus-Nord und Reichwalde ist der Einbau von unterirdischen hydraulischen Dichtwänden am Rand der Tagebaue. Die Dichtwandtechnologie ist bei den vergleichsweise flachen Tagebauen in der Lausitz eine bewährte Möglichkeit, um den Umfang der Entwässerungsmaßnahmen deutlich zu reduzieren und die Umweltauswirkungen räumlich stärker einzugrenzen.

Das Rekultivierungsgeschehen hat sich zu einem integralen Bestandteil des Tagebaubetriebs entwickelt. Hergestellt werden abwechslungsreiche Bergbaufolgelandschaften, wofür die im Vorschnitt eingesetzten Bagger-Bandanlagen-Absetzer-Gerätekombinationen beste Voraussetzungen liefern. Die Bodenbilanz wird verbessert, indem bindige Kalkmergel, die teilweise weit unter der Oberfläche abgelagert sind, für die Rekultivierung verwendet werden. Die bergbauplanerischen Vorgaben für die Wiedernutzbarmachung sehen fallweise auch Sondermaßnahmen vor, beispielsweise die Schaffung eines künstlichen Wassereinzuggebietes für einen Vorfluter auf der Innenkippe des Tagebaus Welzow-Süd.

Schema eines Förderbrückentagebaus

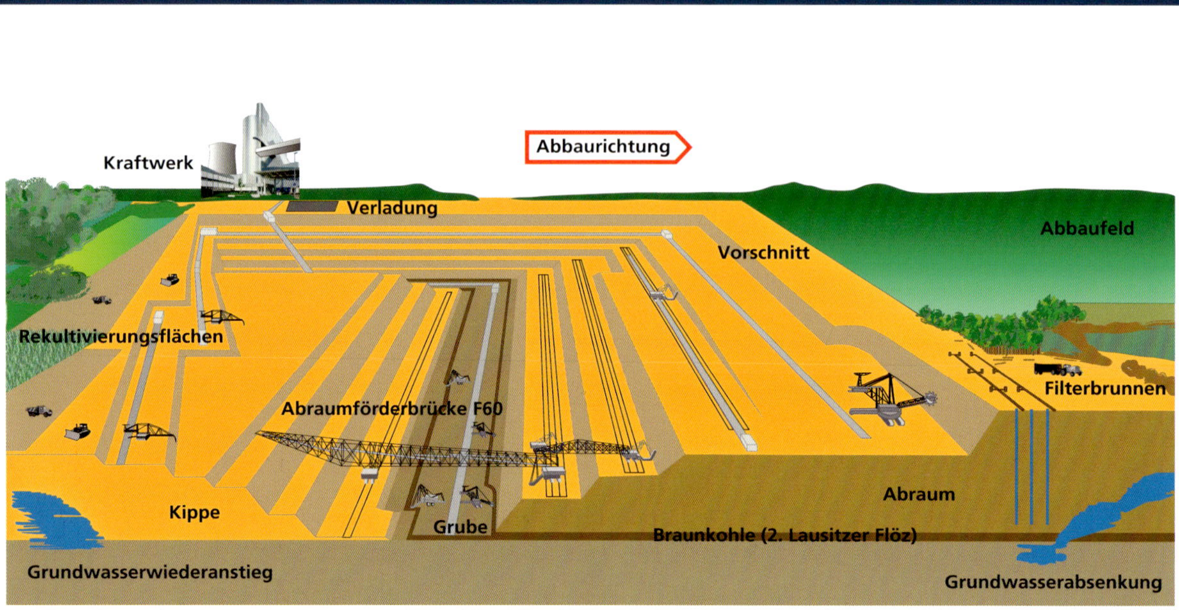

Mitteldeutsches Revier – Sicherheit und Effizienzsteigerung

Im mitteldeutschen Revier erreichte die Braunkohlenförderung im Jahr 2009 rund 20,2 Millionen Tonnen. Die dazugehörige Abraumbewegung lag in einer Größenordnung von 73 Millionen Kubikmetern. Die MIBRAG förderte 19,7 Millionen Tonnen aus zwei Tagebauen.

In den Tagebauen der MIBRAG ist in den vergangenen zwei Jahrzehnten rund eine Milliarde Euro für die technische Erneuerung der Betriebssysteme investiert worden. Ergebnis der Investitionen war eine Verdopplung der Produktivität in den Bergbaubetrieben.

Kohlemisch- und Stapelplatz

Im Bereich des Tagebaus Profen war ein Schwerpunkt die Erneuerung von Bandanlagen. So werden die Fördermittel heute im Abbaufeld Schwerzau hochgradig automatisiert betrieben. Hervorzuheben sind hierbei Maßnahmen im Bereich des Kohlemisch- und Stapelplatzes zur Automatisierung und Sicherstellung bedarfsorientierter Kohlenqualitäten.

Im Bereich des Tagebaus Vereinigtes Schleenhain wurde im Zeitraum von 1995 bis 1999 der gesamte Park an Gewinnungsgeräten, Bandanlagen und Absetzern grundlegend modernisiert. Eine wichtige Maßnahme für die Effizienzsteigerung im Tagebaubetrieb wurde wie zuvor in Profen durch die Anlage eines Kohlemisch- und Stapelplatzes erreicht. Dieser hochgradig automatisierte Puffer zwischen Tagebau und Kraftwerk gewährleistet einerseits die bedarfsgerechte Kohlenversorgung, andererseits kann der Betrieb seine Fahrweise gemäß den bergtechnischen Gegebenheiten optimieren. Durch den Einsatz von zusätzlichen Bandförderern sowie bergbauplanerischen Maßnahmen wurde ein sehr hohes Flözausbringen erreicht, das zugleich der Einhaltung der geforderten Rohkohlenqualitäten zugute kam.

Durch die Reduzierung der Geschwindigkeit von Bandanlagen und den Einsatz energiesparender Komponenten, die Kapselung von Bandübergaben oder Maßnahmen zur Staubbindung wurden betriebswirtschaftliche Effekte erzielt und gleichermaßen die vom Tagebaubetrieb ausgehenden Emissionen deutlich reduziert.

Brikettfabrik Holzweißig (1992)

Braunkohlen-veredlung

Die Zeit vor der Einheit

Ein Merkmal der DDR, an das sich die Menschen in Ost- und Westdeutschland gleichermaßen erinnern, war der typische Geruch, der beim Verfeuern der Braunkohle in Einzelfeuerungen entstand. 1989 wurde in den 50 ostdeutschen Brikettfabriken etwa ein Drittel der jährlich geförderten 300 Millionen Tonnen Rohbraunkohle zu rund 50 Millionen Tonnen Braunkohlenbriketts verarbeitet, von denen etwa drei Viertel in den Heizungen der Bürger landeten: In 73 Prozent der Wohnungen wurde mit Briketts geheizt; der Anteil der Fernwärme auf Grundlage der Braunkohle betrug 24 Prozent. Rohbraunkohle, Briketts und Koks waren bis zur deutschen Wiedervereinigung mit mehr als 70 Prozent die dominanten Brennstoffe in allen Lebenswelten der DDR.

In Westdeutschland hatte bereits in den Fünfzigerjahren ein gravierender Strukturwandel eingesetzt. Zunächst verdrängte Heizöl, häufig auch in Einzelöfen, später mehr und mehr als Brennstoff für Zentralheizungen, die Braunkohlenbriketts, aber auch die Steinkohle und den Steinkohlenkoks im Hausbrand. Nach den Ölkrisen wurde der Erdgaseinsatz im Bereich Haushalt und Gewerbe stark ausgebaut. Wurden im rheinischen Revier 1960 noch gut zehn Millionen Tonnen Briketts erzeugt, war deren Menge 30 Jahre später auf ein Fünftel geschrumpft; gerade mal zwei Millionen Tonnen Briketts wurden 1989 noch verkauft. Selbst die beiden Ölpreiskrisen 1973 und 1979 hatten keine Trendumkehr im Bereich Hausbrand gebracht. In gewissem Umfang gelang es in den Achtziger- und Neunzigerjahren, feste Brennstoffe für gewerbliche

Das kann man aus 1 kg Rohbraunkohle machen

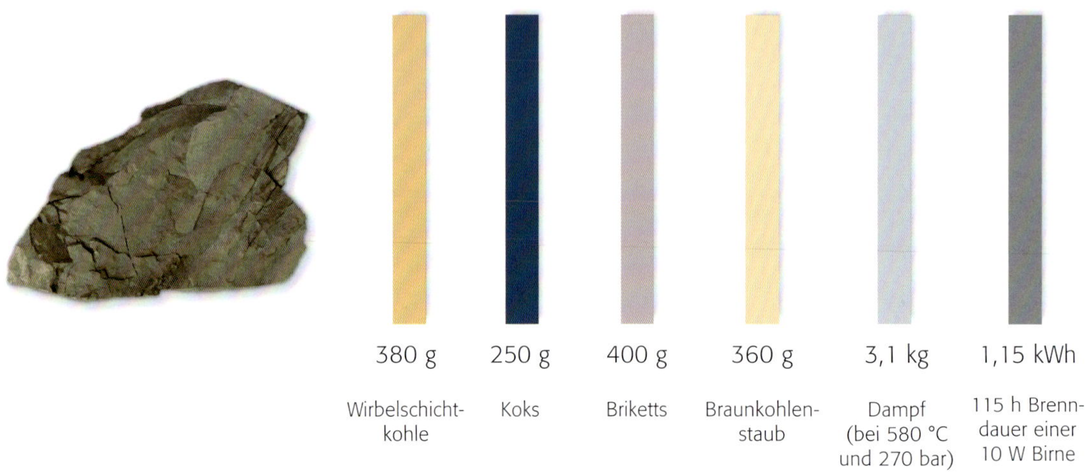

Kohlentrocknung Fabrik Schwarze Pumpe

und industrielle Abnehmer attraktiv zu machen. Gerade der Braunkohlenstaub und die Wirbelschichtkohle erwiesen sich als vergleichsweise handhabungsfreundlich, weil gleichzeitig die Ascheentsorgung mit denselben Silofahrzeugen möglich wurde, mit denen auch der Brennstoff angeliefert wurde. Der im rheinischen Revier entwickelte Herdofenkoks fand zwar keinen Absatz in der metallurgischen Industrie, konnte sich aber mehr und mehr als preiswertes Adsorptionsmittel in vielen Anwendungsbereichen im Umweltschutz bewähren.

In der DDR wurde die Braunkohle breit genutzt, so zur Stromerzeugung in Großkraftwerken und in vielen industriellen sowie kommunalen Anlagen zur Strom- und Wärmeerzeugung. Die Erzeugung von Briketts, Schwelkoks, Hochtemperaturkoks und Stadtgas waren weitere wichtige Einsatzgebiete.

Im mitteldeutschen und im Lausitzer Revier gab es 1989 eine bedeutsame nachgeordnete Veredlungsstufe. In den Schwelereien von Böhlen und Espenhain wurden etwa sechs Millionen Tonnen Briketts eingesetzt und zu Schwelkoks, Schwelgas, Teeren und Leichtölen verarbeitet. An den Standorten Schwarze Pumpe und Lauchhammer in der Lausitz wurde auf der Grundlage einer in der DDR entwickelten Technologie Braunkohlenhochtemperaturkoks erzeugt. Hierfür wurden etwa fünf Millionen Tonnen Briketts zu rund 2,5 Millionen Tonnen Braunkohlenhochtemperaturkoks verarbeitet. Dieser wurde vor allem in der Eisenhüttenindustrie, zur Stahlerzeugung, aber auch in der chemischen Industrie verwendet. Als hochkalorischer Brennstoff war er auch in Haushalten und in der Industrie gefragt.

Insbesondere am Standort Schwarze Pumpe gab es eine umfängliche Stadtgasproduktion, wofür 2,5 Millionen Tonnen Briketts eingesetzt wurden.

Feste Brennstoffe wurden zum Nischenprodukt

Die Energieträgerstruktur zum Zeitpunkt der deutschen Einheit war 1989 in der DDR in etwa vergleichbar mit der Energieträgerstruktur im Westen Deutschlands um 1960, d.h., der Energiemix war sehr kohlenlastig. Nach der Wiedervereinigung wurden die Energie- und Gütermärkte der neuen Länder sofort liberalisiert. Es kam zu einem Strukturbruch. Abnehmerseits kam es zu umfangreichen Stilllegungen energieintensiver Produktionen sowie zu einer Brennstoffumstellung. In sehr hohem Tempo vollzog sich die Heizungsmodernisierung in den Privathaushalten und im Bereich der Heiz- und Heizkraftwerke. Der Bedarf an Braunkohlenbriketts ging sehr schnell zurück. Von den vormals im mitteldeutschen Revier betriebenen 27 Veredlungsbetrieben blieb allein die Staubfabrik in Deuben übrig. Die Kohlenveredlung in der Lausitz wurde am Standort Schwarze Pumpe konzentriert, und in kürzester Zeit waren die vormals 24 Veredlungsstandorte stillgelegt.

Im rheinischen Revier bestand zum Zeitpunkt der deutschen Einheit bereits ein relativ niedriges Produktionsniveau. Innerhalb der vergangenen 25 Jahre hatte sich der Nachfragerückgang bei den Briketts weiter fortgesetzt. Die Produktionsmenge liegt 2010 nur noch etwa halb so hoch wie 1980. In gewissem Umfang wirkte der Absatz von Staub und Wirbelschichtkohle dem entgegen. Insgesamt waren allerdings weitere Rückgänge zu verzeichnen.

Moderne Brikettverpackungsanlagen in den Fabriken Schwarze Pumpe (li.) und Frechen (re.)

Kohlenveredlung heute

Die Braunkohle ist heute eine Stromenergie. Mehr als 90 Prozent der Rohbraunkohle werden in Kraftwerken verstromt. Unbenommen von dieser Feststellung ist die Braunkohlenveredlung für die Braunkohlenindustrie weiter wichtig.

Im rheinischen Revier wurde die Kohlenveredlung zwischenzeitlich auf drei Standorte konzentriert. In der Fabrik Frechen werden heute 1,2 Millionen Tonnen Braunkohlenbriketts der Marke „Heizprofi" in den Formaten drei Zoll und sieben Zoll sowie 0,9 Millionen Tonnen Braunkohlenstaub hergestellt. Der Anteil verpackter und gebündelter Ware im Hausbrandmarkt beträgt zurzeit ca. 65 Prozent. Damit wird der Marktentwicklung bei modernen Feuerstätten Rechnung getragen. Die Nutzer dieser Feuerstätten setzen neben Holz auch Briketts ein, die in kleinen, handlichen Gebinden nachgefragt werden. In der Fabrik Ville/ Berrenrath wird ausschließlich Braunkohlenstaub produziert. Die Produktionsmenge beträgt ca. 0,7 Millionen Tonnen pro Jahr. In der Fabrik Fortuna-Nord werden neben jährlich 0,8 Millionen Tonnen Staub auch bis zu 200.000 Tonnen Herdofenkoks hergestellt. Aufgrund des hohen Preisniveaus der Wettbewerbsenergien konnten in den letzten Jahren industrielle Neukunden gewonnen und der Staubabsatz in diesem Marktsegment ausgebaut werden. Um der steigenden Nachfrage gerecht zu werden, hat RWE Power am Standort Fortuna-Nord eine neue Walzenschüsselmahlanlage errichtet, die im September 2008 ihren Betrieb aufgenommen hat. Damit kann die Braunkohlenstaubproduktion im rheinischen Revier um 25 Prozent auf jährlich rund drei Millionen Tonnen gesteigert werden.

Im mitteldeutschen Revier wird durch die MIBRAG mbH in der Fabrik Deuben Braunkohlenstaub in einer Größenordnung von ca. 200.000 Tonnen pro Jahr produziert. Die Brikettproduktion wurde Ende 2003 eingestellt.

In Amsdorf betreibt die ROMONTA GmbH die weltgrößte Anlage zur Herstellung von Montanwachs.

Dipl.-Ing. Günter Stieberitz

Wie ist es gelungen, während des schwierigen Weges der Privatisierung die Existenz der ROMONTA und die damit verbundenen Arbeitsplätze zu sichern?

Die Wende und damit die Privatisierung erfolgten praktisch im Auslaufbetrieb des Tagebaues Amsdorf. Die geplanten Folgefelder Amsdorf-Nord und Nachterstedt brachen weg. Dem Industriestandort Amsdorf wurde von den großen westdeutschen Energieunternehmen keine Überlebenschance eingeräumt. So konnte am Standort Amsdorf ohne „Westeinfluss" auf der Basis der möglichen Tagebauentwicklung ein Unternehmenskonzept erarbeitet werden, dem eine Restkohlenförderung für mindestens 20 Jahre und 500.000 Tonnen pro Jahr zugrunde lagen.

Ein Spitzengespräch mit dem Hauptabnehmer, der HOECHST AG, und der Treuhandanstalt bestätigte den Bedarf des Marktes in einer Größenordnung, die unserer Produktionskapazität von ca. 18.000 Tonnen pro Jahr Rohmontanwachs entsprachen und notwendige Erlöse erwarten ließen. Es folgte eine spannende Arbeitsphase, die mit der Aufsichtsratssitzung am 16.12.1992 und dem Beschluss zur Modernisierung unserer Anlagen eine wichtige Zwischenetappe feiern konnte.

Hervorzuheben für diesen Erfolg war die in kürzester Zeit erarbeitete Modernisierungskonzeption durch das Team in Amsdorf, mit Unterstützung der MIBRAG AG. Hinzu kam die Unterstützung durch Unternehmer, die Zukunft gestalten wollten, wie Herrn Dr. Murmann, Dr. Schucht und vor allen Dingen Prof. Dr.-Ing. Bilkenroth. Da wurden noch keine Abwehrschlachten, wie heute üblich, von irgendwelchen Nadelstreifen-Boys geführt. Die anschließende Erst- und Zweitprivatisierung möchte ich nicht weiter kommentieren. Zu viele zweifelhafte Unternehmer haben ganze Standorte in Ostdeutschland nach 1989 vernichtet. Am Standort Amsdorf waren es die „Erstprivatisierer" Schmider/Kleiser. Für mich damals unfassbar. Als Zweitprivatisierung 2001 sahen wir damals nur einen Weg – die Übernahme durch das Management.

Aus heutiger Sicht sehe ich den grundsätzlichen Fehler Anfang der Neunzigerjahre in dem unverantwortlichen Zeitdruck, der auf die Umgestaltung der ostdeutschen Wirtschaft von der Plan- in die Marktwirtschaft ausgeübt wurde. Erinnern möchte ich an die Losung von Frau Breuel von der Treuhandanstalt: „Wer nicht zum 31.12.1993 privatisiert ist, wird abgewickelt, da die Privatisierung die beste Art der Modernisierung ist."

Mit welchen Modernisierungsmaßnahmen konnte die Wirtschaftlichkeit des Unternehmens erreicht werden?

ROMONTA ist nicht mit der MIBRAG „verkauft" worden, wie vorgesehen, weil alle Anbieter die technisch-technologische Unternehmenskonzeption als nicht betriebswirtschaftlich umsetzbar bewerteten. Zum wiederholten Male – Gott sei Dank! Die Konzeption beinhaltete eine Reihe von Modernisierungsmaßnahmen, um den Standort für den Wettbewerb fit zu machen.

Wichtige Maßnahmen waren dabei:

- Rückbau des Tagebaus auf jeweils eine Bandstraße Abraum und eine Bandstraße Kohle, Einsatz nur noch eines 1200er Schaufelradbaggers mit Absetzer für fünf Abraumschnitte;
- Neugestaltung der Rohkohlenaufbereitung als vertikales Einstraßensystem mit Schwingsieben, für Mitteldeutschland bis dato nicht üblich;
- Pelletierung des Kohlenfeinstaubs zur Sicherung des Körungsbandes für die Extraktion;
- Ersatz von 15 Becher-Extraktionsmaschinen durch einen Bandextrakteur;
- Modernisierung der Dampferzeuger zur effektiveren Verwertung der extrahierten Kohle.

Mein Dank gilt allen Mitarbeitern, die diese Modernisierung mit hohem Tempo und in hoher Qualität realisiert haben und die so einen wichtigen Beitrag zur Sicherung der Arbeitsplätze in der Region geleistet haben. Dass ich selbst daran mit gestaltet habe, erfüllt mich mit Stolz.

Welchen Stellenwert hat die ROMONTA heute in der Region Mansfelder Land?

ROMONTA ist zwischen Halle und Eisleben der größte und lukrativste Arbeitgeber. Wir fühlen uns mit unserer Arbeit der Region verpflichtet. Das betrifft unsere eigenen Mitarbeiter wie auch die Berufsausbildung, die Unterstützung von Kultur und Sport sowie vor allen Dingen auch unser Engagement in sozialen Bereichen. Wir wollen weiter eine wirtschaftlich stabile ROMONTA erhalten, damit wir diese Aufgaben auch in Zukunft im Interesse der Region wahrnehmen können, denn „wir sind etwas Besonderes".

Dipl.-Ing. Günter Stieberitz (*1939)

Mitglied des DEBRIV-Vorstands 1994–2008. Studium Verfahrenstechnik, Senftenberg und Bergakademie Freiberg. Danach leitende Funktionen im mitteldeutschen Braunkohlenrevier. 1994–2008 Geschäftsführer der ROMONTA. Ab 2001 Mitgesellschafter ROMONTA Bergwerksholding AG im Rahmen eines Management-Buy-outs.

Dieses Montanwachs wird aus eozäner Braunkohle extrahiert. Die entwachste Kohle wird energetisch im Grubenkraftwerk genutzt, ein Teil – rund 18.000 Tonnen pro Jahr – stellt ROMONTA ihren Kunden als Braunkohlenstaub zur Verfügung.

In der Lausitz ist die Kohlenveredlung am Standort Schwarze Pumpe konzentriert. Hier betreibt die Vattenfall Europe Mining AG eine in den Neunzigerjahren modernisierte Brikettfabrik. Im Jahr 2009 wurden 0,8 Millionen Tonnen Briketts, 0,7 Millionen Tonnen Braunkohlenstaub und 0,1 Millionen Tonnen Wirbelschichtkohle produziert.

Unter dem Markennamen „Lausitzer REKORD" werden lose Ganz-, Halb- und Viertelsteine sowie verpackte und gebündelte Briketts produziert. Entsprechend der gestiegenen Nachfrage nach modernen handlichen Verpackungen liegt der Anteil der verpackten und gebündelten Ware am Hausbrandabsatz, wie im rheinischen Revier, bei 60 bis 70 Prozent.

Nachdem die Staubproduktion nach den strukturellen Veränderungen Anfang der Neunzigerjahre auch in der Lausitz stark rückläufig war, konnte der Absatz in diesem Marktsegment in den letzten Jahren wieder deutlich gesteigert werden. Zwischenzeitlich ist die Nachfrage, auch durch die Gewinnung von Neukunden, so groß, dass Vattenfall Europe Mining AG im April 2009 mit dem Bau einer neuen Walzenschüsselmahlanlage begonnen hat, mit der die Produktion nach Fertigstellung auf mehr als 1,6 Millionen Tonnen gesteigert werden kann.

Neue innovative Produkte aus Braunkohle sind Xylit und Grillbriketts. Das in den Tagebauen anstehende Xylit ist in der Zeit der Kohlenbildung aus Holz entstanden und kann als Wertstoff speziell für Erden- und Pflanzensubstratprodukte genutzt werden. Die Xylitfasern sind strukturstabil und haben einen hohen Gehalt an organischer Substanz. Das aufbereitete Material hat ähnliche pH-Werte und ein vergleichbares Nährstoffniveau wie Torf. Xylit ist stickstoffstabil und zersetzt sich nur sehr langsam. Somit eignet sich die Substanz in hervorragender Weise auch für den privaten und professionellen Gartenbau. Ebenfalls als Neuentwicklung aus Braunkohle werden eiförmige Grillbriketts angeboten. Sie werden auf Basis von Braunkohlenfeinkoks und unter Zumischung von Holzkohlenstaub sowie eines lebensmitteltauglichen Bindemittels produziert.

Silo-LKW zum Transport von Braunkohlenstaub

Ausblick

Unbeschadet der Tatsache, dass feste Braunkohlenbrennstoffe eher eine Nische besetzen, gehen die Überlegungen von Fachleuten dahin, die Braunkohle künftig auch wieder intensiver stoffwirtschaftlich zu nutzen. Neben der Weiterentwicklung der Kohlentrocknungsverfahren werden Projekte zur Entwicklung neuer Produkte wie Pellets und Granulate sowie die Veredlung in Kombination mit nachwachsenden Brennstoffen verfolgt. Im Rahmen von Forschung und Entwicklung werden in Zusammenarbeit mit Hochschulen auch die Technologien zur CO_2-armen, stoffgeführten Nutzung mit hohem Wertschöpfungspotenzial als längerfristige Perspektive verfolgt. Anzusprechen sind das Vorhaben „Innovative Braunkohlen Integration (ibi)“ in Mitteldeutschland sowie die Potenziale, die im Zusammenhang mit den Vergasungs- oder Extraktionstechnologien bestehen.

4

Arbeiten und Leben mit der Braunkohle

Braunkohle in Verantwortung für die Mitarbeiter

In den Jahren nach Gründung der Bundesrepublik wurde für die Bergbau- und Schwerindustrie im Westen Deutschlands die Montanmitbestimmung als Unternehmensverfassung vorgesehen. Für alle Bereiche verbindlich sind das Tarifrecht und die Betriebsverfassung. Hinzu kommt eine umfassende Arbeits- und Sozialgesetzgebung. Das sind die maßgeblichen Rahmenbedingungen für die Gestaltung der Arbeit in der Braunkohlenindustrie. Sie hatte sich in diesem Sinne frühzeitig darum bemüht, die zuvor üblichen hierarchischen Strukturen in den Betrieben aufzulösen und den vormals eher autoritären Führungsstil zu verlassen. Als Leitbilder wurden der Mitarbeiterbegriff und der kooperative Führungsstil entwickelt. Auf dieser Basis wurde die Braunkohlenindustrie in der Bundesrepublik der Nachkriegszeit zu einer wirtschaftlich erfolgreichen Branche mit stabilen betrieblichen und sozialen Strukturen.

Systembedingte Unterschiede

In den volkseigenen Betrieben und Kombinaten der DDR dagegen wurde die wirtschaftliche Tätigkeit systembedingt stark durch Parteien und Massenorganisationen gesteuert. Politische Agitation und Propaganda sowie ein ausgeprägtes Wettbewerbs- und Auszeichnungssystem (Stichwort „Aktivist") sollten die Belegschaft zu hohen Leistungen motivieren und zugleich die Identifikation mit dem politischen System fördern. Es gab zwar eine betriebliche Mitbestimmung durch die Betriebsgewerkschaftsleitungen, aber nach dem Verständnis, dass das sozialistische Eigentum an Produktionsmitteln keinen Interessengegensatz zwischen Arbeitgebern und Arbeitnehmern rechtfertige, stand auch die Mitbestimmung unter dem Primat der politischen Zielsetzungen.

Gleichwohl wurde zur Förderung von sozialem Zusammenhalt und Gemeinschaftsgefühl in den Betrieben ein umfangreiches Spektrum an sozialen und kulturellen Leistungen entwickelt. Die Betriebe unterhielten Betreuungseinrichtungen für Kinder, Polikliniken, Ferienheime und stellten Wohnungen zur Verfügung. Es gab umfangreiche Sozialleistungen, beispielsweise eine warme Betriebsverpflegung rund um die Uhr an allen Arbeitsorten oder einen Bustransfer zwischen dem Wohnort und der Arbeitsstätte. Darüber hinaus wurden Freizeit- und Kulturprogramme angeboten. Ziel der betrieblichen Sozialmaßnahmen war, die Bindung an den eigenen Betrieb zu stärken, aber auch gleichzeitig zur Duldung des an anderer Stelle stark einschränkenden politischen Systems beizutragen.

Diese in Jahrzehnten gewachsenen Strukturen der Braunkohlenindustrie als Schlüsselbranche fanden mit der Wiedervereinigung ein abruptes Ende. Der Übergang zu Wettbewerb unter Marktbedingungen erforderte massive Personalreduzierungen. Produktion und Absatz brachen wegen mangelnder Wettbewerbsfähigkeit in kürzester Zeit um rund drei Viertel ein. Damit verbunden war eine Konzentration auf die Kerntätig-

keit und die Abtrennung der im Mantel angeordneten Tätigkeiten, z.B. im sozialen Bereich, oder die sachfremde Konsumgüterproduktion. Nach 1989 konnte deshalb von einem gleitenden Anpassungsprozess wie vormals im Westen nicht die Rede sein – vielmehr kam es zu massiven Struktureinschnitten. Das wird an der Entwicklung der Beschäftigung besonders deutlich: 1989 lag die Beschäftigtenzahl in den Revieren Mitteldeutschland und Lausitz noch bei rund 140.000, heute liegt sie bei weniger als 10.000.

Soziale Anforderung des Beschäftigungsabbaus

Es zählt zu den großen Leistungen nach der Wiedervereinigung, dass dieser massive Beschäftigungsabbau in der Industrie der ehemaligen DDR – der sich nicht auf die Braunkohle beschränkte, aber hier besonders drastisch ausfiel – ohne größere soziale Unruhen bewältigt werden konnte. Zu den Gründen für diesen vergleichsweise geordneten Anpassungsprozess gehörte neben der enormen Bereitschaft der ostdeutschen Bevölkerung, sich auf die neuen Verhältnisse einzustellen, auch die Vielzahl an sozialen Abfederungsmaßnahmen, die aus Transferleistungen des Bundes und der Länder und insbesondere über die Sozialsysteme finanziert werden konnten.

Die im Westen übliche Sozialpartnerschaft in den Betrieben der Braunkohlenindustrie und mit der Industriegewerkschaft Bergbau und Energie (IGBE) wurde nach der deutschen Einheit auch im mitteldeutschen und Lausitzer Revier zum Leitbild. In den Unternehmen entwickelten sich schnell Kooperationsformen, die durch gegenseitige Achtung und gemeinsame Verantwortung gekennzeichnet waren.

Ende der Neunzigerjahre ergaben sich in den westdeutschen und ostdeutschen Revieren neue Herausforderungen, die bereits unter der Überschrift „Liberalisierung der Strommärkte und Klimavorsorge" beschrieben wurden. Die Braunkohlenindustrie befand sich seit diesem Zeitpunkt zwar insgesamt auf einem stabilen Entwicklungsweg, aber das Fortschreiben der bewährten Verhältnisse war weder möglich noch gewollt. Der Strukturwandel mit erheblichen Auswirkungen auf die Organisation und die Aufgaben der Mitarbeiter ging weiter.

Neues Selbstverständnis

Die Fortentwicklung des Mitarbeiterbildes und der Organisation der Betriebe steht auch in einem Zusammenhang mit den technischen Entwicklungen. Die Betriebskonzentration auf wenige große Tagebaue, der Einsatz immer leistungsfähigerer Gewinnungs-, Förder- und Absetzergeräte, verbesserter Verfahren der Instandhaltung, Betriebsüberwachung und Betriebssteuerung beschreiben grundlegende Veränderungen. Das führte dazu, dass die Anforderungen an die Qualifikation der Mitarbeiter ständig stiegen. Damit einher ging ein neues Selbstverständnis, bei dem Verantwortung mehr und mehr an den Ort der Entscheidung oder der Arbeit verlagert wird.

Inzwischen laufen in der Braunkohlenindustrie an vielen Stellen sogenannte kontinuierliche Verbesserungsprozesse, die alle Mitarbeiter auf allen Hierarchiestufen einbeziehen. Ihr Ziel ist es, wachsende Produktivität mit einem hohen Niveau von Gesundheits- und Arbeitsschutz zu verknüpfen. Gerade das Thema Arbeitsschutz wurde dabei zu einem aktivierenden Faktor.

Wegen der hohen Kapitalintensität und der Integration in europäisch agierende Energieunternehmen werden Bergbau und Stromerzeugung häufig als Großindustrie bezeichnet, wobei damit Schwerfälligkeit oder Bürokratie assoziiert werden. Kaum wahrgenommen wird aber, dass diese Industrie technologisch sehr anspruchsvoll ist. Verknüpft mit einem dynamischen Prozess der Technisierung und verbesserter Organisation gelang es der Braunkohlenindustrie seit vielen Jahren, die Produktivität ständig zu erhöhen. Die deutlich gestiegene Fördermenge je Beschäftigten belegt das. Dies bedeutet allerdings im Umkehrschluss, unabhängig von der besonderen Entwicklung in den neuen Ländern nach der deutschen Einheit, dass bei etwa konstanter Braunkohlenförderung die Belegschaft tendenziell immer kleiner wird.

Mittelgroße Betriebe prägen die Branche

Tagebaue, Kraftwerke und unterstützende Betriebe sind in der Regel über die Reviere verstreut und haben eine mittlere Größe. Ein typischer Tagebaubetrieb hat heute 300 bis 1.000 Beschäftigte. In Kraftwerken sind je nach Größe der Anlage einige Hundert Mitarbeiter beschäftigt. Instandhaltungsbetriebe haben sich zu kleinen schlagkräftigen Einheiten entwickelt, die häufig revierweit eingesetzt werden. Eine große Rolle spielen Ingenieurdienste, Planung und Genehmigung. Wichtiger werden die enge Zusammenarbeit über Fachgrenzen hinweg und die Kooperation mit Zulieferfirmen.

Ein Revier kann man deswegen auch als Netzwerk von kleineren, eher mittelständischen Einheiten verstehen, die intern einen arbeitsteiligen, hoch effizienten Verbund bilden und gleichzeitig in vielerlei Weise mit ihrem Umfeld verknüpft sind. So spricht man von Wertschöpfungsketten oder Clustern. Der industrielle Kernbereich der Kohlengewinnung und Stromerzeugung löst wirtschaftliche Impulse aus, die weit über die engere Tätigkeit oder Region hinausreichen.

Die Bergbaubetriebe haben, selbst wenn sie unweit von Ballungsräumen angesiedelt sind, meist eine ländliche Umgebung. Die Braunkohle ist in den Regionen ein gut bekannter Nachbar für viele Ortschaften. Die Mitarbeiter und Bürger leben, teilweise seit Generationen, mit und von der Braunkohle. Daraus resultiert eine hohe Identifikation mit dem Rohstoff und allen damit in Verbindung stehenden Tätigkeiten. Dazu trägt bei, dass die Bergbauindustrie aufgrund der hohen Produktivität anspruchsvolle Arbeitsplätze und gute Löhne sowie Sozialleistungen bietet. Die Mitarbeiter der Braunkohlenindustrie gehören zu einer selbstbewussten Mittelschicht, die nicht nur im Beruf ihre Frau oder ihren Mann stehen, sondern die an vielen Stellen darüber hinaus Verantwortung in Gemeinden und Vereinen für die Bürgergesellschaft übernehmen. Diese enge Verzahnung ist ein wesentliches Element dafür, dass Braunkohle in den Regionen hoch akzeptiert ist.

Verbundenheit immer wieder neu gewinnen

Allerdings ist nicht zu verkennen, dass in den letzten Jahren mit der notwendigen Reduzierung der Mitarbeiterzahlen und der geänderten Strukturen der Unternehmen in Richtung auf mehr zentral organisierte Steuerungsfunktionen die traditionelle Verbundenheit der Revierbevölkerung und damit sukzessive auch der Mitarbeiter mit „ihrer" Braunkohle zum Teil gelitten hat. Seit nicht mehr jeder Mitarbeiter davon ausgehen kann, dass auch seine Kinder ihren Platz in den Betrieben der Braunkohle finden, seit manche Förderungsmöglichkeit aus Kostengründen gestrichen werden musste, hat sich die Verbundenheit zum Unternehmen und der Branche auf und ab bewegt. In jüngster Zeit durchgeführte Mitarbeiterbefragungen belegen jedoch wieder ein hohes Niveau an Identifikation.

Über alle schwierigen Perioden und großen Veränderungen hinweg waren und sind die Arbeitsbeziehungen in der Braunkohle immer von gegenseitigem Verständnis und einer hohen Solidarität geprägt. Die Vielfalt der in der Braunkohlenindustrie benötigten Berufsbilder – u.a. Bergleute, Maschinenbauer, Elektrotechniker, Landwirte, Förster, Biologen, Wasserbauer, Mediziner, Juristen – bietet vielen Interessen Raum zur beruflichen Verwirklichung. Damit ist eine gute Voraussetzung dafür gegeben, dass diese für Deutschland wichtige Industrie auch in den kommenden Jahrzehnten mit einer motivierten und qualifizierten Belegschaft die sich ihr stellenden großen Herausforderungen meistern kann.

Tarif- und Sozialpolitik

Die Entwicklung des Tarifwesens

In der Braunkohlenindustrie werden die tariflichen Fragestellungen in guter Sozialpartnerschaft behandelt, nicht zuletzt beeinflusst durch die Regelungen zur Montanmitbestimmung und die konstruktive Zusammenarbeit mit der Industriegewerkschaft Bergbau-Chemie-Energie (IG BCE). Das schließt Konflikte und harte Auseinandersetzungen in der Sache nicht aus. Zurückblickend lässt sich jedoch feststellen, dass bisher alle strittigen Themen letztlich am Verhandlungstisch gelöst werden konnten.

Dazu beigetragen haben auch viele innovative Elemente der Tarifpolitik. Bereits in den Fünfzigerjahren wurden auf der Basis einer analytischen Arbeitsbewertung eigene Systeme der Lohn- und Gehaltsfindung im Braunkohlenbergbau entwickelt. Dabei wurde neben den Fachkenntnissen eine ganze Zahl anderer Faktoren berücksichtigt. Am Ende der Entwicklung stand das einheitliche analytische Bewertungssystem, mit dem Tätigkeiten nicht nur der Arbeiter, sondern auch der Angestellten in einem Raster nach gleichen Maßstäben beschrieben, beurteilt und bewertet wurden. Im rheinischen Revier vereinbarten 1975 die damalige IG Bergbau und Energie (IGBE) und der mit dem DEBRIV assoziierte regionale Arbeitgeberverband – Verein Rheinischer Braunkohlenbergwerke (VRB) – eine entsprechende Anpassung des Manteltarifvertrages. Seinerzeit war dies im Vergleich zu vielen anderen Branchen ein Novum. Mittlerweile haben viele Tarifsysteme, die auch zunehmend auf der summarischen Arbeitsplatzbewertung basieren, einheitliche Bewertungssysteme für Arbeiter und Angestellte. Zum Zeitpunkt der deutschen Einheit war das im Rheinland praktizierte Entlohnungssystem hoch akzeptiert und entsprach den betrieblichen Anforderungen.

Die Einheit bedeutete im Osten Deutschlands für die Gestaltung der Arbeitsbedingungen eine Zäsur. In einem ersten Tarifvertrag war 1990 noch das Bestreben der Gewerkschaften erkennbar, möglichst viele Elemente des früheren DDR-Arbeitsrechts durch einen Manteltarifvertrag zu konservieren. Beginnend ab 1990 wurden Tarifstrukturen in die Reviere Lausitz und Mitteldeutschland übertragen, die sich über Jahrzehnte im rheinischen Braunkohlenrevier entwickelt hatten. Die Unternehmen der Braunkohlen- und Gasindustrie im Osten Deutschlands gründeten eigenständige Arbeitgeberverbände, was im Sommer 1990 zur Bildung des Wirtschaftsverbandes Kohle e. V. (WVK) führte. Dem WVK gehörten zum damaligen Zeitpunkt insgesamt 23 Unternehmen an. Kernbereich der Verbandstätigkeit war das Tarifwesen. Darüber hinaus wurde der Wirtschaftsverband Kohle e. V. Träger der Prüfstelle für Tagebaugeräte. Seit Anbeginn pflegten der WVK und der DEBRIV/VRB eine enge fachliche Zusammenarbeit.

Bereits am 3. August 1990 wurde ein erster Vergütungstarifvertrag geschlossen, der die Übernahme des Entlohnungssystems des Vereins Rheinischer Braunkohlenbergwerke e. V. für die Unternehmen des WVK vorsah. Damit kam auch in den ostdeutschen Braunkohlenrevieren erstmals ein durchgängiges Vergütungssystem mit 20 Tarifgruppen für Arbeiter und Angestellte zur Anwendung. Dieser erste Vergütungstarifvertrag enthielt zunächst nur eine Gehaltstabelle und erforderte demzufolge auch eine neue Stelleneinteilung, die am 8. Februar 1991 verabschiedet wurde. Ab 1991 wurde ein neuer Manteltarifvertrag verhandelt, der den veränderten wirtschaftlichen Rahmenbedingungen Rechnung trug. Die wesentlichen Elemente der Arbeitszeitgestaltung wurden in Anlehnung an die Regelungen im rheinischen Revier ausgestaltet, z. B. die Verteilung der Arbeitszeit auf die Werktage Montag bis Samstag und das flexible Ruhetagsystem. In einem längeren Prozess wurde mit dem Tarifpartner IGBE das gesamte Stellensystem auf Grundlage einer analytischen Arbeitsplatzbewertung neu geordnet. Am 15. März 1993 wurde der „Tarifvertrag Stelleneinteilung“ geschlossen.

Ein weiterer Schwerpunkt in dieser Periode war das Erfordernis einer Neuregelung der Deputatansprüche insbesondere für den Personenkreis der sogenannten „Inaktiven“, die auf Grundlage rahmenkollektivrechtlicher Regelungen aus der Vorwendezeit Ansprüche auf Rentner- oder Witwendeputat hatten. Die in Umorganisation befindliche Braunkohlenindustrie wäre perspektivisch überfordert gewesen, für einen sehr großen und tendenziell wachsenden Personenkreis derart langfristige Leistungen zu erbringen.

In einer von sozialer Verantwortung und Augenmaß getragenen gemeinsamen Suche nach einer Lösung wurde zwischen dem WVK, der IGBE und der damaligen Treuhandanstalt ein Modell zur Ausgestaltung und Finanzierung der Ablösung der Deputatansprüche entwickelt. Am 9. November 1993 führte dies zum Abschluss des „Tarifvertrages über die Ablösung der Deputatansprüche von anspruchsberechtigten Inaktiven“. Es zeugt von der Akzeptanz der vereinbarten Regelungen, dass alle Betroffenen den vereinbarten Ablösebeträgen zustimmten. Parallel dazu wurden auch die Deputatansprüche für die Arbeitnehmer in den Unternehmen des aktiven Braunkohlenbergbaus neu geregelt.

In den Neunzigerjahren war die personelle Entwicklung in den Mitgliedsunternehmen des WVK von den ständig erforderlichen Kapazitäts- und Personalanpassungen geprägt. Die IGBE verfolgte in den Tarifverhandlungen den Ansatz, durch eine Verringerung der tariflichen Arbeitszeit das Arbeitsvolumen breiter zu verteilen, um den unumgänglichen Personalabbau zu verhindern bzw. zu verlangsamen. Demgegenüber stand für die Unternehmen das Erfordernis, eine wettbewerbsfähige Produktivität zu erreichen, Prozesse zu straffen und Kosten zu senken. In einem langwierigen

Verhandlungsprozess, der auch auf Arbeitgeberseite aufgrund unterschiedlicher Bedingungen in den Unternehmen erheblichen Koordinierungs- und Abstimmungsbedarf erforderte, wurde am 29. September 1996 der „Tarifvertrag zur Beschäftigungssicherung" geschlossen. Kernpunkt dieses Tarifvertrages war die Verkürzung der tariflichen Arbeitszeit durch Einführung von 20 tariflichen Freischichten bei Beibehaltung der 40-Stunden-Woche. Vereinbart wurde eine umfassende Flexibilisierung der Arbeitszeit durch Einführung von Jahresarbeitszeitkonten. Durch die Anrechnung der Arbeitszeitverkürzung auf die Vergütungsentwicklung sowie eine lange Laufzeit für diesen und nachfolgende Vergütungstarifverträge war der gefundene Kompromiss ein wichtiger Meilenstein in der Phase des Strukturwandels. Daneben wurden in den Unternehmen im Rahmen des erforderlichen Personalabbaus in großem Umfang sozial verträgliche Vorruhestandsregelungen umgesetzt und später das Instrument der Altersteilzeit umfänglich genutzt.

Aus Sicht der Gewerkschaften war die Lohnangleichung Ost/West ein wichtiges Ziel. Seit Einführung der einheitlichen Entgelttabelle am 1. September 1990 im WVK wurde eine Vielzahl von großen Tariferhöhungen vereinbart. Im Rahmen der Lohnangleichung Ost-West stieg der Ecklohn der Facharbeitereinstiegsvergütung bis zu Beginn des Jahres 2010 um rund das 3,5-Fache.

Beginnend bereits in den Neunzigerjahren wurden in einzelnen Unternehmen im Verbandsbereich des WVK aufgrund unterschiedlicher wirtschaftlicher und struktureller Entwicklungen firmenspezifische Verbandstarifverträge geschlossen. Mit der Zeit führte das zu Tarifregelungen im WVK, die nicht mehr einem durchgängigen Flächen- oder Branchentarifvertrag entsprechen konnten, sodass sich bis heute ein durch Einzelregelungen geprägtes System entwickelt hat. Letztmalig wurde am 14. Januar 2002 ein einheitlicher Manteltarifvertrag für die zu diesem Zeitpunkt noch zum Tarifbereich des WVK gehörenden Unternehmen geschlossen.

Im rheinischen Revier lag der Schwerpunkt der Tarifarbeit im Bereich der Vergütungstarife. Im Zeitraum von 1990 bis 2010 wurden die Monatsvergütungen auf ca. das 1,5-Fache erhöht. Das entspricht in etwa dem Lohntrend in der westdeutschen Industrie insgesamt. Die im Vergleich erkennbaren und deutlich unterschiedlichen Steigerungsraten im Tarifbereich WVK und VRB sind demzufolge Ausdruck der Angleichung der Lebensverhältnisse in Deutschland infolge der Wiedervereinigung. Heute bestehen in den großen Unternehmen der Braunkohlenindustrie bzw. Stromwirtschaft weitgehend vergleichbare Vergütungshöhen. Das Lohnniveau ist im Vergleich zu anderen Branchen hoch, basiert allerdings auf der in den letzten Jahren ständig und deutlich gewachsenen Produktivität sowie einem insgesamt hohen Qualifikationsniveau der Belegschaft.

Neue Herausforderungen im Tarifwesen ergaben sich aufgrund der Integration der Braunkohlengewinnung und Stromerzeugung. Anzusprechen sind die Fusion von RWE und VEW und die Bildung von Vattenfall Europe, in die HEW, VEAG, LAUBAG und BEWAG integriert wurden. Die neu entstandenen Großunternehmen hatten in Teilen ganz unterschiedliche tarifliche Regelungen. Man stand also vor der Aufgabe, für diese Firmengruppen durchgängige und an modernen Erfordernissen orientierte Tarifregelungen einzuführen. Gebildet wurde eine Tarifgruppe RWE, in die der Tarifbereich des Vereins Rheinischer Braunkohlenbergwerke (VRB) eingeordnet wurde, sowie die Tarifgemeinschaft Vattenfall Europe, in der die Vattenfall Europe Mining AG aus dem Tarifbereich Wirtschaftsverband Kohle (WVK) integriert wurde.

Nach langjährigen Vorbereitungen wurden am 27. März 2006 für die Tarifgruppe RWE und am 20. November 2006 für die Tarifgemeinschaft Vattenfall Europe neue Manteltarifverträge geschlossen. Aufgrund der Tradition des Braunkohlenbergbaus gab es im Bereich VRB und WVK spezifische tarifliche Regelungen. Durch Überleitungsverträge wurden die tariflichen Besonderheiten der jeweiligen Braunkohlenunternehmen über Zeitschienen in die neuen Konzerntarifwerke integriert, wobei u.a. dynamische individuelle Besitzstandsregelungen vereinbart wurden.

Infolge der Verschmelzung aller Braunkohlenverbände Deutschlands im Jahr 2007 werden die bis dahin beim Verein Rheinischer Braunkohlenbergwerke e.V. und beim Wirtschaftsverband Kohle e.V. angesiedelten Aufgaben des Tarifwesens ab diesem Zeitpunkt vom Deutschen Braunkohlen-Industrie-Verein e.V. wahrgenommen.

Zur Bundesknappschaft

In den letzten Jahren vollzogen sich grundlegende Wandlungen in den Aufgaben und der Struktur der Knappschaft. Während sie jahrzehntelang Träger der bergbaulichen Rentenversicherung und die ausschließliche Krankenversicherung der Bergleute war, war der Bestand insbesondere wegen der stark rückläufigen Zahl der Beschäftigten in den klassischen Bergbaubereichen zunehmend gefährdet. Die Knappschaft konnte in einem Reformprozess ihre Eigenständigkeit als bundeseinheitlicher Träger der bergbaulichen Rentenversicherung behaupten und gleichzeitig neue Aufgabenbereiche hinzugewinnen. So wurde in einem Kraftakt im Jahr 2003 eine neue Verwaltung für die Betreuung der sogenannten Minijobs an den Standorten Essen, Gelsenkirchen und mit einem Schwerpunkt in Cottbus eingerichtet. Mit kleineren auf Bundesebene agierenden Rentenversicherungsträgern wurden frühzeitig Fusionsgespräche geführt. Auf Grundlage des Gesetzes zur Organisationsreform der Rentenversicherung erfolgte mit Wirkung ab 1. Oktober 2005 die Fusion mit der Bahnkasse und der Seekasse. Damit wurde der nunmehr unter dem Namen Knappschaft-Bahn-See (KBS) agierende Versicherungsträger zum drittgrößten Rentenversicherungsträger in Deutschland. Die Knappschaft blieb weiter allein für die Kranken- und Pflegeversicherung der Beschäftigten des Bergbaus zuständig und übernahm zusätzliche Aufgaben für die betriebliche Altersversorgung der Deutschen Bahn AG. In der Folgezeit gelang es, attraktive Beitragssätze anzubieten, was neue Versicherte anzog. Bei Öffnung der knappschaftlichen Krankenversicherung für andere Versicherte präsentierte sich die KBS ab 1. April 2007 als attraktive Krankenkasse auch für bergbaufremde Versicherte. Gleichzeitig wurden strukturelle Veränderungen entschlossen weiter vorangetrieben; so unterhält die Knappschaft beispielsweise ein eigenes medizinisches Netz an über 100 Standorten. Eine neue Herausforderung resultiert für die KBS aus der Umsetzung der Regeln zum Gesundheitsfonds. In diesem System entscheidet nicht ein günstiger Beitragssatz über die Attraktivität einer Krankenkasse, sondern primär das kundenorientierte Leistungsangebot und der Service.

Wandel der Bergbau-Berufsgenossenschaft zur Berufsgenossenschaft Rohstoffe und chemische Industrie

Die Unternehmen, die von der Bergbau-Berufsgenossenschaft betreut werden, konnten in den Neunzigerjahren eine deutliche Verbesserung des Unfallgeschehens erreichen. Dennoch bleiben die finanziellen Belastungen durch die BBG-Beiträge für die Unternehmen auf recht hohem Niveau, insbesondere wegen großer Rentenlasten, die ihre Ursachen allerdings in weit zurückliegenden Entwicklungen haben. Neben Auswirkungen, die aus der Zeit eines umfangreichen Steinkohlenbergbaus mit damals spezifischen Berufskrankheiten resultieren, sind auch die Zahlungsverpflichtungen insbesondere für Berufskrankheiten aus dem Wismutbereich (Uranerzbergbau) anzusprechen. Hinzu kommt, dass der Katalog der Berufskrankheiten erweitert wurde. Ohne einen Lastenausgleich zwischen den Berufsgenossenschaften wären von den verbliebenen Unternehmen in der Bergbau-Berufsgenossenschaft, insbesondere in der Braunkohlen- sowie der Kali- und Salzindustrie, völlig unverhältnismäßig hohe Beiträge zu leisten. Da sich aus der Sicht des Gesetzgebers viele Berufsgenossenschaften auch wegen struktureller Veränderungen in der Wirtschaft Anpassungserfordernissen ausgesetzt sahen, drängte der Gesetzgeber auf eine Verringerung der Anzahl der Berufsgenossenschaften. Nachdrücklich wurden freiwillige Zusammenschlüsse eingefordert. Daneben wurde zunächst auch eine Leistungsreform in der gesetzlichen Unfallversicherung angestrebt, wobei dieses Vorhaben dann zurückgestellt wurde.

Für die Braunkohlenindustrie war neben den unten dargestellten strukturellen Veränderungen vor allem von Interesse, wie sich die absehbaren, stark sinkenden Beitragsaufkommen der Steinkohlenindustrie auf die Beiträge auswirken. Bedingt durch das Umlagesystem waren erhebliche Zusatzbelastungen zu erwarten, obwohl die Unfallentwicklung gerade in der Braunkohlen-, Kali- und Salzindustrie positiv verlief. Es war möglich, die Interessen in einem ausgewogenen Vorschlag zu bündeln. Dieser fand Aufnahme in das Reformgesetz, was dazu führte, dass die Kosten der sogenannten „Überaltlasten" ebenso wie die Verfahrens- und Verwaltungskosten nicht allein von den aktiven Zweigen des Braunkohlen-, Kali- und Salzbergbaus zu tragen sind. Im Ergebnis wurde mit dem „Gesetz zur Modernisierung der gesetzlichen Unfallversicherung (Unfallversicherungsmodernisierungsgesetz – UVMG)" vom 30.10.2008 (BGBl. I S. 2130 ff.) die Grundlage für eine umfassende Strukturreform in der gesetzlichen Unfallversicherung gelegt.

Nach Durchführung der vorgesehenen Fusionen werden zukünftig nur noch neun Berufsgenossenschaften in Deutschland bestehen. Mit der „Berufsgenossenschaft Rohstoffe und chemische Industrie (BG RCI)" besteht eine leistungsfähige Organisation, in der die Berufsgenossenschaft der chemischen Industrie, die Steinbruch-BG, die Lederindustrie-BG, die Papiermacher-BG, die Zucker-BG und die Bergbau-BG seit 1. Januar 2010 zusammengeschlossen sind.

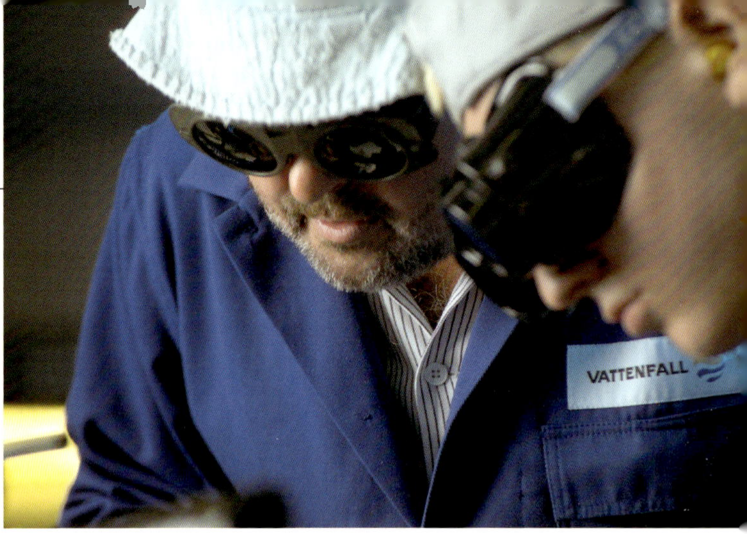

Arbeits- und Gesundheitsschutz

Arbeits- und Gesundheitsschutz haben in der Braunkohlenindustrie traditionell einen hohen Stellenwert. Dabei ist zu berücksichtigen, dass die Braunkohlenindustrie instandhaltungsintensiv ist, ein Großteil der Tätigkeiten unter freiem Himmel erfolgt und dem Witterungseinfluss unterliegt. Auch die Wegeverhältnisse in den Tagebaubetrieben sind nicht einfach. Vor diesem Hintergrund ist die Unfallhäufigkeit der Braunkohlenindustrie zu bewerten. Trotz der zum Teil schwierigen Arbeitsbedingungen liegen die Unfallzahlen seit Jahren deutlich unter dem Durchschnitt der gewerblichen Wirtschaft.

Innerhalb der Braunkohlenindustrie besteht zwischen Management, Belegschaft und dem Sozialpartner weitgehende Übereinstimmung darin, dass es beim Gesundheits- und Arbeitsschutz nicht allein darum geht, Unfälle zu vermeiden, sondern auch besonderen berufsspezifischen Belastungen vorzubeugen und das Risiko berufsbedingter Krankheiten zu reduzieren. Nicht zuletzt aber sind niedrige Unfallzahlen und ein geringer Krankenstand aussagekräftige Indikatoren dafür, dass die Arbeitsqualität hoch, die Motivation gut ist und die Qualifikation von Mitarbeitern und Führungskräften den Anforderungen entspricht.

Die Gestaltung der hierfür notwendigen Rahmenbedingungen war immer ein Thema, das von den Mitgliedsgesellschaften sehr offen auf der Plattform des Deutschen Braunkohlen-Industrie-Vereins erörtert wurde. Arbeits- und Gesundheitsschutz sind heute Querschnittsaufgaben, die bei der Fortentwicklung der Technik, bei der betrieblichen Organisation, bei der Ausbildung und Schulung sowie im täglichen Miteinander bei der Erledigung der betrieblichen Arbeit einen sehr hohen Stellenwert haben. Das bezieht sich gleichermaßen auf Unfälle im Betrieb, auf die Wege von und zur Arbeit und auf den allgemeinen Gesundheitsschutz.

Besonderheiten der Bergbauindustrie

Im Bergbau war vor hundert Jahren schwere körperliche Arbeit üblich. Häufig gab es spezifische Gefährdungen, die aus den Arbeitsbedingungen im Tagebau oder der eingesetzten Technik resultierten. Frühzeitig wurden die Arbeitsmittel, die Gerätetechnik und die Betriebsorganisation verbessert, um die Arbeit zu erleichtern und Unfälle zu vermeiden. Zunächst war der Blick vorrangig auf die Weiterentwicklung der Technik und der Betriebsmittel gerichtet. Mit dem Einsatz immer besserer Technik wurde allerdings zunehmend deutlich, dass der Mensch und sein Verhalten am Arbeitsplatz maßgebliche Größen sind. Dieser Erkenntnis folgend wurde 1992 die EU-Richtlinie zur Verbesserung der Sicherheit und des Gesundheitsschutzes der Arbeitnehmer bei der Arbeit in mineralgewinnenden Betrieben erlassen.

Mit der Umsetzung in nationales Recht durch die Allgemeine Bundesbergverordnung (ABBergV) zum 1. Januar 1996 ergab sich für die Betriebe auch formal ein Paradigmenwechsel. Ins Zentrum der Bemühungen um Arbeits- und Gesundheitsschutz rückten gesamtheitliche Analysen der Arbeitsprozesse. Sie wurden Grundlage der Arbeitsschutz- und Sicherheitsdokumente. Die Mitwirkung der Mitarbeiter auf allen Hierarchiestufen bei der Umsetzung, ein konstruktiver innerbetrieblicher Dialog, eine zielorientierte Zusammenarbeit mit den

Bergbehörden und der Bergbau-Berufsgenossenschaft und nicht zuletzt auch die Übereinstimmung zwischen der betrieblichen Mitbestimmung und den verantwortlichen Betriebsleitern über die Ziele bewirkten einen Quantensprung, den man früher nicht für möglich gehalten hatte. Während zuvor Unfälle als Teil einer mitunter gefährlichen Arbeit akzeptiert wurden, änderte sich diese Sichtweise mit der Zeit. Im Rahmen der kontinuierlichen Prozessoptimierung wuchs auch der Anspruch, den Betrieb unfallfrei zu halten und so die Bedingungen vor Ort zu verbessern. Aus der reaktiven Betrachtung, also der Untersuchung bereits geschehener Unfälle, entwickelte sich ein präventiver Ansatz, bei dem die Vermeidung von Gefährdungen und Erkenntnisgewinnung aus Beinaheunfällen im Vordergrund stehen.

Braunkohlenbergbau ist Spitzenreiter

Die Statistik des Hauptverbandes der gewerblichen Berufsgenossenschaften (HVBG) gibt einen Überblick zur Entwicklung der Arbeitsunfälle in der gesamten gewerblichen Wirtschaft Deutschlands seit 1990. Dieser Auswertung liegen die anzeigepflichtigen Arbeitsunfälle zugrunde, die zu mehr als drei Ausfalltagen geführt haben. Die allgemein gültige Messlatte ist dabei, wie viele Arbeitsunfälle je eine Million geleisteter Arbeitsstunden zu verzeichnen sind. Mit dieser Bezugsgröße ist ein Vergleich von verschiedenen Branchen mit unterschiedlichen Wochenarbeitszeiten möglich.

Die Braunkohlenindustrie weist seit mehr als zehn Jahren eine Unfallquote aus, die unter zehn liegt. 2009 waren 2,8 anzeigepflichtige Arbeitsunfälle je eine Million verfahrener Arbeitsstunden zu verzeichnen. Im Vergleich hierzu lag die durchschnittliche Unfallquote der deutschen Wirtschaft bei 17,2 anzeigepflichtigen Arbeitsunfällen je eine Million Arbeitsstunden. Zu beachten ist dabei, dass es in der Braunkohlenindustrie einzelne Unternehmen oder Betriebsteile gibt, in denen mehrere Hundert oder sogar Tausend Mitarbeiter zusammenarbeiten und die es geschafft haben, über ein Jahr unfallfrei zu bleiben.

Arbeitsschutz ist ganzheitliche Aufgabe

Der Arbeits- und Gesundheitsschutz ist nicht die Aufgabe einiger Experten und Sachverständiger, sondern Aufgabe jedes Einzelnen. Alle Mitarbeiter können durch Aufmerksamkeit, Ordnung und Sauberkeit sowie durch Kenntnisse und Erfahrungen entscheidende Beiträge für ihre Arbeitssicherheit und für ihren vorbeugenden Gesundheitsschutz leisten. So konnten in den vergangenen Jahren durch eine Beteiligung aller Beschäftigten und durch eine intensive Kommunikation mit der Forderung, jeder Unfall und jede Gesundheitsgefährdung ist vermeidbar, wesentliche Verbesserungen erreicht werden. Arbeits- und Gesundheitsschutz sind in den Braunkohlenbergbauunternehmen heute integraler Bestandteil jeder betrieblichen Tätigkeit, bei der jeder Beschäftigte aufgefordert ist, sich aktiv zu beteiligen und eigenverantwortlich an weiteren Verbesserungen mitzuwirken.

Arbeits- und Gesundheitsschutz ist heute eine Managementaufgabe, die in allen Unternehmen von den Führungskräften wahrgenommen und vorgelebt wird.

Dabei hat sich gezeigt, dass insbesondere das mittlere Management befähigt werden muss, seiner Verantwortung gerecht zu werden. Hier haben sich personenbezogene Programme für die Führungskräfte bewährt, in denen klare Anforderungen bezüglich organisatorischer und technischer Arbeitssicherheit formuliert werden.

Prävention und Wettbewerbsfähigkeit

Neben der Motivation aller Mitarbeiter und Führungskräfte und einer eindeutigen Zielvorgabe wird in der Braunkohlenindustrie vor allem in die Prävention investiert. Die Prävention im Arbeits- und Gesundheitsschutz muss dabei grundsätzlich ganzheitlich betrachtet werden. Eine arbeitsmedizinische Grundversorgung mit den Elementen der klassischen arbeitsmedizinischen Untersuchung und Betriebsbefahrung muss zugleich auch Themen wie z.B. Stressbewältigung, die Risikofaktoren Rauchen oder Lärm am Arbeitsplatz abdecken.

Aber nicht nur am Arbeitsplatz in den Unternehmen werden Maßnahmen zum Arbeits- und Gesundheitsschutz realisiert. Insbesondere bei Wegeunfällen, aber auch bei Unfällen in der Freizeit zeigt sich, dass der Arbeitsschutz nicht erst am Werktor beginnt oder endet, sondern ganzheitlich präventiv betrachtet werden muss.

Unfallfolgen können durch den richtigen Einsatz von Körperschutzkleidung gemildert werden. Helm, Schutzbrille und Sicherheitsschuhe sind heute in fast allen Produktionsbereichen Pflicht und werden von den Mitarbeitern akzeptiert. Arbeitsschutzbekleidung, die eine Unternehmenszugehörigkeit deutlich macht, wird durchaus voller Stolz getragen. Mit den Aufwendungen für Prävention und persönliche Schutzbekleidung sind auch positive Kosteneffekte verbunden. Körperschutzmittel oder technische Sicherheitsausrüstungen an Maschinen und Geräten, aber auch die

Arbeitsunfälle in der Braunkohlenindustrie 2002–2009

Im Vergleich zur deutschen Wirtschaft

Anzeigepflichtige Betriebsunfälle je 1 Million verfahrener Arbeitsstunden

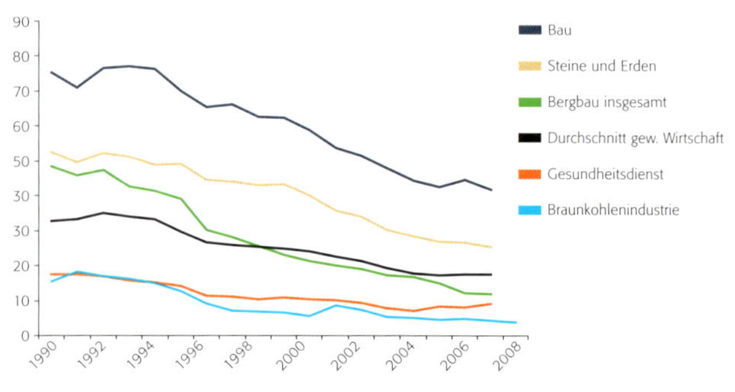

Quelle: HVBG, DEBRIV Stand:11/08

Arbeitsunfälle in der Braunkohlenindustrie 2002–2009

Im Vergleich der Unternehmen

Anzeigepflichtige Betriebsunfälle je 1 Million verfahrener Arbeitsstunden

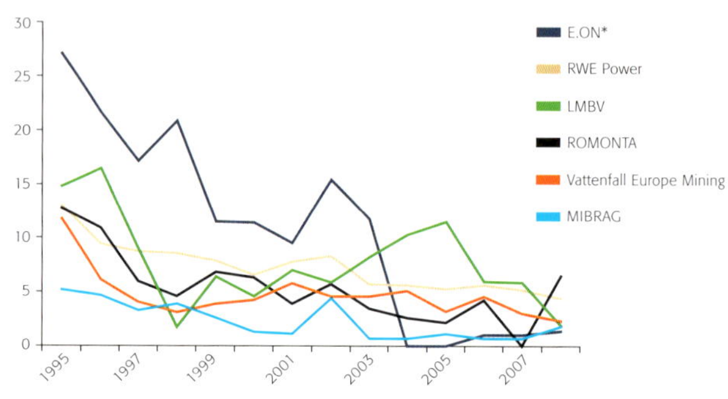

* ab 1.1.2008: E.ON Kraftwerke GmbH „Helmstedter Revier" (Anlagenservice, Bergbauplanung, Tagebau Schöningen, Kraftwerk Buschhaus)

Aufklärung über die Vermeidung von Unfällen und berufsbedingte Erkrankungen sind daher ein sinnvoller Aufwand. So kostet z. B. eine Schutzbrille etwa drei Euro. Im Gegensatz dazu verursacht eine Augenverletzung Kosten im Durchschnitt von 7.500 Euro allein durch die Ausfallzeit im Betrieb; abgesehen vom zusätzlichen Aufwand der Unternehmen und erst recht vom persönlichen Schaden des betroffenen Mitarbeiters und seiner Familie.

MIBRAG mit hohem Anspruch

Beispielhaft ist die Entwicklung bei der MIBRAG. Nach der Privatisierung im Jahre 1994 haben die neuen Eigentümer das Unternehmensziel formuliert, die MIBRAG zu einem unfallfreien Unternehmen zu entwickeln. Dabei wurde eine Konzeption implementiert, die einen Schwerpunkt beim größten Risikofaktor in der täglichen Arbeit setzt, nämlich dem Menschen und seinem Verhalten. In einem ersten Schritt wurden mit dem Betriebsrat zusätzliche Sicherheitsunterweisungen vereinbart, bei denen vor allem über aktuelle Gefährdungen, Unfälle und Beinaheunfälle und die daraus zu ziehenden Schlussfolgerungen gesprochen wurde. Weitere Bausteine waren und sind Sicherheitsinstruktionen, die Schutzmaßnahmen über die gesetzliche Norm hinaus festlegen, und Sicherheitsinformationen, die organisatorische Themen behandeln.

Neben einem umfangreichen Aus- und Weiterbildungsprogramm stehen Sicherheitswettbewerbe im Mittelpunkt, die Gefährdungen aufzeigen und Veränderungen herbeiführen. Im Ergebnis all dieser Maßnahmen hat die MIBRAG seit Jahren die niedrigste Unfallquote im Industriezweig Braunkohle. Ein von der Berufsgenossenschaft durchgeführtes Audit im Jahre 2005 bescheinigte der MIBRAG, dass sie das Gütesiegel „Sicher mit System“ führen darf. Dazu war der Nachweis erbracht worden, dass die Anforderungen an einen systematischen Arbeits- und Gesundheitsschutz erfüllt sind. Anfang 2010 konnten die hohen Leistungen im Rahmen eines Re-Audit bestätigt werden, sodass das Gütesiegel weiterhin geführt werden darf. Am 12. Mai 2009 wurde der MIBRAG außerdem der „RoSPA Safety Award“ in Gold von der Royal Society for the Prevention of Accidents in einer festlichen Zeremonie in Birmingham verliehen. Den Rahmen für diese hohe Auszeichnung bot die Safety & Health Expo 2009, Europas führende Messe auf dem Gebiet von Arbeitssicherheit und Gesundheitsschutz.

Arbeitsschutzmanagement „Sicher voRWEg gehen“

Die Sicherheit und Gesundheit der Mitarbeiter wird bei RWE sehr ernst genommen. Um die konzernweite Arbeits- und Gesundheitsschutzpolitik effektiver und koordiniert umzusetzen, wurde im Jahr 2000 daher ein ständiger Stab der Arbeitssicherheitsbeauftragten eingerichtet. Konzernweit wird das Arbeitsschutzmanagement entsprechend den Anforderungen der Arbeitsschutznorm ILO-OSH 2001 der internationalen Arbeitsorganisation aufgebaut und umgesetzt.

Im August 2006 hat das Unternehmen eine konzernweite Arbeits- und Gesundheitsschutzpolitik verabschiedet, die als maßgebliches Unternehmensziel verstanden wird. Künftig will RWE „Sicher voRWEg gehen“ – so der Name des konzernweiten Projekts, mit dem die Arbeits- und Dienstwegeunfälle bis 2012 gegenüber 2007 auf weniger als drei Unfälle je geleistete Million Arbeitsstunden halbiert werden sollen. Dazu wurden zahlreiche Maßnahmen ergriffen, u. a. um den Arbeits-

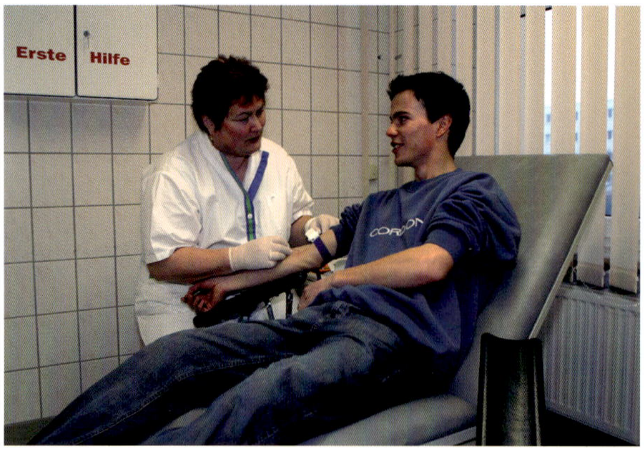

schutz bei Fremdfirmenmitarbeitern zu verbessern. So wurde bei RWE Power ein Sicherheitspass für alle Fremdfirmenmitarbeiter eingeführt.

Auch im Gesundheitsmanagement hat RWE konzernweite Strukturen eingerichtet. Im Mai 2007 wurde der „Steuerkreis Betriebliches Gesundheitsmanagement" wirksam. Er bringt die Personaldirektoren der Führungsgesellschaften, Vertreter der Arbeitsmedizin und der Arbeitssicherheit sowie der Personalabteilungen und Betriebsräte an einem Tisch zusammen und koordiniert das betriebliche Gesundheitsmanagement. Erste konzernübergreifende, vom Steuerkreis beschlossene Aktionen sind eine 2007/2008 durchgeführte Präventionskampagne zum Thema Haut sowie Kampagnen zur Darmkrebs-Früherkennung und dem Impfschutz. Alle Führungsgesellschaften haben Gesundheitskreise eingerichtet, die Rahmenkonzepte und Aktionen erarbeiten und die dem Erfahrungsaustausch dienen. RWE Power hat in 2007 den ersten „Wellbeing"-Manager benannt, der sich um das ganzheitliche Wohlbefinden der Mitarbeiter kümmern soll.

Arbeitssicherheit und Gesundheitsmanagement als Unternehmenskultur bei Vattenfall

Arbeitssicherheit ist ein integraler Bestandteil der Unternehmenskultur von Vattenfall Europe. Dies zeigt die Implementierung eines Managementsystems zum Arbeitsschutz in allen Unternehmensteilen. Das System entspricht internationalem Standard. Ziel ist es, dass Ende 2009 alle wesentlichen Teile des Konzerns erfolgreich durch einen externen Auditor zertifiziert sind. Durch das Einbeziehen von Arbeitsschutzinhalten in die Zielvereinbarungen der Führungskräfte in Unternehmensbereichen mit einem hohen Gefahrenpotenzial, die transparente Gestaltung der Unfallbilanzen der einzelnen Unternehmensbereiche, konzerninterne Arbeitsschutzwettbewerbe und weitere Aktivitäten wird intensive Unfallverhütung betrieben. Für den Erhalt der Gesundheit bietet Vattenfall Europe den Mitarbeitern ein vielfältiges Spektrum präventiver Maßnahmen wie Ernährungsberatung, Yoga-Kurse oder Gesundheitstage. Um das betriebliche Gesundheitsmanagement auch weiterhin als Führungsaufgabe und Managementinstrument erfolgreich zu etablieren, konnten die Führungskräfte im Jahre 2008 an Informationsveranstaltungen und vertiefenden Seminaren teilnehmen. Eine Teilnehmerquote von 70 Prozent zeigt die Bereitschaft, die Gesundheitskompetenz in Bezug auf die Führungsaufgabe, aber auch auf die eigene Leistungsoptimierung und Stressbewältigung zu erhöhen. Dadurch wird das betriebliche Gesundheitsmanagement bei Vattenfall Europe organisatorisch fest verankert und mit dem Arbeitsschutz sinnvoll verknüpft.

Aus- und Weiterbildung in der Braunkohlenindustrie

Durch die Betriebskonzentration auf wenige große Tagebaue, den Einsatz immer leistungsfähigerer Gewinnungs-, Förder- und Absetzgeräte, durch neue Technologien sowie effiziente Modelle der Betriebsorganisation konnte die Braunkohlenindustrie in den vergangenen 25 Jahren die Produktivität beständig steigern. Veränderungen im Tagebaubetrieb und im Bereich der Instandhaltung bedeuten neue Anforderungen für die Betriebsmannschaften und Führungskräfte.

In den Braunkohlentagebauen sowie in den Kohlenveredlungsbetrieben bestehen ganz spezifische Anforderungen, die aus der dort eingesetzten Technik resultieren. Besondere Herausforderungen ergeben sich aus dem zunehmenden Einsatz der IT-Technik, der Automatisierung und dem eigenverantwortlichen Arbeiten in kleinen Arbeitsgruppen sowie auch aus den zunehmend flacheren Hierarchien. Der hohe Stellenwert von Ausbildung und Qualifikation der Mitarbeiter resultiert aus dem technischen Fortschritt in den Betrieben, der unter der Überschrift „Kontinuierliche Verbesserung" offensiv vorangetrieben wird. Traditionell ist ein wichtiges personalpolitisches Element in den Unternehmen der Aufstieg durch Qualifikation.

Berufsausbildung für Schulabgänger

In den Revieren der deutschen Braunkohle lag in den Jahren 2000 bis 2010 die Ausbildungsquote im Schnitt bei gut acht Prozent. In mehr als 20 Berufen wird eine qualifizierte Ausbildung angeboten. Beispielhaft seien hier die folgenden Berufe genannt: Bergvermessungstechniker, Industriekaufleute, Industriemechaniker, Elektroniker für Betriebstechnik, Mechatroniker, Kaufleute für Bürokommunikation, Industriekaufleute, Koch, Konstruktionsmechaniker, aber auch Fachkräfte für Lagerlogistik, Fachleute für Systemgastronomie oder Mechaniker für Land- und Baumaschinentechnik. Die in den jungen Mitarbeitern liegenden Potenziale und die Qualität der Ausbildung an den zahlreichen Ausbildungsstandorten der Braunkohlenindustrie bestätigen sich durch höchste Abschlussquoten und überdurchschnittliche Leistungen in den Prüfungen.

Im Hinblick auf die angespannte Ausbildungssituation haben die Unternehmen der Braunkohle in den vergangenen Jahren weit über Bedarf ausgebildet. Dies bedeutet im Umkehrschluss, dass in den Zeiten, in denen große Strukturveränderungen anstanden, die jungen Menschen keinen Arbeitsplatz in den Unternehmen fanden. Dies trifft auch heute auf einen gewissen Teil zu. Die Erfahrung zeigt allerdings, dass den in der Braunkohle ausgebildeten jungen Leuten ganz schnell an anderer Stelle ein Einstieg ins Berufsleben gelingt.

In Ergänzung zur Berufsausbildung haben die Unternehmen immer wieder jungen Menschen, die den Anforderungen zunächst nicht genügen, ausbildungsvorbereitende Maßnahmen angeboten. In einem einjährigen Praktikum lernen z. B. Jugendliche bei RWE, was für den Start in ein Berufsleben notwendig ist.

Grundkenntnisse im Metallbereich werden ebenso vermittelt wie schulische Lücken aufgearbeitet. Es werden Selbstvertrauen und Durchhaltevermögen gestärkt sowie an Motivation und Teamgeist gearbeitet. Verschiedene Praktika und ein intensives Bewerbungstraining ergänzen die Lehrinhalte. Am Ende der einjährigen Maßnahme hat ein Großteil der Teilnehmer einen Ausbildungsvertrag abgeschlossen. Auch an anderer Stelle leistet die deutsche Braunkohle wichtige Beiträge bei der Förderung gerade jener Jugendlichen, die sonst nur geringe Möglichkeiten zur Weiterentwicklung haben.

Traineeprogramme/Berufseinstieg für Absolventen

Die Sicherung des Führungsnachwuchses beginnt mit einem gezielten Hochschulmarketing im Rahmen geeigneter Informationsveranstaltungen direkt an den Hochschulen und Universitäten. Besonders hervorzuheben ist die Zusammenarbeit mit den technischen Hochschulen Aachen, Freiberg und Clausthal sowie mit der Fachhochschule Lausitz. Studierenden wird über studienvorbereitende oder studienbegleitende Praktika Einblick in die Tätigkeiten der Unternehmen ermöglicht. Die dabei gewonnenen Erfahrungen sollen den Studierenden bei der Ausrichtung ihres Studiums helfen, aber auch die Chancen aufzeigen, die in der Braunkohlenindustrie bestehen. Im Zusammenwirken zwischen den Hochschulen und den Unternehmen werden viele Themen in Abschlussarbeiten und Dissertationen bearbeitet, die konkrete Aufgabenstellungen aus dem Arbeitsspektrum der Betriebe oder Braunkohlenindustrie abdecken.

Beim Eintritt ins Berufsleben bieten die Unternehmen den Absolventen Traineeprogramme an. Ziel ist dabei, einerseits die Gesamtzusammenhänge verständlich zu machen und andererseits durch die Erledigung konkreter Aufgaben die jungen Menschen an die Praxis heranzuführen. Bestandteil der Traineeprogramme ist der Dialog mit den erfahrenen Führungskräften, die den jungen Menschen als Coach zur Verfügung stehen.Trainees verschiedener Standorte eines Unternehmens können sich bei Informations- und Fortbildungsveranstaltungen kennenlernen und interne Netzwerke aufbauen. Ergänzt werden die Einstiegsprogramme durch Ausbildungsbausteine zu wichtigen Schlüsselkompetenzen, zum Beispiel zu Projektmanagement oder Teamarbeit.

Ein Element der Nachwuchsförderung ist auch das Ausschusswesen des DEBRIV. Nachwuchskräfte berichten im Rahmen der Sitzungen über Projekte, an denen sie mitgewirkt haben. Häufig resultieren daraus Veröffentlichungen in der Zeitschrift „World of Mining“.

Betriebliche Weiterbildung

Die Unternehmen der Braunkohlenindustrie betreiben auf allen Ebenen die verschiedensten Programme zur individuellen Entwicklung ihrer Mitarbeiter und Führungskräfte. Hier steht ein breites Spektrum an externen und internen Seminaren zur fachlichen und fachübergreifenden Weiterbildung zur Verfügung. Es reicht bis hin zum gezielten, individuellen Einzel-Coaching. Auf diese Weise werden die Mitarbeiter bei der Bewältigung ihrer täglichen Aufgaben unterstützt und auf neue Herausforderungen vorbereitet. Gleichzeitig können sie ihre beruflichen Perspektiven verbessern.

Für viele Tätigkeiten werden aufgabenbezogene Lehrgänge angeboten, in denen geeignete Mitarbeiter spezifische Kenntnisse und Befähigungen erwerben. Hierzu gehören z. B. Lehrgänge zum Großgeräteführer, Hilfsgerätefahrer, LKW-, Bus- und Gabelstaplerfahrer oder Kranführer sowie vielfältige Arbeiten im Bereich Kontrolle, Überwachung, Betriebs- und Qualitätssteuerung.

Einen besonderen Stellenwert hat die berufsbegleitende Fortbildung überall dort, wo die Automatisierungstechnik zum Einsatz kommt. Das reicht von kaufmännisch-planerischen Funktionen bis in die Produktion. Dort sind insbesondere die Bereiche Elektrotechnik und Instandhaltung gefragt. Neben den zahlreichen technischen Weiterbildungsmöglichkeiten besteht ein Angebot im Bereich der Arbeitssicherheit, des Gesundheitsschutzes und der Entwicklung von Führungseigenschaften.

Aufgrund der massiven Personalreduzierungen seit 1990 bestand im Lausitzer Revier zunächst kein Bedarf nach neu ausgebildeten Führungskräften. Da eine mit der Rheinischen Braunkohlenbergschule vergleichbare Einrichtung nicht bestand, wurden in einem ersten Schritt in den Jahren 2002 und 2003 insgesamt 76 Beschäftige über die IHK zum Meister in den Fachrichtungen Maschinentechnik und Elektrotechnik ausgebildet. Seit 2007 existiert bei Vattenfall Europe Mining & Generation eine Betriebsvereinbarung zur beruflichen Aufstiegsqualifizierung, die Mitarbeiter beim Erwerb von staatlich anerkannten Abschlüssen wie beispielsweise der Qualifizierung zum Meister oder Techniker außerhalb des Unternehmens finanziell unterstützt. Über 80 Mitarbeiterinnen und Mitarbeiter haben inzwischen eine solche Förderung in Anspruch genommen.

Zur Förderung besonders qualifizierter Jungfacharbeiter werden jährlich ehemalige Auszubildende zum Bachelor of Engineering weitergebildet. Das Studium wird in Kooperation mit der Hochschule Lausitz und der TU Bergakademie Freiberg in den Fachrichtungen Maschinenbau und Elektrotechnik angeboten. Als Besonderheit umfasst das Studium zwei bergmännische Ausbildungsblöcke, die den Studierenden Kenntnisse u.a. in den Bereichen Brennstoffgeologie, Geotechnik, Tagebautechnik und Bergrecht vermitteln. Die Qualifikation zum Bachelor of Engineering löste 2005 das Studium zum Diplom-Wirtschaftsingenieur mit integrierter Meisterausbildung ab.

Ausbildung an der Rheinischen Braunkohlenbergschule

Die Wurzeln der in Frechen angesiedelten Rheinischen Braunkohlenbergschule reichen bis in das Jahr 1946 zurück. Träger war zunächst der VRB. Mit dessen Verschmelzung auf den DEBRIV ging die Trägerschaft 2007 auf Letzteren über.

Die Rheinische Braunkohlenbergschule ermöglicht es geeigneten Mitarbeitern, durch Qualifikation in die Ebene des mittleren Managements als Aufsichtsperson oder in Fachfunktionen aufzusteigen. Hierzu gibt es zwei Ausbildungsstufen, nämlich die Technikerlehrgänge und die darauf aufbauende Oberklasse. Im Ergebnis wird ein erheblicher Teil der betrieblichen Führungsmannschaft an der Bergschule ausgebildet. Sie hat im rheinischen Revier in den Betrieben und in der Belegschaft eine sehr hohe Akzeptanz, weil sie in einem durchlässigen System Leistungs- und Einsatzbereitschaft sowie den Willen zur Qualifikation honoriert, indem der berufliche Aufstieg ermöglicht wird und bei steigender Verantwortung eine deutlich bessere Bezahlung erreicht werden kann. Viele Absolventen der Bergschule haben nach ersten Funktionen als Aufsichtsperson, z.B. in den Tagebauen, ihren beruflichen Werdegang bis in gehobene Führungspositionen fortsetzen können.

Fortbildung und Ausbildung sind ein dynamischer Prozess, der flexibel den Anforderungen folgen muss. Neben Fachwissen und Erfahrungen, die für die betrieblichen Aufgaben qualifizieren, war es immer ein Anliegen der Rheinischen Braunkohlenbergschule, ihren Absolventen Motivation, Kreativität, Praxisnähe

und die Bereitschaft für Führungsverantwortung sowie kollegiales Verhalten und Teamfähigkeit zu vermitteln. Seit 1986 wurden folgende Lehrgänge mit mehr als 600 Teilnehmern durchgeführt:

- die Oberklassen O 5 bis O 20 der Fachrichtungen Bergbautechnik mit den Schwerpunkten Maschinentechnik, Elektrotechnik und Bergvermessungstechnik;
- die Technikerklassen M 40 bis M 49 der Fachrichtung Bergbautechnik mit dem Schwerpunkt Maschinentechnik;
- die Technikerklassen E 10 bis E 14 der Fachrichtung Elektrotechnik mit dem Schwerpunkt Energietechnik und Prozessautomatisierung.

Von grundlegender Bedeutung für die Gestaltung der Bergschulklassen hat sich der Übergang vom Vollzeit- zum Teilzeitbetrieb erwiesen, der mit der Einführung der Oberklasse O 17 im Jahr 2002 vollzogen wurde. Nach der Maxime „Fordern und Fördern" werden höhere Anforderungen an die Bergschüler gestellt, indem diese für ihre Weiterbildung einen festen Anteil ihrer Freizeit als eine Art Eigenleistung einbringen. Vor diesem Hintergrund wurde aus einer Anzahl unterschiedlicher Konzepte das Modell „4-8-4" für die Oberklasse ausgewählt, bei dem die Schüler weiterhin an vier Tagen in der Woche in ihren angestammten Aufgaben den Betrieben zur Verfügung stehen. Am fünften Arbeitstag sind sie für die Bergschule freigestellt. An diesem Tag finden acht Unterrichtsstunden statt. Den übrigen Unterricht von zweimal vier Stunden (4 + 4) in der Woche leisten die Schüler in Ergänzung zum normalen Schichtbetrieb. Die Gesamtdauer des Lehrgangs beträgt 18 Monate. Für die Oberklassen gilt das Ingenieurgesetz von Nordrhein-Westfalen; hier erhalten die Bergschüler neben dem Abschlusszeugnis zusätzlich eine Ingenieursurkunde.

Darüber hinaus hat im August 2008 nach zehnjähriger Unterbrechung die Technikerklasse M 50 mit 19 Schülern der Schwerpunktrichtung Maschinentechnik/Tagebautechnik den Lehrbetrieb aufgenommen. Weiterhin hat der Bergschulvorstand im Oktober 2008 beschlossen, mit Beginn des Jahres 2010 – und damit nach 14-jähriger Unterbrechung – den Unterricht für die Technikerklasse E 15 mit der Schwerpunktrichtung Energietechnik und Prozessautomatisierung im mittlerweile etablierten Teilzeitbetrieb aufzunehmen. Erstmals bei der Technikerklasse M 50 wird ein Teilzeitbetrieb vorgesehen, allerdings mit einer Stundenverteilung von 8-8-4. Dieser Lehrgang erstreckt sich über insgesamt 28 Monate, der vormalige Vollzeitunterricht umfasste zwei Jahre. Die Absolventen der Technikerklassen erwerben das Zeugnis zum staatlich geprüften Techniker sowie bei entsprechenden Leistungen die Fachhochschulreife.

Menschen in der Braunkohle

Wer als Besucher einen Tagebauaussichtspunkt aufsucht oder an einer Betriebsbesichtigung teilnimmt, wird auf der weiten Fläche des Tagebaus nur wenige Menschen wahrnehmen. Doch der erste Eindruck täuscht. Die schon alte Aussage „Bergbau ist nicht eines Mannes Sache“ gilt auch heute noch. Trotz intensiver Mechanisierung und Rationalisierung sind bei der Kohlengewinnung und -veredlung in Deutschland mehr als 22.500 Menschen mit über 600 unterschiedlichen Berufsbildern tätig.

Um diese Vielfalt deutlich zu machen und der Braunkohle ein Gesicht zu geben, wird die Internetseite www.braunkohle.de durch eine Porträtreihe „Menschen in der Braunkohle“ ergänzt. Ziel ist es, auf Basis exemplarischer Beispiele ausgewählte Tätigkeitsfelder rund um die Braunkohlenindustrie vorzustellen. Die in Reportageform geschriebenen Texte werden mit Fotos und O-Tönen angereichert. Auf den folgenden Seiten werden einige Porträts vorgestellt.

Lausitzer Braunkohle gewinnen

Doris Wüstenhagen ist verantwortlich für eine Vielzahl von organisatorischen Abläufen in der Rekultivierung im Lausitzer Braunkohlenrevier

Im Vorfeld fängt ihre Arbeit an. Sind die Flächen für den bergmännischen Prozess hergestellt, gilt ihre Aufmerksamkeit dem „Neuland", das landläufig als Kippe bezeichnet wird. Im Lausitzer Revier wird der Abraum über eine beeindruckend große Förderbrücke von einer Seite des Tagebaus auf die andere „verkippt". Daher das Wort. Viele Menschen bezeichnen aber auch einfach die neue rekultivierte Landschaft als „Kippe". Aber die, so weiß Doris Wüstenhagen, entsteht erst nach und nach.

Welt-Technologie aus der Lausitz

Uwe Burchhardt ist der Projektleiter der Forschungsanlage für ein CO_2-emissionsarmes Kraftwerk

Weltweit suchen Forscher nach Möglichkeiten, fossile Brennstoffe zu nutzen, ohne dabei die Umwelt stark mit Kohlendioxid (CO_2) zu belasten. Ein Lösungsansatz ist das sogenannte Oxyfuel-Verfahren. In der Lausitz wird eine Forschungsanlage betrieben, um diese Technik im Pilotmaßstab zu testen.

Ein Dorf zieht um

Sabine Meinhard lenkte als letzte Bürgermeisterin von Großgrimma den Umzug der Gemeinde nach Hohenmölsen

Mehr als 850 Einwohner hatten sich 1992 für eine gemeinsame, freiwillige und vorzeitige Umsiedlung ausgesprochen und den Neuanfang 1998 in Hohenmölsen als Chance gesehen. In der „Kulturstiftung Hohenmölsen", für die Sabine Meinhard nach Abschluss der Umsiedlung arbeitet, wird an die Gemeinde Großgrimma und das Leben mit dem Bergbau erinnert.

Ein „Jungen-Traum" für Männer

Bernhard Mainka ist Baggerführer im rheinischen Braunkohlenrevier

Sein Arbeitsplatz ist 96 Meter hoch, 225 Meter lang und wiegt fast so viel wie 15.000 VW-Käfer zusammen. Bernhard Mainka, genannt „Bobby", arbeitet im Tagebau Hambach auf dem größten Bagger der Welt für RWE Power. 13.500 Tonnen mit einer Hand bewegen – Bernhard Mainka kann's. Wer jedoch denkt, dass der Mann aus Schlesien deshalb nur mit grober Mechanik zu tun hat, liegt falsch.

Von der Lehrwerkstatt auf den Bagger

Alexander Treber macht eine Lehre als Elektroniker bei der MIBRAG mbH im mitteldeutschen Revier

Er muss früh raus. Meistens beginnt der Tag für Alexander Treber so gegen halb fünf – da schlafen die meisten noch fest. Dafür lernt der 22-Jährige momentan auf einer der größten Maschinen der Welt: auf einem Schaufelradbagger. Hier einen Teil der Ausbildung zu machen ist schon etwas Besonderes.

Vielfalt durch Ruhe und Mangel

Ulf Dworschak ist Biologe in der Rekultivierungsabteilung der RWE Power AG

Durch den Abbau von Braunkohle im Tagebau wird die bisherige Landschaft zerstört. Dank der Rekultivierung ist es jedoch möglich, eine Fauna und Flora anzusiedeln, die vielfältiger ist als zuvor. So findet Ulf Dworschak auf den rekultivierten Flächen immer wieder Pflanzen, die ihre Heimat hier bereits verloren hatten.

Ein umgesiedelter Obstbauer

Thomas Scheufen führt einen umgesiedelten Obstbaubetrieb

Bienen schwirren um blühende Obstbäume, ein alter Trecker ruht in der Sonne, der Hofhund läuft schwanzwedelnd umher – der Buschhof der Familie Scheufen vor den Toren Hochneukirchs ist ein Idyll. Aber die Familie lebt nicht, wie man vermuten könnte, bereits seit Jahrzenten hier. Erst im Herbst 2003 sind die Familie und der Betrieb hierher umgesiedelt worden.

Von alten Gruben zu neuen Seen

Bernd-Stephan Tienz ist verantwortlich für das Wassermanagement zur Flutung der Bergbaufolgeseen im mitteldeutschen Revier

Mit der sogenannten „schnellen Flutung“ ist die Chance gegeben, die hinterlassenen Resträume in einem überschaubaren Zeitraum in guter Qualität vielfältig wasserwirtschaftlich und touristisch zu nutzen. Dabei leistet der aktive Bergbau durch Bereitstellung von Flutungswasser einen wichtigen Beitrag.

DB
LADEAUFSICHT

5

Braunkohle in den Regionen

Braunkohle und die regionalen Bezüge

Zu den prägenden Eigenheiten von Bergbaubetrieben gehört die Bindung der unternehmerischen Aktivitäten an eine Lagerstätte und die Notwendigkeit, langfristig zu planen. Bei den Tagebaubetrieben der Braunkohle kommt hinzu, dass der Eingriff in die Landschaft massiv und mit erheblichen Auswirkungen auf den Lebens- und Naturraum verbunden ist. Die Braunkohlenindustrie ist zudem eine Industrie mit langer Tradition. Diese Gegebenheiten bedingen eine feste Wechselbeziehung zwischen den Bergbauunternehmen und der Region sowie den dort lebenden Menschen. Diese Wechselbeziehung ist intensiver, als sie sonst in vielen Branchen möglich oder üblich ist. Der Begriff „Revier" steht für diese Besonderheit.

Die Braunkohlenindustrie hat die Reviere, in denen sie tätig ist, deutlich geprägt, und zwar im Rheinland ebenso wie in Mitteldeutschland und der Lausitz. Das gilt zunächst für die Landschaft, ihre Gestalt, Nutzung, Besiedelung und die Infrastruktur. Laufende und rekultivierte Tagebauflächen sowie die vielfach zu Seen umgewandelten ausgekohlten Gruben haben in vielen Teilen der Reviere ein neues, ganz eigenes Landschaftsbild geschaffen. Die Umsiedlung von Ortschaften ist Teil dieses Umgestaltungsprozesses, der von der Bevölkerung oft als schmerzhaft empfunden wird. Viele Menschen arbeiten nicht nur in der Braunkohlenindustrie, sondern sind zugleich deren Nachbarn und Mitbürger im Revier. Die Wirtschaft in den Revieren profitiert über Löhne und Gehälter und es bestehen darüber hinaus vielfältige andere wirtschaftliche Bezüge. In der Regel ist die Braunkohle ein akzeptierter Wirtschaftsfaktor, ein Nachbar, den man kennt und überwiegend schätzt.

Unbenommen davon sieht sich die Braunkohlenindustrie immer mit besonders hohen Erwartungen an die energiewirtschaftliche Legitimation ihrer Tätigkeit und die Qualität ihrer Ausgleichsleistungen konfrontiert. Im Westen Deutschlands war die Anspruchsgrundlage für Ausgleich und Entschädigung des bergbaulichen Eingriffs gesetzlich seit eh und je umfangreich normiert und wurde in komplexen politischen Meinungsbildungsprozessen und transparenten Verwaltungsverfahren umgesetzt. In der DDR war vor der deutschen Einheit die Erfüllung der jeweiligen Planvorgaben oberste Richtschnur des Handelns, der sich alle anderen Interessen unterordnen mussten. Rücksicht auf Belange der unmittelbar oder mittelbar betroffenen Bevölkerung wurde häufig schon angesichts der ökonomischen Zwänge des Systems nicht genommen.

Ein wesentliches Element zur Erzielung von Akzeptanz ist die Einbeziehung der Betroffenen in die Entscheidungsprozesse sowie ein partnerschaftlicher Dialog mit dem gesellschaftlichen Umfeld. Ziel der Bemühungen war und ist es, zunächst Orte der Mitwirkung und Mitgestaltung vorzusehen und einen angemessenen und teilweise auch zusätzlichen Ausgleich zu bieten für Belastungen oder Belästigungen, die der Kohlenabbau für die Regionen und ihre Bewohner zwangsläufig mit sich bringt. Dazu gehört, glaubhaft zu machen, dass Belastungen selbst bei hohem Aufwand vermieden oder gemindert werden und der ernsthafte Wille im Berg-

Gespräch mit Regionalpresse

bauunternehmen besteht, im Sinne guter Nachbarschaft Beiträge zu leisten, mit denen die Lebensqualität im Revier verbessert wird.

Partner aus Tradition

In den westlichen Revieren gab es zudem schon lange und traditionell ein intensives Bemühen der Industrie um ein gutes Einvernehmen mit den Menschen in den Regionen. So wurde ein umfangreiches Instrumentarium von Maßnahmen entwickelt, die über die gesetzlichen Entschädigungs- und Ausgleichsleistungen deutlich hinausgehen oder diese sinnvoll ergänzen.

Die Projekte solcher ergänzenden Ausgleichsleistungen sind sehr vielfältig: Kultur, Sport und Soziales sind vor allem die Bereiche, in denen sich die Braunkohlenunternehmen engagieren. Finanzielle und Sachmittelhilfen sind dabei ebenso üblich wie persönliches Engagement von einzelnen oder vielen Mitarbeitern. Auch die Selbstdarstellung der Unternehmen in Informationszentren und Museen setzt auf die Identifikation von Industrie und lokaler Bevölkerung durch Verweise auf die gemeinsame Geschichte und Tradition. Beispiele hierfür sind das schon seit den Sechzigerjahren als Informationszentrum genutzte Schloss Paffendorf im rheinländischen Bergheim und die Dokumentation der hessischen Braunkohle im Bergbaumuseum Borken. Die bayerische Braunkohle wird in Museen in Steinberg und Wackersdorf dokumentiert. Im Helmstedter Revier werden in einem kleinen Freilichtmuseum am Tagebauaussichtspunkt Geräte aus der jüngeren Geschichte der Braunkohlengewinnung gezeigt.

Es ist üblich, den Bürgern der Region Einblick in die Betriebe zu geben, sei es am „Tag der offenen Tür“ oder bei den häufig vorkommenden Befahrungen mit Besuchergruppen. Dabei besteht Gelegenheit, z. B. die Maßnahmen zur Minderung von Lärm- oder Staubemissionen vorzustellen und zu erläutern. Wenn die

Weltjugendtag 2005: Papstmesse Marienfeld (ehemals Tagebau Frechen)

Bürger erkennen, dass der Nachbarschaftsschutz vom Unternehmen und den Betrieben mit hohem Anspruch durchgeführt wird, steigert dies das gegenseitige Verständnis und die Akzeptanz.

Darüber hinaus besteht häufig überregionales Interesse am Bergbau und an der Energiegewinnung. Im rheinischen Revier wurde im Jahr 2004 vom Unternehmen RWE Power und dem Rhein-Erft-Kreis sowie den Anliegergemeinden die „Straße der Energie“ etabliert. Sie ist für Wanderer, Rad- und Autofahrer gleichermaßen geeignet und führt zu acht für das rheinische Revier markanten technischen oder landschaftlichen Besonderheiten, die vor allem mit der Braunkohle in Verbindung stehen.

Neue Perspektiven für Mitteldeutschland und die Lausitz

Mit der Wiedervereinigung wurde in den ostdeutschen Revieren der neuen Länder zunächst Bundesrecht wirksam. Der landesgesetzliche Rahmen, technische Regeln und Verwaltungsvorschriften wurden unter Be-

◀ *Sächsisches Industriemuseum, Energiefabrik Knappenrode*

Transport der Emmauskirche von Heuersdorf nach Borna ▼

achtung der spezifischen Gegebenheiten ausformuliert. Die in der Lausitz und in Mitteldeutschland eingerichteten Braunkohlenausschüsse haben mit ihrer Arbeit zur Wiedergewinnung von Akzeptanz für den Braunkohlenbergbau maßgeblich beigetragen. Die Bergbauunternehmen haben durch neue Strategien, die tägliche Arbeit und das Vorweisen sichtbarer Ergebnisse neue Glaubwürdigkeit erwerben können. Neben den eng auf Bergbau oder Rekultivierung ausgerichteten Maßnahmen wurde dies erreicht, indem auf vielen Gebieten neue Verknüpfungen entstanden. In den Bereichen Umwelt- und Nachbarschaftsschutz, Umsiedlung sowie bei der Förderung von Kultur, Sport und sozialen Aktivitäten haben die Braunkohlenreviere Ostdeutschlands seit den Neunzigerjahren nicht nur Anschluss an westdeutsche Standards gefunden, sondern ein eigenes Profil entwickelt. Der Bereitschaft der Unternehmen, neue Formen der Partnerschaft und des Dialogs mit der Bevölkerung zu suchen, entsprachen den hohen Erwartungen der Menschen an das Auftreten und die Leistungen dieser vielfach raumbestimmenden großen Industrie in ihrer Heimat.

Im Rahmen der Bewahrung von Geschichte und Tradition gehört zu den überregional beachteten Aktivitäten etwa in Mitteldeutschland die Einrichtung von „Ferropolis“, der sogenannten „Stadt aus Eisen“. Sie ist Museum und Veranstaltungsort zugleich und liegt nahe Gräfenhainichen östlich von Dessau auf einer Halbinsel im ehemaligen Tagebau Golpa-Nord. Auch die ab 1996 eingerichtete „Straße der Braunkohle“ in Mitteldeutschland ist Ausdruck des gemeinsamen Bemühens engagierter Bewohner des Reviers, von Gebietskörperschaften und Industrie, durch Ausweisung und Bewahrung sogenannter „Sachzeugen“ der regionalen Industriegeschichte Identität und Tradition des Reviers zu festigen und zu bewahren. Ein besonderes Zeichen für ein Miteinander und eine Versöhnung in der mitteldeutschen Region ist außerdem die Umsetzung der Emmauskirche von Heuersdorf nach Borna. Der Erhalt dieser Kirche ist zugleich ein Symbol für den guten Willen, einvernehmliche Lösungen zwischen den Bergbautreibenden und den Menschen in der Region zu finden. Sehenswert ist auch die Brikettfabrik Hermannschacht in Zeitz.

In der Lausitz ist die Energiefabrik Knappenrode ein Bergbaumuseumsstandort von überregionaler Bedeutung. Hier befinden sich neben einer großen Feuerstättenausstellung mit über 150 Exponaten aus zehn Ländern und fünf Jahrhunderten über ein Dutzend weitere Ausstellungsbereiche mit historischen Baggern, Dampfloks und Modellbahnen nebst anderen Werkzeugen und Ausrüstungen. Ein besonderes Erlebnis bietet sich, wenn die Maschinen täglich hochgefahren werden, um mit ohrenbetäubendem Lärm einen Eindruck von der Arbeit in der Fabrik zu vermitteln. Die Brikettfabrik Louise und das Besucherberg-

Zwischenbegrünung zur Staubbindung im Tagebau Vereinigtes Schleenhain

werk F60 in Lichterfeld haben sich zu Attraktionen entwickelt, die im Zusammenhang mit wachsendem Tourismus in der Lausitz stehen. Im Kulturforum der Lausitzer Braunkohle auf Gut Geisendorf werden gesellschaftliches Miteinander und Heimatgefühl zusammengeführt, um die soziale und kulturelle Identität der Region zu pflegen.

Bedeutsam für die Gewinnung und den Erhalt von Akzeptanz im Umfeld der Tagebaue sind auch die heute sehr hohen Standards im betrieblichen Umweltschutz. Lärm, Staub und betriebsbedingter Verkehr sind mögliche Konfliktfelder, für die mit erheblichem Aufwand Lösungen zur Vermeidung oder Minderung vorgesehen werden. Es geht um eine vorsorgende Planung und um technische Maßnahmen an den Anlagen, z.B. um den Einsatz lärmarmer Getriebe oder Bandtragrollen, die Kapselung von Lärmquellen, den Niederschlag von Staub durch Wassersprüher oder um Reifenwaschanlagen, mit denen der Verschmutzung öffentlicher Straßen vorgebeugt wird. Dabei werden in allen Bereichen des Nachbarschaftsschutzes beständig Fortschritte und Verbesserungen angestrebt.

Regionalwirtschaftliche Bedeutung

Der Nutzen der Braunkohle für die lokale Wirtschaft und den Arbeitsmarkt der Reviere ist von zentraler Bedeutung für die Akzeptanz. Die Auftragsvergabe an Unternehmen der Region leistet hier einen wichtigen Beitrag. Die Unternehmen der Braunkohle kümmern sich intensiv um die Förderung der regionalen Wirtschaftsstruktur, die zwar von der Braunkohle vorwiegend profitiert, die aber durch die Wanderung von Betrieben auch beeinträchtigt werden kann. Hier hat sich die Tradition entwickelt, frühzeitig und gemeinsam mit den betroffenen Gebietskörperschaften – Kreisen und Kommunen – neue Gewerbeflächen bereitzustellen sowie den Aufbau und die Ansiedlung neuer Unternehmen zu initiieren. Für den Erfolg derartiger Bemühungen gibt es in allen Revieren namhafte Beispiele aus den vergangenen Jahrzehnten. Allerdings ist nicht zu verkennen, dass wegen der strukturell schwierigeren Bedingungen in den Revieren Ostdeutschlands bisher alle Bemühungen um eine Ansiedlung und den Aufbau ergänzender wirtschaftlicher Aktivitäten neben der Braunkohle keinen Ausgleich für die im Strukturbruch der Neunzigerjahre verloren gegangenen Arbeitsplätze schaffen konnten. Umso bedeutsamer bleibt daher die Existenz der Braunkohle und ihrer Betriebe für die regionale Wirtschaft.

Braunkohle und Archäologie

Der Weg zur Partnerschaft

Die Braunkohlentagebaue, sei es im rheinischen, mitteldeutschen oder Lausitzer Revier, bewegen sich in Landschaften, die seit vielen Tausend Jahren besiedelt sind und deren Charakter als Kulturlandschaften durch den Menschen maßgeblich geprägt wurde. Eine Besonderheit der Gewinnung von Braunkohle im Tagebau ist, dass mit der Abtragung der oberen Bodenschichten das archäologische Archiv in diesem Bereich verloren geht. Auf der anderen Seite ermöglicht der Braunkohlentagebau eine großräumige archäologische Erkundung, wie sie sonst an anderer Stelle kaum möglich ist. Daher hat die Bodendenkmalpflege aus der flächendeckenden und umfassenden Arbeit in allen Braunkohlenrevieren bahnbrechende wissenschaftliche Erkenntnisse gewinnen können.

Erste größere archäologische Rettungsmaßnahmen im Vorfeld von Braunkohlentagebauen fanden bereits zwischen den letzten Weltkriegen und auch in den Fünfziger- und Sechzigerjahren statt. Dies führte zu beachtlichen Erfolgen, wobei es sich meistens um Grabungen an schon seit längerer Zeit bekannten Einzelobjekten handelte, so beispielsweise an Burganlagen, Adelsanwesen oder Kirchen.

Die Entwicklung hin zu großen Abbaufeldern hat dann in den Siebziger- und Achtzigerjahren zu völlig neuen methodischen und organisatorischen Ansätzen geführt. Die „Braunkohlenarchäologie“ untersucht heute systematisch in allen Revieren das Vorfeld der Tagebaue. Wichtige Elemente der wissenschaftlichen Konzeption sind:

- planvolle Prospektionen der kurz- und mittelfristig für den Abbau vorgesehenen Flächen im Tagebauvorfeld durch Oberflächenbegehungen und naturwissenschaftliche Verfahren der Prospektion;
- die Steuerung der Grabungstätigkeit mit dem Ziel regionaler und zeitstufenbezogener Schwerpunktbildung;
- Ausgrabungen auf großen Flächen, um räumliche Zusammenhänge zu erkennen; Einsatz leistungsfähiger Technik – ein struktureller Vorteil der „Braunkohlenarchäologie“;
- die Entwicklung standardisierter EDV-gestützter Dokumentationssysteme bei der Feldforschung und der systematische Einsatz von naturwissenschaftlichen Untersuchungsverfahren;
- eine schnelle technische Fundbearbeitung und Dokumentation mit dem Ziel, magazingerechte Zustände der Funde zu gewährleisten, um sie für die spätere wissenschaftliche Bearbeitung und Publikation vorzubereiten;
- intensive Kooperationen mit Universitätsinstituten und die Auswertung von Grabungsmaterialien im Rahmen akademischer Abschlussarbeiten.

Die von der Bodendenkmalpflege in den Braunkohlengebieten angewendeten wissenschaftlichen Methoden haben dazu beigetragen, den Interessengegensatz zwischen der Rohstoffgewinnung und den Belangen der archäologischen Forschung zu entschärfen. Dabei überschreiten die archäologischen Arbeiten in den Braunkohlentagebaugebieten den Rahmen und die Möglichkeiten, aber auch die Probleme der üblichen bodendenkmalpflegerischen Maßnahmen. Deswegen

wird diese spezifische Art der Forschung heute mit dem Begriff Landschaftsarchäologie gekennzeichnet.

Über die Jahre gesehen hat sich ein hohes Maß an gegenseitigem Verständnis zwischen dem Bergbau und den für die Bodendenkmalpflege zuständigen Stellen entwickelt. Dazu gehören vielfache praktische Hilfestellungen durch die Betriebe mit dem Ziel, bergbauliche Aktivitäten und die archäologische Feldforschung ohne Konflikte zu gestalten. Darüber hinaus wurden in allen Revieren Regelungen getroffen, um eine angemessene finanzielle Ausstattung für die Forschungsarbeiten zu erreichen.

Rheinland: Denkmalpflege und Braunkohlenbergbau werden Partner

Aus der Sicht der rheinischen Bodendenkmalpflege hatten sich in den Jahrzehnten der Nachkriegszeit durch die rasch fortschreitenden Braunkohlentagebaue Defizite eingestellt. Es verfestigte sich ein Bild der nur stets reagierenden Bodendenkmalpflege. Die ertragreichen Untersuchungen, etwa der frühmittelalterlichen Burganlage „Husterknupp" (1949–1951) oder auf dem Kirchberg in Morken mit dem berühmten Grabfund des fränkischen „Herren von Morken" (1955) im Bereich des Tagebaus Frimmersdorf/Garzweiler, konnten an dieser Wahrnehmung nichts ändern. Auch die wissenschaftlichen Aufarbeitungen der Prospektionen und Grabungsergebnisse gerieten ins Hintertreffen.

Als schließlich mit dem Aufschluss und Betrieb des Tagebaus Hambach die Konzeption einer vorausschauend agierenden Braunkohlenarchäologie entwickelt wurde, war ihre Verwirklichung nur mit zusätzlichen finanziellen Mitteln möglich. Dies führte 1990 zur Gründung der „Stiftung zur Förderung der Archäologie im rheinischen Braunkohlenrevier" durch das Land Nordrhein-Westfalen, die Rheinbraun AG Köln und den Landschaftsverband Rheinland, der für die Bodendenkmalpflege zuständigen Körperschaft. Die Stiftung wurde mit einem Vermögen von zunächst 10,5 Millionen DM ausgestattet, jeweils zur Hälfte von staatlicher und privatwirtschaftlicher Seite finanziert. Die Präambel der Stiftungsurkunde dokumentiert, was die Mentoren dieser Initiative verfolgten:

„Bei der bergbaulichen Tätigkeit im rheinischen Braunkohlenrevier werden Bodendenkmäler aller Epochen angetroffen. Der Landschaftsverband Rheinland ist nach dem Denkmalschutzgesetz NRW unter anderem für wissenschaftliche Ausgrabungen, Bergung, Restaurierung und Auswertung von Bodendenkmälern zuständig. Im Rahmen dieses Auftrages ist er auch im Braunkohlenrevier tätig. Die Rheinbraun Aktiengesellschaft unterstützt diese Tätigkeit seit Jahren auf vielfältige Art und Weise. Das Land Nordrhein-Westfalen fördert die denkmalpflegerischen Maßnahmen des Landschaftsverbandes im Rahmen der jährlichen Denkmalförderprogramme. Das Land, die Rheinbraun AG und der Landschaftsverband Rheinland sind übereingekommen, zur weiteren Intensivierung der wissenschaftlichen Bodendenkmalpflege im rheinischen Braunkohlenrevier diese Stiftung zu errichten."

Zum wesentlichen Zweck der Stiftung heißt es in § 2 der Satzung: *„Die Stiftung hat die Aufgabe, dazu beizutragen, dass von dem Braunkohlenabbau betroffene Bodendenkmäler intensiver als bisher prospektiert, dokumentiert, publiziert und präsentiert werden können."*

Auf der Grundlage dieser Festlegungen hat die Stiftung in den zurückliegenden 20 Jahren aus den Erträgen des Kapitalvermögens zahlreiche Forschungsarbeiten gefördert, durch Vergabe von Preisen die wissenschaftliche Tätigkeit honoriert und durch Projekte wie

die „Tage der Archäologie" die Öffentlichkeit über die Ergebnisse der Aktivitäten informiert. So konnte die paläolithische Forschung in den Abbaugebieten Inden, Hambach und Garzweiler insbesondere im Bereich der Lößschichten mit neuen Erkenntnissen aufwarten. In den Lößablagerungen des Tagebaus Garzweiler wurden Funde aus der Zeit des Neandertalers gesichert, die Auskunft über die Lebensweise und die Einflüsse der Warm- und Kaltzeiten auf die Vegetation und die Tierwelt in dieser Zeit gegeben haben.

Im Zusammenhang mit der politischen Diskussion um den Anschlusstagebau Garzweiler II stellte sich die Frage, ob die notwendigen archäologischen Maßnahmen in dem Anschlusstagebau noch finanzierbar seien. Nach langen Verhandlungen hatten sich Land und RWE Rheinbraun im Jahr 2000 darauf verständigt, das Stiftungskapital um 18 Millionen DM auf insgesamt 29,15 Millionen DM aufzustocken. Die Zustiftung erfolgte zu gleichen Teilen und führte zusammen mit erwirtschafteten Rücklagen aus den laufenden Erträgen zu einem Gesamtstiftungskapital von 17,7 Millionen Euro in 2009 – ohne Zweifel eine stattliche Summe zur Förderung der Archäologie im Rheinland. Die jährlichen Erträge liegen bei rund einer halben Million Euro. Seit Gründung der Stiftung wurden insgesamt mehr als 180 Projekte mit einem Gesamtvolumen von annähernd zehn Millionen Euro gefördert.

Das rheinische Modell des Zusammenwirkens staatlicher Stellen mit der Privatwirtschaft zur Förderung der Archäologie hat dazu geführt, dass die Belange der Denkmalpflege und der Rohstoffnutzung gleichermaßen Berücksichtigung finden. Diese Entwicklung ist auch ein weiterer Baustein für die Akzeptanz der Braunkohlenindustrie, weil ein wesentlicher Beitrag zur Bewahrung der Kulturgeschichte in der Region geleistet wird. Ein gutes Beispiel dafür ist die Ausstellung „Roots/Wurzeln der Menschheit" des Rheinischen Landesmuseums in Bonn, die 2006 gezeigt wurde und in der Ergebnisse der wissenschaftlichen Tätigkeit aus der Braunkohlenarchäologie zu sehen waren.

Mitteldeutschland: von der Steinzeit bis zum Mittelalter

Am Anfang der Archäologie im mitteldeutschen Braunkohlenrevier standen zwei Zufallsfunde im heutigen Dreiländereck Sachsen, Sachsen-Anhalt und Thüringen. 1907 wurden in der Grube „Fürst Bismarck" Tongefäße entdeckt, die der jungsteinzeitlichen Kultur der Bandkeramik zugeordnet wurden. Systematische Grabungen waren nach 1949 mit der Ausweitung der Braunkohlenförderung möglich, wurden aber nicht in geeigneter Weise realisiert oder dokumentiert. Nach 1990 bot der Südraum um Leipzig mit der Untersuchung von Altsiedlungen im sächsischen Zweistromland zwischen Elster und Pleiße eine weitere Chance zur Erlangung neuer Erkenntnisse über die frühe Vorgeschichte. Wie Perlen reihen sich die vorgeschichtlichen Siedlungen an den hochwasserfreien Rändern der Flüsse aneinander. Annähernd 280.000 Jahre reichen die menschlichen Spuren zurück, die der Homo erectus südlich von Markkleeberg am Rand des Tagebaus Espenhain hinterlassen hat.

Im Bereich des Tagebaus Zwenkau fanden umfangreiche Grabungen statt. Es wurden frühsteinzeitliche Siedlungen (7.000 bis 4.000 Jahre vor Christus) entdeckt, mit vielen Details wie einem Kastenbrunnen (5000 vor Christus). Zudem erfolgte eine umfangreiche Dokumentation der Siedlungsgeografie dieses Gebietes.

Eine weitere bedeutende Ausgrabungsstätte bildet die umgesiedelte Ortslage Breunsdorf im Bereich des Tagebaus Vereinigtes Schleenhain. Hier bot sich stellvertretend für die zahlreichen von 1949 bis zur Wende 1989 im Südraum Leipzig umgesiedelten Dörfer die Chance einer gründlichen archäologischen Bestandsaufnahme, um Rückschlüsse auf die Lebensverhältnisse im Hoch- und Spätmittelalter ziehen zu können. Zu den herausragenden Funden zählt ein aufrecht bestattetes Pferd mit Sattel und Zaumzeug in der Ortslage Breunsdorf.

In Sachsen konnte die Zusammenarbeit zwischen der MIBRAG und dem Landesamt für Archäologie mit der Stiftung „Pro Archäologica Saxonia" auf eine finanziell solide Basis gestellt werden. Basis dafür war der „Vertrag über die Durchführung und Erstattung von Kosten archäologischer Untersuchungen im Tagebau Vereinigtes Schleenhain". Die Stiftung ist mit 4,2 Millionen Euro ausgestattet. Sie dient der archäologischen Forschung und Dokumentation im Bereich der Tagebaue und eröffnet neue Möglichkeiten zur Sammlung neuer Erkenntnisse über die Vor- und Frühgeschichte in diesem Raum.

Auch das Land Sachsen-Anhalt macht durch zahlreiche Funde auf sich aufmerksam. Zu nennen sind die 3.600 Jahre alte Himmelsscheibe von Nebra (Burgenlandkreis) und das in Mitteleuropa älteste Himmelsobservatorium in Goseck (Landkreis Weißenfels) aus der Jungsteinzeit. In jüngster Zeit bilden Ausgrabungen in Schwerzau im Bereich Tagebau Profen einen Schwerpunkt. Die archäologisch voll erschlossene Ortslage ermöglicht Einblicke in die Alltagskultur des Mittelalters. Ein herausragender Fund ist ein Ölleuchter aus dem 17. Jahrhundert, der mit Raps- oder Rüböl betrieben wurde. Die Zusammenarbeit mit dem Landesmuseum für Vorgeschichte in Halle sorgt für eine wissenschaftliche Begleitung und anschließende Dokumentation für die interessierte Bevölkerung.

Auch diese Erfolge bedeuten weitere Akzeptanz in dieser traditionellen Region des Braunkohlenbergbaus, weil nicht nur die technische Geschichte des Bergbaus, sondern auch die Spuren der frühen Vergangenheit als eigenständiges Kulturgut der interessierten Öffentlichkeit zugänglich gemacht werden.

Die Finanzierung der Ausgrabungsarbeiten im Land Sachsen-Anhalt wird wesentlich durch zwei Maßnahmen gewährleistet: Ein Vertrag über die Durchführung und Erstattung von Kosten archäologischer Untersuchungen im Tagebau Profen/Abbaufeld Schwerzau regelt die Ausgrabungstätigkeiten im Abbauvorfeld. Er stellt eine gewünschte systematische Grabungstätigkeit durch die archäologischen Ämter sicher und gibt hier auch den nötigen zeitlichen Vorlauf. Somit ist ein Miteinander von archäologischer Grabungstätigkeit in der Verantwortung des Landesamtes und der nachfolgenden Gewinnung der Braunkohle durch die Industrie gegeben. Die von der MIBRAG Anfang 2004 initiierte Stiftung zur Förderung der Archäologie in Sachsen-Anhalt wurde mit drei Millionen

Euro ausgestattet und hat den Zweck, Vorhaben zur wissenschaftlichen Begleitung der Grabungstätigkeit zu fördern.

Lausitz: neue Wege auf slawischen Spuren

Die Vattenfall Europe Mining AG betreibt im Land Brandenburg die Braunkohlentagebaue Cottbus-Nord, Jänschwalde und Welzow-Süd. Im Freistaat Sachsen sind es die Tagebaue Nochten und Reichwalde. In diesen Bundesländern wurde nach der deutschen Wiedervereinigung eine neue gesetzliche Grundlage für die Aktivitäten der Denkmalpflege geschaffen und damit der Weg frei gemacht für die Erforschung der Vor- und Frühgeschichte in diesem Raum. Die Gesetze zum Schutz und zur Pflege der Kulturdenkmale im Land Brandenburg aus 2004 und Sachsen aus 1993 beschreiben die Anforderungen an das Bergbauunternehmen im Vorfeld seiner Tagebaue.

Zunächst besteht die Erhaltungspflicht bei Ausgrabungsfunden, jedoch wird die Erlaubnispflicht zur Beseitigung oder Verlagerung an einen anderen Ort eingeräumt, wenn eine Oberflächenfreimachung für den Tagebau notwendig wird. Neben der Anzeigepflicht eines denkmalrelevanten Fundes ist auch eine Kostenerstattungspflicht festgeschrieben. Danach hat der Veranlasser eines Eingriffs – hier die Vattenfall Europe Mining AG – die Kosten in zumutbarem Umfang zu tragen: im Einzelnen für die archäologischen Ausgrabungen, die konservatorische Sicherung der Funde und die anschließende wissenschaftliche Dokumentation.

In der Zusammenarbeit mit den Denkmalschutzbehörden haben sich für das Miteinander von archäologischer Grabungstätigkeit und betrieblichen Tagebauabläufen öffentlich-rechtliche Verträge bewährt, in denen die Maßnahmen für die einzelnen Tagebaue umrissen werden.

Die Erfolge dieser konstruktiven Zusammenarbeit lassen sich sehen und haben für überregionale Aufmerksamkeit gesorgt. Im Tagebau Jänschwalde wurden Spuren eines germanischen Dorfes aus dem 3. und 4. Jahrhundert gefunden sowie das Skelett der Germanin „Frieda“. Schwerpunkte der Grabungstätigkeit lagen in der ehemaligen Ortslage von Horno, um dort die historische Siedlungsgeografie zu erkunden. Dies gilt auch für die Orte Kausche und Klein Görigk sowie Geisendorf im Tagebau Welzow-Süd. Auf diese Weise findet in der aktuellen Umsiedlungsgeschichte die frühe Vorgeschichte dieser Orte eine besondere Beachtung. Im Bereich des Freistaates Sachsen ermöglichten Grabungen im Vorfeld des Tagebaus Reichwalde, einen erhaltenen Lebensraum des altsteinzeitlichen Menschen zu erforschen.

Schöninger Speere: Erbe der Menschheit

Die archäologischen Arbeiten im Vorfeld des Tagebaus Schöningen erfolgen seit 1983 systematisch durch das Niedersächsische Landesamt für Bodendenkmalpflege. Das Projekt mit dem Namen „Archäologische Schwerpunktuntersuchungen im Helmstedter Revier" hebt darauf ab, die Zeugnisse aus ur- und frühgeschichtlicher Zeit möglichst umfassend aufzuspüren und weitgehend lückenlos zu dokumentieren. Vielfältig unterstützt durch die Braunschweigische Kohlen-Bergwerke AG (BKB), heute E.ON, wurde ein Areal von insgesamt mehr als 400.000 Quadratmetern ausgegraben. Entdeckt wurden dabei zahlreiche urgeschichtliche Siedlungen von der Jungsteinzeit bis zur Bronze- und Eisenzeit (5500 vor bis zur Zeit um Christi Geburt).

Eine Sensation war im Herbst 1995 die Entdeckung eines Fundplatzes aus der Zeit der Urmenschen. Zusammen mit Steinwerkzeugen und zahlreichen Resten von Großsäugern, hauptsächlich Pferden, wurden mehrere hölzerne Wurfspeere sowie weitere Holzgeräte aus der Zeit des Homo heidelbergensis gefunden, einem Vorläufer des Neandertalers. Die Schöninger Speere und die Analyse des Fundplatzes ermöglichen völlig neue Einblicke in die Entwicklung und Kultur der frühen Menschen in Mitteleuropa vor rund 400.000 Jahren. Das Besondere des an einem ehemaligen Seeufer gelegenen Jagdlagers der Urmenschen ist, dass es 10 bis 15 Meter unter der heutigen Oberfläche lag und ohne den Braunkohlenbergbau wohl nie für die Forschung zugänglich gewesen wäre. Damit wird erneut deutlich, dass die in der Braunkohlenarchäologie liegenden Chancen beachtlich sind – insbesondere für die archäologische Wissenschaft.

Ausgrabungsarbeiten in Schöningen 2007

Die Schöninger Speere Modul Holodeck

Braunkohle als Partner der regionalen Entwicklung

Die Gewinnung und Nutzung der Braunkohle ist von großer regionalwirtschaftlicher Bedeutung. Die standortgebundenen Tagebaue und Kraftwerke sind industrielle Kerne oder Teile davon, die langfristig eine regionale Wertschöpfung garantieren und maßgebliche Impulse für Ausbildung, Beschäftigung, Lehre und Forschung sowie für das soziale und kulturelle Umfeld setzen.

Arbeitsmarkt

Die deutsche Braunkohlenindustrie hat Ende 2009 insgesamt ca. 22.500 Mitarbeiter beschäftigt, die in folgenden Revieren tätig sind: Rheinland 11.500 Mitarbeiter, Lausitz 7.900 Mitarbeiter, Mitteldeutschland 2.500 Mitarbeiter und Helmstedt 600 Mitarbeiter.

Nach den Erfahrungen und Ergebnissen, die aus mehreren regionalwirtschaftlichen Untersuchungen resultieren, kann angenommen werden, dass jedem direkt in der Braunkohle Beschäftigten unmittelbar ein weiterer Arbeitsplatz in der Region zuzuordnen ist. Die weitergreifenden mittelbaren Auswirkungen liegen noch einmal in derselben Größenordnung. Man kann also davon ausgehen, dass die Braunkohlenindustrie eine Branche ist, die etwa 50.000 anspruchsvolle Arbeitsplätze in Deutschland sichert. Diese Größenordnung wird durch eine Reihe von Untersuchungen bestätigt, wie z. B. jene der Hochschule Niederrhein aus dem Jahr 2000 oder die der Prognos AG aus den Jahren 2005 und 2008.

Bedeutsam ist auch die mittelbare Wirkung, die aus dem Beitrag der Braunkohle zur sicheren und preiswerten Energieversorgung resultiert. Viele energie- oder stromintensive Betriebe sind auf eine im internationalen Maßstab wettbewerbsfähige Stromversorgung angewiesen. Hierzu leistet die Braunkohle einen erheblichen Beitrag, sodass mittelbar viele industrielle Arbeitsplätze von der Nutzung der Braunkohle abhängen. Nicht zuletzt aus diesem Tatbestand leitet sich das öffentliche Interesse an der Braunkohlennutzung ab, das bei der Abwägung von Vor- und Nachteilen großes Gewicht besitzt.

Regionaler Wirtschaftsfaktor

Die Wertschöpfung aus der Braunkohlenstromerzeugung und den festen Brennstoffen für den Wärmemarkt beläuft sich auf knapp acht Milliarden Euro im Jahr. Die Nutzung der heimischen Braunkohlenlagerstätten, der Betrieb von Tagebauen, Kraftwerken und Veredlungsanlagen generiert Einkommen und Wohlstand in den Braunkohlenrevieren. Die industrielle Tätigkeit wirkt auf unterschiedliche Weise in die Regionen hinein:

Gewerbepark Mühlenerft

Papierfabrik Hamburger Spremberg GmbH im Industriepark Schwarze Pumpe

- Der Betrieb von Tagebauen und Kraftwerken führt zur Bildung industrieller Kerne, die wichtige Standortvoraussetzungen zur Ansiedlung insbesondere mittelständischer Zuliefer- und Dienstleistungsunternehmen bieten, die im Verbund mit den Braunkohlenunternehmen stehen.
- Die Bergbau- und Kraftwerkunternehmen haben einen hohen Bedarf an Bauleistungen, Maschinen und Anlagen sowie Dienstleistungen. Ein Großteil der Ausgaben und Investitionen fließt in die Region und verstärkt die positiven regionalwirtschaftlichen Effekte.

Neue Aktivitäten folgen dem Bergbau

Die Braunkohlenunternehmen leisten traditionell wichtige Beiträge zur regionalen Standortentwicklung. So wurden und werden in allen Regionen Flächen bereitgestellt, die beste Voraussetzungen zur Entwicklung von Industrieparks und Gewerbegebieten bieten. Beispiele sind Standorte mit industrieller Vornutzung, Flächen am Rand der Tagebaue und teilweise im verfüllten Bereich, d. h. in der Rekultivierung.

Neben den hervorragenden Standortbedingungen zur Ansiedlung von energieintensiven Industrien im Bereich der Kraftwerksstandorte und Veredlungsanlagen machen nachfolgende Beispiele deutlich, welche Impulse für die Region von den Braunkohlenunternehmen und der Kommunalpolitik durch eine gemeinsame Entwicklung von Ansiedlungsstandorten gegeben werden können:

Im ehemaligen Tagebau Frechen wurde auf einer rekultivierten Fläche der Gewerbepark Kerpen-Türnich mit knapp 90 Hektar entwickelt. An diesem Standort sind mehr als tausend Menschen beschäftigt.

Im Bereich eines zunächst als Kraftwerksstandort vorgesehenen Areals bei Paffendorf planen die Kommunen Bergheim, Bedburg und Elsdorf ein interkommunales Kompetenzzentrum für Gewerbe und Dienstleistungen mit dem Schwerpunkt Energie und Landwirtschaft.

Im Geiseltal westlich von Merseburg ist auf dem Gelände der ehemaligen Brikettfabrik Großkayna der Mitteldeutsche Industriepark Großkayna-Frankleben mit einer Fläche von 20 Hektar entstanden, der große Potenziale insbesondere in der Vernetzung mit den Chemiestandorten Leuna und Schkopau bietet.

Auf den Flächen des ehemaligen Braunkohlenveredlungskomplexes Espenhain wurde der Mitteldeutsche Industriepark Espenhain mit einer Fläche von ca. 95 Hektar erschlossen, auf dem sich bereits eine Vielzahl von Unternehmen angesiedelt hat. Die Nähe zu Leipzig sowie die Lage im Leipziger Neuseenland mit

Förderbrücke F60 im Tagebau Reichwalde

seinen neu entstehenden Gewässern und den in der Region geplanten Freizeit-, Erholungs- und Tourismuseinrichtungen verschafft dem Industriepark ein attraktives Umfeld.

Unter dem Leitgedanken „Arbeiten-Wohnen-Freizeit in Marga" wurde der Lausitzer Industriepark Marga/Senftenberg entwickelt. Die bereits angesiedelten Firmen bieten einen gesunden Mix aus Industrie, Handwerk und Dienstleistungen.

Der Industriestandort Schwarze Pumpe hat sich in den vergangenen Jahren zu einem multifunktional gestalteten Industriepark entwickelt. Am Standort befinden sich ein hochmodernes Braunkohlenkraftwerk und die Kohlenveredlung von Vattenfall. Zugleich wird hier mit der Oxyfuel-Pilotanlage die Entwicklung der CCS-Technik vorangetrieben. Der Standort eignet sich besonders für Unternehmen mit großem Flächenbedarf und für energieintensive und prozessorientierte Branchen. Im Industriepark arbeiten bereits mehr als 80 Unternehmen mit ca. 3.600 Beschäftigten.

Gesellschaftlicher Beitrag der Braunkohlenunternehmen

Die Braunkohlenunternehmen sind primär Energiedienstleister, die sicher und preisgünstig Braunkohle zur Energieversorgung bereitstellen. Durch die wirtschaftliche Tätigkeit haben die Unternehmen jedoch auch einen wesentlichen Einfluss auf das gesellschaftliche Umfeld – regional und lokal. Deshalb sehen sich die Unternehmen in der Verantwortung, auch ihre Beiträge zur nachhaltigen gesellschaftlichen Entwicklung zu leisten. Das Engagement erstreckt sich dabei auf viele ökonomische, ökologische und soziale Bereiche, die sich an der Unternehmenstätigkeit im Sinne der Corporate Social Responsibility ausrichten und die über die gesetzlichen Forderungen hinausgehen. Anzusprechen sind Stiftungen von RWE, Vattenfall und MIBRAG sowie regionale Netzwerke und Initiativen, die allesamt das Ziel verfolgen, die Reviere zu stärken.

Chronik

Lausitzer Braunkohlenrevier 1990–2009

1990

Gründung der Lausitzer Braunkohle AG als Folgebetrieb des Braunkohlenkombinats Senftenberg.

Gründung der Energiewerke Schwarze Pumpe AG (ESPAG), vormals Gaskombinat Schwarze Pumpe (Stammbetrieb).

Der Betrieb Braunkohlenveredlung Lauchhammer des Gaskombinates Schwarze Pumpe wird in die Braunkohlenveredlung GmbH Lauchhammer (BVL GmbH) umgewandelt.

1993

Verschmelzung von LAUBAG und ESPAG zur Lausitzer Braunkohle Aktiengesellschaft (LAUBAG).

Baubeginn für das 2 x 800-MW-Braunkohlenkraftwerk Schwarze Pumpe.

1994

Abschluss des strukturellen Anpassungsprozesses im Lausitzer Revier mit der Spaltung der LAUBAG in die Lausitzer Braunkohle Aktiengesellschaft und in die Lausitzer Bergbau-Verwaltungsgesellschaft mbH.

Gründung der LMBV als Tochtergesellschaft der BMGB (Beteiligungs-Management-Gesellschaft Berlin), einer Nachfolgegesellschaft der Treuhandanstalt.

Grundsteinlegung für den ersten 900-MW-Braunkohlenkraftwerksblock in Boxberg.

Eröffnung des Lausitzer Bergbaumuseums in der ehemaligen Brikettfabrik Knappenrode.

Nahe der Ortslage Drebkau beginnen die Erschließungsarbeiten für Ansiedlungen im neuen Kausche.

1995

Verschmelzung der LBV und der MBV auf die LMBV.

Erstmals wird im Tagebau Welzow-Süd ein Eimerkettenbagger auf Direktantrieb umgestellt. Zeitgleich erfolgt die Inbetriebnahme eines neuen Zentralleitstandes im Tagebau Welzow-Süd.

1996

Abschluss der Ertüchtigungs- und Nachrüstungsmaßnahmen für die acht 500-MW-Braunkohlenblöcke in den Kraftwerken Jänschwalde und Boxberg.

Abschluss der ersten gemeinsamen Umsiedlung im Lausitzer Revier in Kausche.

1997

Inbetriebnahme des neuen Zentralstellwerks für den Eisenbahnbetrieb im Lausitzer Revier in Schwarze Pumpe.

Verabschiedung des Brandenburgischen Braunkohlengrundlagengesetzes durch den Landtag.

1998

Offizielle Inbetriebnahme des neuen 2x800-MW-Braunkohlenkraftwerks in Schwarze Pumpe.

1999

Inbetriebnahme der Wirbelschichtbraunkohlenverladung und der Braunkohlenstaubmahlanlage in Schwarze Pumpe.

Beginn der Umsiedlung Geisendorf.

2000

Offizielle Inbetriebnahme des 900-MW-Braunkohlenblocks im Kraftwerk Boxberg.

2001

Abschluss der Umsiedlung des Ortes Geisendorf.

2002

Aus den Unternehmen Bewag Aktiengesellschaft (Bewag), Hamburgische Electricitätswerke AG (HEW), Lausitzer Braunkohle AG (LAUBAG) und VEAG Vereinigte Energiewerke AG (VEAG) wird das neue Unternehmen Vattenfall Europe AG als Tochter der Vattenfall AB, Stockholm, gebildet.

Die zuvor aus der VEAG ausgegründete Kraftwerkssparte heißt jetzt Vattenfall Europe Generation AG & Co. KG.

2003

Aus der Lausitzer Braunkohle Aktiengesellschaft (LAUBAG) wird die Vattenfall Europe Mining AG, Bildung der Geschäftseinheit Vattenfall Europe Mining & Generation.

Einweihung der Kirche im neuen Horno – Symbolischer Abschluss der Umsiedlung von Horno.

Eröffnung des Findlingsparks Nochten.

2004

Eröffnung der neuen gemeinsamen Verwaltungen der Vattenfall Europe Mining AG und der Vattenfall Europe Generation AG & Co. KG in Cottbus.

Gründung der „Stiftung Lausitzer Braunkohle".

Grundsteinlegung für die Umsiedlung von Haidemühl in Sellessen bei Spremberg.

2005

Vattenfall Europe beginnt mit den Planungen für einen neuen Braunkohlenblock am sächsischen Kraftwerksstandort Boxberg.

Seit 50 Jahren ist Schwarze Pumpe der Begriff für Braunkohlenveredlung und Stromerzeugung in Ostdeutschland. Seit der Wiedervereinigung hat sich der Standort zu einem modernen und multifunktionalen Industriepark entwickelt.

2006

Am Standort Schwarze Pumpe erfolgt der symbolische Spatenstich für den Bau einer Pilotanlage zur Entwicklung eines CO_2-emissionsarmen Braunkohlenkraftwerks.

Vattenfall erhält die Genehmigung für die Errichtung und den Betrieb eines 675-MW-Neubaublockes in Boxberg.

2007

Grundsteinlegung für den neuen Kraftwerksblock am Standort Boxberg.

Fertigstellung Dichtwand Tagebau Cottbus-Nord.

Beginn der Spreeauenrenaturierung bei Cottbus als Ausgleichsmaßnahme für die Inanspruchnahme der Lakomaer Teiche.

Die Landesregierung Brandenburg und Vattenfall informieren über die Zukunft der brandenburgischen Braunkohlenwirtschaft. Das Konzept von Vattenfall beinhaltet die Nutzung der Braunkohle aus den drei Zukunftsfeldern Jänschwalde-Nord, Bagenz-Ost und Spremberg-Ost.

Der Aufstellungsbeschluss zur Teilfortschreibung des Braunkohlenplanes Nochten für das Vorranggebiet Nochten wird gefasst.

Das Braunkohlenplanverfahren zur Nutzung des Räumlichen Teilabschnittes II, Tagebau Welzow-Süd, wird eröffnet.

2008

Die brandenburgische Landesregierung verabschiedete die „Energiestrategie 2020". Darin enthalten sind die langfristige Braunkohlennutzung für die Stromerzeugung in den Bereichen Tagebau Welzow-Süd, Räumlicher Teilabschnitt II, sowie für den schrittweisen Aufschluss der drei Zukunftsfelder Jänschwalde-Nord, Bagenz-Ost und Spremberg-Ost.

Vattenfall informiert über die Planung eines Demokraftwerks für eine annähernd CO_2-emissionsarme Kohlenverstromung in Jänschwalde.

Inbetriebnahme der weltweit ersten Pilotanlage für ein Kohlenkraftwerk mit CO_2-Abscheidung in Schwarze Pumpe.

2009

Das Brandenburger Volksbegehren „Keine neuen Tagebaue" scheitert.

Vattenfall beantragt die Erkundung geologischer Formationen zur CO_2-Speicherung in Ostbrandenburg und eröffnet im Juli mit dem „CCS Informationszentrum" in Beeskow ein Bürgerberatungsbüro.

Pilotanlage für ein Kraftwerk mit CO_2-Abscheidung in Schwarze Pumpe: ein Jahr erfolgreicher Testbetrieb für das Oxyfuel-Verfahren.

Chronik

Mitteldeutsches Braunkohlenrevier 1990–2009

Juli 1990

Gründung der Vereinigten Mitteldeutschen Braunkohlenwerke AG aus dem BKK Bitterfeld mit sieben Werksdirektionen.

Mai 1991

Gründung der MBS (Mitteldeutsche Braunkohle Strukturförderungsgesellschaft).

November 1991

Zusammenfassung der MIBRAG AG zu drei Werksdirektionen.

November 1991

Gründung der Anhaltinischen Braunkohlensanierungsgesellschaft (ABS) am Standort Bitterfeld.

1991–1993

Stilllegung eines Großteils der Tagebaue im mitteldeutschen Revier.

1992

Internationale Ausschreibung der MIBRAG AG durch die Treuhandanstalt.

Mai 1993

Sitzung des Braunkohlenausschusses und Festlegung der zukünftigen Planung für die Tagebaue im Süden Leipzigs.

1993

Inbetriebnahme Staubfabrik Deuben.

1994

Spaltung der MIBRAG AG in MIBRAG mbH, ROMONTA GmbH und MBV.

Privatisierung der Mitteldeutschen Braunkohlengesellschaft mbH (MIBRAG) mit den Tagebauen Vereinigtes Schleenhain und Profen, dem gepachteten Tagebau Zwenkau sowie den drei Industriekraftwerken, der Staubfabrik und den zwei Brikettfabriken.

Abschluss der ersten gemeinsamen Umsiedlung in Mitteldeutschland: 40 Schwerzauer Bürger beziehen in der Nachbargemeinde Draschwitz ihr neues Zuhause.

Inbetriebnahme des auf zirkulierender Wirbelschicht arbeitenden Industriekraftwerkes Wählitz.

Privatisierung der ROMONTA GmbH, neuer Eigentümer ist die Flowtex Gruppe. In den Jahren 1993 bis 1997 werden die Anlagen am Standort Amsdorf mit einem Aufwand von über 100 Mio. DM modernisiert und dem Stand der Technik angepasst.

Zusammenfassung des Auslauf- und Altbergbaus in der Mitteldeutschen Bergbauverwaltungsgesellschaft mbH (MBV).

Gründung der LMBV als Tochtergesellschaft der BMGB (Beteiligungs-Management-Gesellschaft Berlin), einer Nachfolgegesellschaft der Treuhandanstalt.

1995

MIBRAG und Kraftwerksbetreiber vereinbaren die jährliche Lieferung von mindestens zehn Millionen Tonnen Braunkohle für eine Laufzeit von 40 Jahren für das geplante Kraftwerk in Lippendorf.

Inbetriebnahme des Kohlenmisch- und Stapelplatzes Profen.

Verschmelzung der LBV und der MBV auf die LMBV.

1996

Beginn der Rohkohlenlieferung aus dem Tagebau Profen für das neue Braunkohlenkraftwerk Schkopau.

Inbetriebnahme der Rauchgasentschwefelungsanlagen in den Industriekraftwerken Deuben und Mumsdorf.

1997

Vergabe der Investitionsaufträge für die Umrüstung des Tagebaus Vereinigtes Schleenhain an Firmen der Region.

1998

Abschluss der freiwilligen und vorzeitigen Umsiedlung von 850 Einwohnern der Gemeinde Großgrimma in die Stadt Hohenmölsen.

Gründung der „Kulturstiftung Hohenmölsen", in der die Gemeinde Großgrimma, die aufgrund der Braunkohlentagebau-

erweiterung Profen freiwillig, vorzeitig und geschlossen nach Hohenmölsen umgesiedelt ist, als Stiftungsgeber fortleben soll.

„Wasser marsch!" für die Flutung des Cospudener Sees im Südraum Leipzig mit MIBRAG-Wasser aus den Tagebauen.

1999

Lieferung der ersten Rohkohle aus dem Tagebau Vereinigtes Schleenhain an das Kraftwerk Lippendorf.

Tagebau Zwenkau stellt seinen Betrieb ein.

2000

Einstellen der Brikettproduktion in der Brikettfabrik Mumsdorf.

2001

Rekord auf dem Gebiet der Arbeitssicherheit mit zwei Millionen unfallfreien Arbeitsstunden.

Regelung der betrieblichen Altersversorgung im Rahmen der Gewinnbeteiligung der Mitarbeiter sowie Einführung eines erfolgsabhängigen Bonussystems zur Erhöhung der Arbeitssicherheit und zur weiteren Unfallverhütung in Betriebsvereinbarungen.

2002

Erstmals Übernahme von Jungfacharbeitern nach erfolgreichem Abschluss der Ausbildung in unbefristete Beschäftigungsverhältnisse.

2003

Flutung des Störmthaler Sees im Südraum Leipzig mit MIBRAG-Wasser.

Letztes Brikett aus Deuben – die über 145-jährige Tradition der Brikettierung in Mitteldeutschland geht zu Ende.

2004

Aufschluss des Baufeldes Schwerzau im Tagebau Profen beginnt.

MIBRAG erlangt nach der Verabschiedung des neuen Heuersdorf-Gesetzes im Sächsischen Landtag mit der Regelung der Inanspruchnahme der Ortslage Heuersdorf südlich von Leipzig Planungs-, Rechts- und Investitionssicherheit.

Heuersdorfer diskutieren über den Entwurf eines Bebauungsplans für das Siedlungsgebiet „Am Wäldchen" in Regis-Breitingen als Standort für eine gemeinsame Umsiedlung.

2005

Erster Spatenstich für das neue Wohngebiet der Heuersdorfer „Am Wäldchen" in Regis-Breitingen.

Inbetriebnahme des ersten Bauabschnitts des neuen Massenverteilers im Tagebau Profen.

2006

Beginn der Braunkohlenförderung im Abbaufeld Schwerzau des Tagebaus Profen.

MIBRAG startet die Erkundung der Braunkohlenlagerstätte bei Lützen (Burgenlandkreis, Sachsen-Anhalt).

Entscheidung aller noch in Heuersdorf lebenden Einwohner für einen Umsiedlungsstandort in der Region.

2007

Abschluss der ersten Etappe zur Untersuchung der Braunkohlenlagerstätte bei Lützen.

Transport der Emmaus-Kirche von Heuersdorf nach Borna und anschließende Sanierung des Gotteshauses.

Inbetriebnahme des Massenverteilers im Tagebau Profen nach fast vier Jahren Bauzeit.

2008

Wiedereröffnung der sanierten Heuersdorfer Emmaus-Kirche in Borna.

Landesamt für Denkmalpflege und Archäologie Sachsen-Anhalt und MIBRAG präsentieren den bei Grabungen im Tagebauvorfeld entdeckten Goldschatz von Profen.

Unterzeichnung des Liefervertrages von jährlich etwa 1,3 Millionen Tonnen Rohbraunkohle aus dem Tagebau Profen an die Stadtwerke Chemnitz (2010 bis 2019).

2009

Verkauf der MIBRAG-Anteile an das tschechische Konsortium aus der CEZ-Gruppe und der J&T Gruppe.

Chronik

Rheinisches Braunkohlenrevier 1978–2009

1978

Aufschluss des Tagebaus Hambach; erster 240 000er Bagger; Beginn der Aufschüttung der Außenkippe Sophienhöhe.

1985

Inbetriebnahme der Hochtemperatur-Winkler-Demonstrationsanlage zur Vergasung von Braunkohle in Hürth-Berrenrath.

1987

Inbetriebnahme der ersten Rauchgas-Entschwefelungsanlage.

Januar 1989

Die Rheinbraun-Tochter Union Rheinische Braunkohlen Kraftstoff AG (UK), Wesseling, wird von RWE mit der im Vorjahr erworbenen Deutschen Texaco zur DEA Mineraloel AG verschmolzen.

April 1990

Gründung der gemeinnützigen „Stiftung zur Förderung der Archäologie im rheinischen Braunkohlenrevier" zur Förderung der Bodendenkmalpflege.

Oktober 1992

Auf dem Gelände der Fabrik Frechen wird eine Demonstrationsanlage zur Wirbelschichttrocknung von Braunkohle mit interner Abwärmenutzung (WTA), einem von Rheinbraun entwickelten Verfahren, feierlich in Betrieb genommen.

Oktober 1994

Rheinbraun und RWE Energie vereinbaren mit der NRW-Landesregierung ein 20-Milliarden-DM-Programm zur klimafreundlichen Modernisierung der rheinischen Braunkohlenkraftwerke.

März 1995

Von der Landesplanungsbehörde wird die Genehmigung des Braunkohlenplans Garzweiler II erteilt.

Mai 1996

Beschluss des Vorstands der RWE Energie AG zum Bau des ersten Braunkohlenkraftwerks mit optimierter Anlagentechnik (BoA) in Bergheim-Niederaußem.

Dezember 1997

Das Bergamt Düren erteilt der Rheinbraun AG die Zulassung für den Rahmenbetriebsplan des Tagebaus Garzweiler I/II für den Zeitraum 2001 bis 2045.

August 1998

Baubeginn für das erste Braunkohlenkraftwerk mit optimierter Anlagentechnik (BoA) am Standort Niederaußem der RWE Energie.

Oktober 1998

Das Landesoberbergamt erteilt der Rheinbraun AG die wasserrechtliche Genehmigung zur Sümpfung für den geplanten Anschlusstagebau Garzweiler II.

April 2000

Integration der Braunkohlenkraftwerke der RWE Energie AG in die Rheinbraun Verstromungs AG; damit sind erstmals bei RWE Braunkohlengewinnung und -verstromung unter einem Unternehmensdach vereinigt; ab 1. Oktober firmiert das Unternehmen unter RWE Rheinbraun AG, Köln.

Juni 2001

RWE Energie und RWE Rheinbraun geben ihre Mehrheitsbeteiligung an der Lausitzer Braunkohle AG (Laubag), Senftenberg, infolge der Kartellamtsauflagen für die Fusion von RWE und VEW an die HEW ab. Ebenso gibt der RWE-Konzern seine Beteiligung an der ostdeutschen Braunkohlenverstromungsgesellschaft VEAG Vereinigte Energiewerke AG an das Hamburger Unternehmen ab.

Juni 2002

Beschluss des RWE-Rheinbraun-Vorstands zum Bau eines weiteren Braunkohlenkraftwerks mit optimierter Anlagentechnik (BoA) im rheinischen Braunkohlenrevier, vorzugsweise am Standort Neurath.

September 2002

Festakt zur Vorstellung des ersten Braunkohlenkraftwerks mit optimierter Anlagentechnik (BoA) als Block K des Kraftwerks Niederaußem.

Oktober 2003

Zusammenfassung der kontinentaleuropäischen Stromerzeugungsaktivitäten im RWE-Konzern durch die Integration der RWE Power AG (Kernkraft, Steinkohle, Erdgas, Erneuerbare) in die RWE Rheinbraun AG. Sitz der „neuen" RWE Power AG sind Essen und Köln.

April 2004

Der Markenname der rheinischen Briketts, „Union", wird 100 Jahre alt. Er wird wenig später in „heizprofi" geändert.

Mai 2004

Die RWE Power AG stellt den Genehmigungsantrag für die Errichtung eines zweiten Braunkohlenkraftwerks mit optimierter Anlagentechnik (BoA) am Standort Neurath.

September 2005

Wegen des Tagebaus Inden wird der Fluss Inde in ein zwölf Kilometer langes und durch die Rekultivierung führendes Bett umgeleitet.

Juni 2006

Nach über 20 Jahren Planung und Genehmigung beginnt der nahtlose Übergang des Tagebaus Garzweiler I in das Anschlussfeld Garzweiler II.

August 2006

Im Zuge der Umsetzung des Kraftwerkserneuerungsprogramms legt Bundeskanzlerin Dr. Angela Merkel den Grundstein für den Bau des Braunkohlenkraftwerks BoA 2 & 3 am Standort Grevenbroich-Neurath.

August 2007

Der Tagebau Garzweiler feiert 100 Jahre Braunkohlengewinnung im Norden des rheinischen Reviers.

August 2008

Bei der Grundsteinlegung für ein Kraftwerk in Hamm wird Hürth-Knapsack als Standort des geplanten IGCC-CCS-Kraftwerks von RWE verkündet.

September 2008

Mit dem ersten Spatenstich beginnen die Baumaßnahmen zur Verlegung der Autobahn 4 im Vorfeld des Tagebaus Hambach. Parallel und zeitgleich wird die „Hambachbahn" genannte Werksbahn verlegt.

An der Fabrik Fortuna-Nord in Niederaußem wird zur Steigerung der Produktion von Braunkohlenstaub um ein Viertel auf rund 3 Millionen Jahrestonnen eine Walzenschüsselmühle in Betrieb genommen.

November 2008

Eine Algenzuchtanlage zur CO_2-Umwandlung wird im Innovationszentrum Kohle in Niederaußem in Betrieb genommen. Dort binden Meeresalgen CO_2 aus dem Rauchgas der benachbarten BoA 1 in ihre Biomasse ein.

Dezember 2008

Der Braunkohlenausschuss beschließt mit einer Änderung des Braunkohlenplans Inden die Anlage eines Restsees nach Auskohlung. Bislang war die vollständige Verfüllung vorgesehen.

Februar 2009

Im Innovationszentrum Kohle am Kraftwerksstandort Niederaußem geht eine Prototypanlage zur Vortrocknung von Braunkohle nach dem WTA-Verfahren offiziell in Betrieb. Die Technologie ist eine entscheidende Komponente für das geplante Trockenbraunkohlenkraftwerk, den noch effizienteren BoA-Nachfolger.

Juli 2009

Eine Versuchsanlage zur optimierten Rauchgasreinigung (REAplus) nimmt in Niederaußem die Arbeit auf.

August 2009

Deutschlands erste Pilotanlage zur CO_2-Rauchgasreinigung wird in Niederaußem offiziell in Dienst gestellt.

Sommer 2009

Mit dem Transport des letzten Absetzers aus dem ehemaligen Tagebau Bergheim zum Tagebau Hambach endet nicht nur ein Kapitel der regionalen Bergbaugeschichte, sondern auch eine Serie spektakulärer Großgerätetransporte zwischen den Tagebauen (z. B. 1982, 1991, 1999, 2001, 2004).

7

Deutscher Braunkohlen-Industrie-Verein e. V. – DEBRIV

Struktur und Aufgaben

Die Unternehmen des deutschen Braunkohlenbergbaus gründeten im Mai 1885 in Halle/Saale den Deutschen Braunkohlen-Industrie-Verein. Schon zuvor bestanden regionale Verbände. Ziel war, die übergreifenden Fragestellungen koordiniert anzugehen, beispielsweise in Hinblick auf das Bergrecht und die Sozialgesetzgebung oder die in Konkurrenz zur Steinkohle besonders wichtige Regulierung im Bereich Eisenbahntransport.

Die Teilung Deutschlands hatte zur Folge, dass etwa zwei Drittel der Braunkohlenkapazitäten auf das Gebiet der DDR entfielen. Hier konzentriert sich die Braunkohlengewinnung auf die Reviere in der Lausitz und Mitteldeutschland. In der Bundesrepublik wurde im rheinischen Revier, in Niedersachsen (Helmstedt), Hessen (Borken, Wolfersheim und Großalmerode) und Bayern (Schwandorf) Braunkohle gefördert.

In Westdeutschland erfolgte in den Jahren 1950 und 1951 die Rückführung der Unternehmen auf die Alteigentümer und das Außerkrafttreten des Besatzungsrechtes. Damit war für den Braunkohlenbergbau der Weg frei, sich wieder verbandsmäßig zu organisieren. Im April 1952 wurde in Köln der Deutsche Braunkohlen-Industrie-Verein e. V. neu gegründet, womit wieder eine überregional orientierte Interessenvertretung entstand.

Im Osten wurde die Braunkohlenindustrie von der sowjetischen Besatzungsmacht früh verstaatlicht. Die Unternehmen wurden in volkseigene Betriebe und später in Kombinate überführt. Verbandliche Strukturen waren nicht Bestandteil dieser Ordnung.

In der Wendezeit 1989 und 1990 gründete die sehr breit aufgestellte Bergbauindustrie der DDR den Verband Geologie und Bergbau. Kurze Zeit später wurde deutlich, dass die Zweistaatlichkeit schneller als zunächst erwartet beendet würde. Für die Unternehmen der Braunkohlenindustrie der neuen Länder war das Anlass, dem DEBRIV beizutreten.

Eine wichtige Aufgabe des DEBRIV war, an der Integration der Braunkohlenindustrie auf verbandlicher Ebene mitzuwirken. Insbesondere ging es darum, die vielfältigen politischen und gesetzgeberischen Initiativen in den neuen Ländern zu begleiten, die im Rahmen der Wiedervereinigung und Rechtsangleichung in großer Dichte umzusetzen waren.

Ergänzend zur Integration der Braunkohlenunternehmen in den stark wirtschaftspolitisch und technisch-wissenschaftlich ausgerichteten DEBRIV gründeten die Unternehmen der Braunkohlenindustrie der neuen Länder den auf Sozialpolitik und Tarifarbeit ausgerichteten Wirtschaftsverband Kohle (WVK). Der Wirtschaftsverband Kohle in Senftenberg war als Pendant zum Verein Rheinischer Braunkohlenbergwerke (VRB) in Köln einzuordnen, der insbesondere die sozial- und tarifpolitischen Belange im rheinischen Revier mitgestaltete.

Der Aufbau eines europäischen Kohlenverbandes mit dem Namen EURACOAL war für die verbandliche Arbeit der Braunkohlenindustrie von großer Bedeutung. Im Gefolge der Erweiterung der EU ist der Stellenwert der heimischen Kohle in der EU deutlich gestiegen. Zuvor war in der EU (15) über Jahrzehnte ein Bedeutungsverlust zu verzeichnen. Die Erweiterung der EU und die seit etwa 2000 deutlich veränderten Verhältnisse auf den Rohstoff- und Energiemärkten haben die Rolle der Kohle gestärkt. Die kritischen Anmerkungen unter der Überschrift „Umwelt- und Klimavorsorge" sind allerdings gleichzeitig deutlich intensiver geworden. Die Stärkung der Präsenz in Brüssel im Gefolge einer vertieften Zusammenarbeit mit der Kohlenindustrie in der erweiterten EU wurde nicht zuletzt durch das starke Engagement von DEBRIV zu einem Erfolg.

Etwa 15 Jahre nach der Wiedervereinigung und vor dem Hintergrund der Veränderungen im Bereich der Stromindustrie war 2006 der Zeitpunkt gekommen, die Verbandsstruktur der Braunkohlenindustrie zu vereinfachen und damit eine solide Basis für die zukünftige Arbeit zu schaffen. Ausgangspunkt für die strukturellen Überlegungen war das gemeinsame Ziel der Braunkohlenunternehmen, über den DEBRIV daran mitzuwirken, dass die Gewinnung und Veredlung von Braunkohle auch zukünftig wettbewerbsfähig möglich ist. Festgelegt wurde, die verbandlichen Aktivitäten im DEBRIV zu bündeln und dafür WVK und VRB auf DEBRIV zu verschmelzen. Im Jahr 2006 wurde die Satzung des DEBRIV in Hinblick auf das Tarifwesen geöffnet, womit die Einrichtung von unabhängigen, auf die Regionen oder Unternehmen orientierten Tarifkommissionen möglich wird. Bestimmte Aufgaben, beispielsweise die Trägerschaft der Bergschule oder die Prüfstellen, werden von DEBRIV in Nachfolge VRB und WVK fortgeführt. Die Verschmelzung erfolgte am 2. August 2007.

Zur Mitgestaltung wichtiger externer Rahmensetzungen leiten sich für die Braunkohlenindustrie folgende Arbeitsschwerpunkte für die Zukunft ab:

- Wirtschafts-, Energie-, Umwelt- und Steuerpolitik, Rechtsetzung durch EU, Bund und Länder, insbesondere der Rechtsrahmen für die Kohlengewinnung und -veredlung sowie das zugehörige untergesetzliche Regelwerk, Bergbau- und Energiestatistik, verbandliche Informations- und Öffentlichkeitsarbeit.

- Sozial- und Tarifwesen, Mitwirkung in den Gremien der Kranken- und Rentenversicherung Knappschaft-Bahn-See, Berufsgenossenschaft Rohstoffe Chemie, Arbeitsrecht, Begleitung von Tarifverhandlungen, sofern dies von den Mitgliedsgesellschaften gewünscht ist.

- Technisch-wissenschaftliche Fragen aus den Bereichen Braunkohlengewinnung und -veredlung, Erfahrungsaustausch und Meinungsbildung über die Unternehmensgrenzen hinweg mit dem Ziel, Innovationen und Wirtschaftlichkeit zu fördern. Teilnahme an der technikorientierten Debatte, Dokumentation der technischen und wirtschaftlichen Entwicklung im Bereich der Braunkohlenindustrie sowie Hochschulkontakte und Mitwirkung in technisch-wissenschaftlichen Gremien.

DEBRIV ist Träger einer Reihe von Gemeinschaftseinrichtungen:

Mit den *Prüfstellen für Tagebaugeräte* bestehen sachverständige sowie unabhängige Prüf- und Untersuchungsstellen für die deutsche Braunkohlenindustrie. In den Prüfstellen wirken anerkannte Sachverständige, Prüfingenieure und Inspektoren auf den Fachgebieten Baustatik und Stahlbau. Vorhanden ist Sachkompetenz auf den Gebieten Maschinenbau, Schweißtechnik, Gestaltung von Komponenten der Förderanlagen, Seile sowie der Sicherheitstechnik. Im Zusammenwirken mit den Aufsicht führenden Bergbehörden erfolgt die Begutachtung der Tagebaugroßgeräte, um den Betreiber der Anlagen beim sicheren Betrieb zu unterstützen.

Der *Sachverständige für Brandschutz* ist eine unabhängige Prüf- und Untersuchungsstelle für die rheinische Braunkohlenindustrie. Der vom Landesoberbergamt NRW öffentlich bestellte und vereidigte „Sachverständige für Brandschutz im Braunkohlenbergbau“ ist auf den Fachgebieten vorbeugender und abwehrender Brandschutz tätig und gewährleistet, dass zusammen mit den Aufsicht führenden Bergbehörden die allgemein anerkannten Schutzziele des Brandschutzes bei Errichtung und Betrieb von Anlagen erreicht werden.

Die *STATISTIK DER KOHLENWIRTSCHAFT e. V.* wird vom DEBRIV und vom Gesamtverband Steinkohle (GVSt) gemeinsam getragen. Der Verein hat die Aufgabe, die von den Behörden auf dem Gebiet der Kohlenwirtschaft angeforderten zusammenfassenden Statistiken zu erstellen. Der Verein erfüllt für seine Mitglieder die gesetzliche Auskunftsverpflichtung und berät im Rahmen seines Zweckes die Behörden und juristischen Personen des öffentlichen Rechts.

Die *FBDI-Forschungsgemeinschaft der deutschen Braunkohlenindustrie e. V.* koordiniert und fördert die industrielle Gemeinschaftsforschung in der Branche. Rund 80 Prozent der ordentlichen direkten oder indirekten industriellen oder gewerblichen Mitglieder sind kleine und mittelständische Unternehmen (KMU).

Als *Fachschule für Technik* bildet die Rheinische Braunkohlenbergschule in den Fachrichtungen Bergbau-, Elektro- und Maschinentechnik Aufsichtspersonen für Tagebaubetriebe insbesondere für den Braunkohlenbergbau und die dazugehörigen Veredelungsbetriebe und Werkstätten mit dem Abschluss „Staatlich geprüfter Techniker“ aus. Die sogenannten Oberklassen führen zum Abschluss „Ingenieur“.

Zusammen mit den anderen energiewirtschaftlichen Fachverbänden und verschiedenen energiewirtschaftlichen Forschungsinstituten ist DEBRIV Gründungsmitglied der im Jahr 1974 gegründeten *Arbeitsgemeinschaft Energiebilanzen (AGEB)*. Durch die intensive Mitarbeit in Geschäftsführung und Vorstand der AGEB leistet der DEBRIV einen wichtigen Beitrag bei der Bereitstellung von energiewirtschaftlichen Basisdaten, die auch für die internationale Emissionsberichterstattung Deutschlands unverzichtbar sind.

DEBRIV ist Mitglied in der Bundesvereinigung der Deutschen Arbeitgeberverbände (BDA) und mittelbar über die Vereinigung Rohstoffe und Bergbau e. V. (VRB), Berlin, Mitglied im Bundesverband der deutschen Industrie e. V. (BDI).

Unternehmensstruktur im deutschen Braunkohlenbergbau

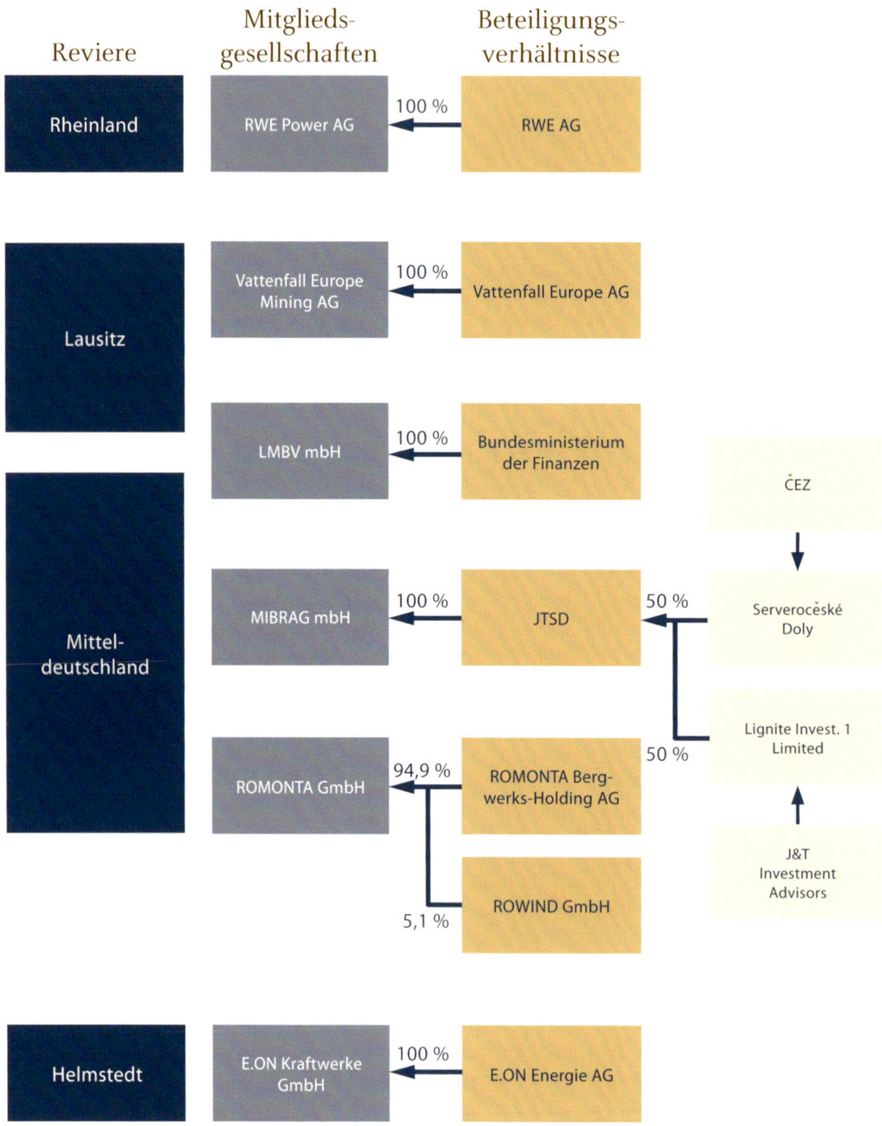

Mitgliederverzeichnis des DEBRIV

Stand: 1. Januar 2010

Ordentliche Mitglieder

E.ON Kraftwerke GmbH, Tresckowstraße 5, 30457 Hannover

ECOSOIL Ost GmbH, Laugkfeld 29, 01968 Senftenberg

Gesellschaft für Montan-und Bautechnik mbH (GMB), Knappenstraße 1, 01968 Senftenberg

Lausitzer u. Mitteldeutsche Bergbau-Verwaltungsgesellschaft mbH, Knappenstraße 1, 01968 Senftenberg

Mitteldeutsche Braunkohlengesellschaft mbH, Glück-Auf-Str. 1, 06712 Zeitz

Papierfabrik Hamburger Spremberg GmbH & Co. KG, An der Heide B5, 03130 Spremberg

RE GmbH, Stüttgenweg 2, 50935 Köln

Rheinbraun Brennstoff GmbH, Stüttgenweg 2, 50935 Köln

ROMONTA GmbH, Chausseestraße 1, 06317 Amsdorf

RV Rheinbraun Handel und Dienstleistungen GmbH, Stüttgenweg 2, 50935 Köln

RWE Power Aktiengesellschaft, Stüttgenweg 2, 50935 Köln

SHB Stahl- und Hartgusswerke Bösdorf GmbH, Werkstraße 7, 04249 Leipzig-Knautnaundorf

TDE Mitteldeutsche Bergbau Service GmbH, Leipziger Straße 34 A, 04579 Espenhain

Transport- und Speditionsgesellschaft Schwarze Pumpe mbH, An der Heide, 03130 Spremberg-Schwarze Pumpe

Vattenfall Europe Mining Aktiengesellschaft, Vom-Stein-Straße 39, 03050 Cottbus

Außerordentliche Mitglieder

ABB Automation GmbH, Kallstadter Straße 1, 68309 Mannheim

BEA Elektrotechnik und Automation, Technische Dienste Lausitz GmbH, An der Heide, 03130 Spremberg-Schwarze Pumpe

BUL Bergbausanierung und Landschaftsgestaltung Sachsen GmbH, Spreetaler Straße 4, OT Sabrodt, 02979 Elsterheide

Cegelec Anlagen-und Automatisierungstechnik GmbH & Co. KG, Goldsteinstraße 238, 60528 Frankfurt/Main

ContiTech Transportbandsysteme GmbH, Breslauer Straße 14, 37154 Northeim

HPC Harress Pickel Consult AG, Niederlassung Merseburg, Am Stadtweg 8, 06217 Geusa

Magdeburger Förderanlagen und Baumaschinen GmbH, Sudenburger Wuhne 47, 39112 Magdeburg

MUEG Mitteldeutsche Umwelt und Entsorgung GmbH, Geiseltalstraße 1, 06242 Braunsbedra

REMA TIP TOP GmbH, Geschäftsbereich Industrie, Gruberstraße 63, 85586 Poing

Sandvic Mining and Construction Materials Handling GmbH & Co. KG, Vordernberger Straße 12, A-8700 Leoben

SGL Spezial- und Bergbau-Servicegesellschaft Lauchhammer mbH, Bockwitzer Straße 85, 01979 Lauchhammer

Siemens AG, Industrial Solutions and Services, Nordstraße 3–15, 04105 Leipzig

TAIM WESER GmbH, Königsstraße 45, 32547 Bad Oeynhausen

TAKRAF GmbH, Torgauer Straße 336, 04347 Leipzig

ThyssenKrupp Fördertechnik GmbH, Altendorfer Straße 120, 45143 Essen

Zeppelin Baumaschinen GmbH, Zeppelinstraße 1–5, 85748 Garching b. München

Persönliche Mitglieder

Professor Dr.-Ing. habil. Klaus-Dieter Bilkenroth, Hohenmölsen

Dipl.-Ing. Reiner Dähnert, Senftenberg

Professor Dr. Carsten Drebenstedt, TU Bergakademie Freiberg / Institut für Bergbau und Spezialtiefbau, Professur Bergbau-Tagebau, Freiberg

Dipl.-Berging. Manfred Hagelüken, Erftstadt

Professor Dr.-Ing. Manfred Hager, Universität Hannover, Institut f. Transport-und Automatisierungstechnik, Garbsen

Dr. rer. pol. Erich Hirte, Köln

Dipl.-Ing. Wolfgang Jung, Lauchhammer

Dipl.-Wirtsch. Dipl.-Berging. Wolfgang Kaiser, Senftenberg

Dipl.-Ing. (FH) Horst Klinger, Markkleeberg

Dipl.-Ing. Hans-Bernd Koenigs, Bergheim

Professor Dr.-Ing. Joachim Kowalewski, Roetgen

Berg.-Ing. Johann Krosch, Zülpich

Dr.-Ing. Roman Kurtz, Hürth

Professor Dr.-Ing. habil. Wolfgang Naundorf, Freiberg

Professor Dr.-Ing. Christian Niemann-Delius, RWTH Aachen, Institut für Bergbaukunde III, Aachen

Friedrich Oertel, Bergwerksdirektor i. R., München

Dipl.-Ing. Klaus-Peter Pieloth, Ahrensfelde

Dr.-Ing. Bernd Schweins, Kerpen (Horrem)

Professor Dr.-Ing. Rolf Dieter Stoll, Erftstadt-Liblar

Professor Dr.-Ing. habil. Hossein H. Tudeshki, Lehrstuhl für Tagebau und Internationalen Bergbau der TU Clausthal, Clausthal-Zellerfeld

Professor Dr.-Ing. Werner Vogt, Goslar

Dipl.-Ing. Hans Sigismund Freiherr Waitz von Eschen, Kassel

Assessor Jan Zilius, Köln

Vorstand des DEBRIV

Der Vorstand		
Dipl.-Ing. Matthias Hartung	RWE Power AG	Vorsitzender ab 2006 Mitglied seit 2004
Dipl.-Ing. Reinhardt Hassa	Vattenfall Europe Mining AG	Stellvertretender Vorsitzender ab 2006 Mitglied seit 2000
Dipl.-Volksw. Antonius Voß	RWE Power AG	Schatzmeister seit 2003
Klaus Aha	Vattenfall Europe Mining AG	Seit 2004
Dipl.-Ing. Werner Fahle	Gesellschaft für Montan- und Bautechnik mbH	Seit 2006
Dr. Joachim Geisler	Mitteldeutsche Braunkohlengesellschaft mbH	Seit 2008
Dr.-Ing. Mahmut Kuyumcu	Lausitzer und Mitteldeutsche Bergbau-Verwaltungsgesellschaft mbH	Seit 2001
Dr.-Ing. Johannes Lambertz	RWE Power AG	Seit 2002
Dipl.-Ing. Horst Schmidt	Mitteldeutsche Braunkohlengesellschaft mbH	Seit 2008
Dr. Erich Schmitz	E.ON Kraftwerke GmbH	Seit 2007
Dr.-Ing. Hartmuth Zeiß	Vattenfall Europe Mining AG	Seit 2006
Dr.-Ing. Dr.-Ing. E.h. Hans-Joachim Leuschner		Vorsitzender 1979–1996 Mitglied seit 1970 Ehrenvorsitzender seit 1996

Stand: 1. Januar 2010

Ehemalige Vorsitzende und Mitglieder des Vorstands 1985 bis 2010

Prof. Dr. Klaus-Dieter Bilkenroth, MBV (1991–1995); Dr.-Ing. Dietrich Böcker, RWE Power AG (1992–2005); Heinz Böhmer, MIBRAG (1994–1995); Dipl.-Kfm. Bertold Bonekamp, RWE Power AG (Vorsitzender 1999–2004); Dipl.-Kfm. Bernd Jobst Breloer, RWE Power AG (1993–2003, Schatzmeister 1995–2003); Dipl.-Ing. Reiner Dähnert, LMBV (1994–1998); Dipl.-Berging. Bruce P. DeMarcus, MIBRAG (1998–2008); Dipl.-Ök. Michael Förster, Vereinigte Mitteldeutsche Braunkohlenwerke AG (1993–1994); Dipl.-Ing. Heinz Frellstedt†, ROMONTA (2008–2009); Dipl.-Ing. Klaus Friedrich, BKB (1976–1999, Stellvertretender Vorsitzender 1985–1999); Dr.-Ing. Wolfgang Fritz, LMBV (1996–2000); Prof. Dr.-Ing. Dr.-Ing. E.h. Kurt Häge, Vattenfall (1995–2006, Vorsitzender 2004–2006); Dr.-Ing. Dr.-Ing. E.h. Dieter Henning†, Rheinbraun AG (1991–1999, Vorsitzender 1996–1999); Dr.-Ing. Ulrich Jobs, RWE Power AG (2007–2008); Dipl.-Ing. Wolfgang Jung, LAUBAG (1993–1998); Dr. rer. pol. Horst J. Köhler, Rheinbraun AG (1988–1994, Schatzmeister 1989–1994); Dr. Günther Krämer, LAUBAG (1993–1994); Dipl.-Ing. oec. Heiner Krieg, MIBRAG (1997–2008); Dr.-Ing. Reiner Kühn†, Rheinbraun AG (1988–1992); Dipl.-Ing. Helmut Lingemann†, PreußenElektra AG (1985–1993); Dr. Gert Maichel, RWE Power AG (2004–2005); Dipl.-Kfm. Hubert Marbach, Vattenfall (1998–2003); Terry V. Rogers, MIBRAG (1998); Dipl.-Kfm. Hans-Jürgen Rübenach, BKB (1989–1996); Dr. Roland Scharf, BKB (2002–2008); Dipl.-Berging. Hans-Jürgen Schultze, Rheinbraun AG (1985–1991); Dipl.-Ing. Dr.-Ing. E.h. Dieter Schwirten†, LAUBAG (1991–1998); David O. Snyder†, MIBRAG (1994–1998); Dr. Peter Speich, Rheinbraun AG (1976–1989); Dipl.-Ing. Günter Stieberitz, ROMONTA (1994–2008); Dr.-Ing. Bernhard Thole, Rheinbraun AG (1990–1994); Dipl.-Ing. Hans Sigismund Freiherr Waitz v. Eschen, Zeche Hirschberg (1966–2006); Dr. jur. Henrich Wilckens, BKB (1997–2007); Dr. Rolf A. Winter, BKB (1980–1989); Dr. Harald Zacher†, Rheinbraun AG (1974–1989, Schatzmeister 1979–1989), Ass. Jan Zilius, RWE Power AG (2005–2007)

Geschäftsführer und Mitarbeiter des DEBRIV

Geschäftsführer des DEBRIV 1985–2010*

Dr.-Ing. George Milojcic, Hauptgeschäftsführer (seit 1992)
Rechtsanwalt Volker Krengel, Geschäftsführer seit 2009 (DEBRIV seit 1991)
Dipl.-Ing. Claus Kuhnke, Geschäftsführer und Bergschuldirektor (seit 2008)
Rechtsanwalt Henning Anz, Stellvertretender Hauptgeschäftsführer (1972–2006), Rechtsanwalt Dr. Werner Efing, Geschäftsführer (1984–1991), Assessor des Bergfachs Hartmut Ernst, Geschäftsführer und Bergschuldirektor (1993–2008), Dipl.-Kfm. Werner Fahle, Geschäftsführer (1999–2003), Dr. Udo von Fricken, Hauptgeschäftsführer (1991–1996), Dipl.-Ing. Manfred Hagelüken, Stellvertretender Hauptgeschäftsführer (1968–1988), Dipl.-Wirtsch. Wolfgang Kaiser, Geschäftsführer (1991–1999), Assessor des Bergfachs Karl-Ernst Kegel, Hauptgeschäftsführer (1991–1992), Dipl.-Ing. Gerd Rückert, Geschäftsführer (2004–2009), Dipl.-Ing. Klaus Schlutter, Geschäftsführer und Bergschuldirektor (1970–1993), Rechtsanwalt Heinz Sondermann †, Hauptgeschäftsführer (1979–1991), Ing. Dieter Veutgen, Geschäftsführer (1957–1993), Dipl.-Ing. Kurt Waschkowski, Geschäftsführer (1991–1997)

Mitarbeiter des DEBRIV 1985–2010 *

DEBRIV – verbandliche Aufgaben

Rechtsanwalt Dr. Thorsten Diercks, Generalsekretär EURACOAL seit 2005 (DEBRIV seit 1991), Selda Güven-Strohhäcker (seit 2008), Dipl.-Ing. Erwin Kaltenbach, Referent (seit 2003), Dipl.-Volkswirt Uwe Maaßen, Referent (seit 1992), Elmar Rolke (seit 1986), Cassiani Saritzoglou (seit 1996), Ass. jur. Kay Stelter LL. M. oec., Referent (seit 2005), Nathalie Uebel (seit 2008), Hans-Josef Wagner, Leiter Personal und Rechnungswesen (seit 1968)
Gertrud Dambon (1991–1993), Dipl.-Geol. Christian Dude, Referent (2006–2008), Marina Fanter (1991–1996), Daniela Glawe (2005–2006), Dipl.-Ing. (FH) Klaus Gödde, Referent (1993–2006), Freihart Görne (1984–1990), Dipl.-Betriebswirt Heinz-Dieter Haas, Leiter Personal- und Rechnungswesen (1994–1998), Monika Häuslmann † (1970–1999), Dipl.-Ing. Bruno Hötzel, Referent (1997–2000), Ute Jäger (2006–2008), Annegret Klüting (1982–1996), Dipl.-Ing. Bernd Koch †, Referent (1991–2003), Sonia Lapointe (2005–2006), Erika Morck (1985–2006), Dipl.-Ing. Lutz Prims, Referent (1991–1998), Claudia Rösch (1992–1997), Regina Sachse (1991–1998), Dipl.-Ök. Doris Schwanzara-Bennoit, Referentin (1999–2007), Sieglinde Sinke (1991–2004), Margarete Stöckmann (1978–1990), Günter Werner, Leiter Personal- und Rechnungswesen (1946–1994)

**einschließlich vormals VRB und WVK*

DEBRIV-Gemeinschaftseinrichtungen

Prüfstellen für Tagebaugeräte Köln und Senftenberg

Dipl.-Ing. Horst-Gerald Kositz, Leiter Prüfstellen und Sachverständiger (seit 1991), Dipl.-Ing. Joachim Bohge (seit 2002), Rita Ehlke (seit 1996), Lothar Hensel (seit 1991), Dipl.-Ing. Horst Holzapfel, Sachverständiger (seit 1994), Dipl.-Ing. Lothar Jobke (seit 1991), Dipl.-Ing. Ralf Keller (seit 1991), Dipl.-Ing. Heinz-Jürgen Liesk (seit 1991), Dipl.-Ing. Frank Reinhardt, Sachverständiger (seit 1991), Dipl.-Ing. Marina Schneider, Sachverständige (seit 2001), Dipl.-Ing. Lutz Schröder (seit 1991), Dr. Anja Schwarzlos (seit 2005), Margarete Zach (seit 1980)
Klaus-Dieter Behley (1991–1994), Gabriele Borowiec (1991–2004), Peter Burbach (1978–1993), Dipl.-Ing. Lothar Helbig (1991–2001), Harry Hermsdorf † (1991–1992), Dipl.-Ing. Dieter Hoffmann (1991–1998), Dipl.-Ing. Günter Jossa, Sachverständiger (1991–2002), Dipl.-Ing. Rudolf Keddig, Sachverständiger (1991–1996), Dipl.-Ing. Georg Niemann (1991–1992), Konrad Nötzel (1991–1997), Bernd Ostwald (1991–1993), Dipl.-Ing. Klaus Pazzi, Sachverständiger (1991–2008), Dipl.-Ing. Wolfgang Peter (1991–1998), Wolfgang Quaas † (1991–1992), Dipl.-Ing. Karl-E. Reinknecht, Leiter Prüfstelle und Sachverständiger (1991–2001), Dipl.-Ing. Karl-Heinz Richter (1991–1995), Helga Schier † (1991–1992), Monika Schindler (1991–1993), Margarete Schmitz (1985–1999), Dipl.-Ing. Gerhardt Schlegel (1991–1992), Michael Schmitz (1964–1989), Dipl.-Ing. Peter Schurig, Sachverständiger (1991–1999), Beate Stein (1991–1998), Dipl.-Ing. Emil Tebroke †, Leiter Prüfstelle (1985–1993), Lothar Voigt (1991–2000), Dipl.-Ing. Karl Wagner, Sachverständiger (1991–1994), Dipl.-Ing. Günter Walter (1991), Anita Wiedmann (1991–1995), Martina Winkler (1993–2000)

Rheinische Braunkohlenbergschule

Dipl.-Ing. Claus Kuhnke, Bergschuldirektor (seit 2008), Gudrun Canale (seit 1982), Ing. Robert Engels, Technischer Leiter (seit 2008), Fred Schäfer (seit 1984)
Karl-Heinz Agne (1991–1997), Ing. Wolf Dierke, Technischer Leiter (1981–2000), Johann Esser † (1982–1991), Bernhard Falkenberg (1990–1997), Ing. Erich Gaschka, Technischer Leiter (1967–1997), Anneliese Höhne (1965–2007), Ute Josteit (1976–2000), Rita Malek (1976–1996), Dipl.-Ing. Alfred Manter, Referent (1980–1995), Hans-Peter Peters (1987–1995), Karl Puschner (1978–1988), Balbina Werner (1985–1999)

Statistik der Kohlenwirtschaft

Dipl.-Volksw. Uwe Maaßen, Geschäftsführer (seit 1992), Rosemarie Schilbert (seit 1982), Ulrike Wilke (seit 1981)

Sachverständiger Brandschutz

Dipl.-Ing. Paul Steins (seit 1998), Ing. Franz-Josef Wolff (1967–1998)

Ausschusswesen

Seit der Gründung vor fast 125 Jahren hat der DEBRIV als Verband von produktionsorientierten Unternehmen immer mit großem Gewicht daran gearbeitet, die technisch-wissenschaftliche Entwicklung der Braunkohlenindustrie voranzubringen. Für die Meinungsbildung über neue technische Fragen, den Erfahrungsaustausch zwischen den Betriebspraktikern aus den Revieren sowie als Grundlage für die Vertretung gemeinsamer Belange trägt der Verband von jeher ein überwiegend technikorientiertes Ausschusswesen.

Bis Ende der Achtzigerjahre hatte sich im DEBRIV ein umfangreiches Ausschusswesen entwickelt. Nach der deutschen Einheit wurden die Ausschüsse durch die Mitgliedschaften der ostdeutschen Braunkohlenunternehmen zu wichtigen Foren der Kontaktaufnahme und der neu zu entwickelnden Zusammenarbeit zwischen den Unternehmen der Braunkohlenindustrie. Dies geschah 1992/93 im Rahmen eines umfangreichen Revirements der Vorsitzenden, Stellvertreter und Mitglieder, allerdings in den Strukturen, wie sie vor der Einheit bestanden hatten.

Auf Beschluss des Vorstands erfolgte dann 1995 eine Neuordnung des Ausschusswesens. Dabei wurde die Zahl der Ausschüsse von über 30 auf etwa 20 reduziert. Die Ausschussthemen wurden entsprechend den sich verändernden Aufgabenstellungen der Unternehmen neu gefasst und Überschneidungen beseitigt. Im Jahr 2002 erfolgte vor dem Hintergrund der anhaltenden Strukturveränderungen eine weitere Straffung des Ausschusswesens. Maßgabe war, dass einerseits die Zahl der bestehenden Ausschüsse und die damit verbundenen routinemäßigen Sitzungen vermindert werden, andererseits aber weiter eine leistungsfähige verbandliche Plattform bestehen sollte. Mit dem neuen Konzept wurde die Zahl der Ausschüsse auf neun reduziert; zusätzlich wurden drei Ad-hoc-Ausschüsse vorgesehen sowie Arbeitskreise eingerichtet, die bestimmten Ausschüssen zugeordnet sind (siehe Übersicht). Zugleich war dies Anlass, die Ausschussvorsitzenden bzw. stellvertretenden Ausschussvorsitzenden neu zu bestellen. Damit wurde dem Grundsatz Rechnung getragen, durch personellen Wechsel der Ausschussarbeit Impulse zu verleihen. Eine erneute Rotation von Ausschussvorsitzenden und stellvertretenden Ausschussvorsitzenden fand Ende 2009 statt.

DEBRIV-Ausschüsse 2010

Arbeitsgebiete	Vorsitzender stellvertretender Vorsitzender	Geschäftsführer
Ausschüsse:		
Bergbau	Dr. Gärtner, RWE Power Fuchs, Vattenfall Europe Mining	Kuhnke
Arbeitskreis Rekultivierung	Eyll-Vetter, RWE Power	Kaltenbach
Instandhaltung	Grosser, Vattenfall Europe Mining Dr. Uhlemann, MIBRAG	Kuhnke
Arbeitskreis VDE-Bestimmungen	Hegemann, RWE Power	Kaltenbach
Arbeitskreis Monitoring	Köhler, Vattenfall Europe Mining	Kuhnke
Arbeitskreis Anlagentechnik	Dralle, RWE Power	Kuhnke
Veredlung/Anlagentechnik	Abraham, ROMONTA Erken, RWE Power	Kaltenbach
Gebirgsmechanik/ Lagerstättenfragen	Günther, MIBRAG Asmus, RWE Power	Kuhnke
Bohrwesen und Wasserwirtschaft	Arnold, Vattenfall Europe Mining Prof. Dr. Forkel, RWE Power	Kuhnke
Umsiedlung und Liegenschaften	Herbst, RWE Power Mundt, Vattenfall Europe Mining	Kaltenbach
Recht	Becker-Berke, RWE Power Hensel, Vattenfall Europe Mining	Stelter
Öffentlichkeitsarbeit	Dr. Steinhuber, LMBV Dr. Diesener, MIBRAG	Maaßen
Arbeitsschutz	Haase, Vattenfall Europe Mining Koch, E.ON Kraftwerke	Kaltenbach
Ad-hoc-Ausschüsse:		
Steuerfragen	Hanenberg, RWE Power Schönbrunn, Vattenfall Europe Mining	Krengel
Statistik	Hellpoldt, Vattenfall Europe Mining Marx, RWE Power	Maaßen
Betriebswirtschaftliche Fragen	Görtz, RWE Power Dr. Haase, MIBRAG	Maaßen
Forschungsgemeinschaft Braunkohle – FDBI		
Wissenschaftlicher Beirat	Dr. van den Heuvel, RWE Power	Dude

Ausschüsse und Arbeitskreise 1985–2010

Ausschüsse	Vorsitzender	Geschäftsführer
Bereich Bergbau:		
Hauptausschuss	Blank, Rheinbraun (1985–1986) Goedecke, Rheinbraun (1987–1992) Friedrich, BKB (1993–2000)	Hagelüken (1985–1988) Schlutter (1989–1993) Ernst (1994–2002)
Braunkohlentiefbau	Lohr, PreußenElektra (1985–1990) Dr. Hinze, v. Waitz (1991 1995)	Hagelüken (1985–1988) Manter (1989–1995)
Markscheidewesen	Nehring, Rheinbraun (1985) Reichenbach, Rheinbraun (1986–1996) Schaefer, RWE Rheinbraun (1997–2002)	Manter (1985–1995) Ernst (1996–2002)
AK Bodenbewegungsmessungen	Rathsmann, Rheinbraun (1985–1995)	Manter (1985–1995)
Instandhaltung Werkstoffe und Tribologie	Dr. Schweins, Rheinbraun (1985–1994) Becker, Rheinbraun (1995)	Veutgen (1985–1992) Dierke (1993–1995)
Tagebaugeräte	Eickemeier, Rheinbraun (1985–1995)	Schlutter (1985–1993) Waschkowski (1994–1995)
Maschinenwesen	Eickemeier, RWE Rheinbraun (1996–2001)	Waschkowski (1996–1997) Hötzel (1998–2000) Koch (2001–2002)
Fördermittel	Schultze, Rheinbraun (1985–1990) Dr. Thiede, Rheinbraun (1991–1992) Dr. Häge, Rheinbraun (1993) Dr. Jobs, Rheinbraun (1994–1995)	Veutgen (1985–1992) Waschkowski (1993–1995)
Hilfsgeräte	Dr. Häge, Rheinbraun (1985–1990) Rickes, Rheinbraun (1991–1992) Körber, LAUBAG (1993–1995)	Schlutter (1985–1992) Waschkowski (1993–1995)
Zugbetrieb	Würz, Rheinbraun (1985–1986) Dr. Häge, Rheinbraun (1987–1992) Dr. Tropp, LMBV (1993–2002)	Veutgen (1985–1992) Waschkowski (1993–1997) Koch (1998–2002)
Betriebstechnik Tagebaue	Körber, LAUBAG (1996–2002)	Waschkowski (1996–1997) Hötzel (1998–2000) Koch (2001–2002)
Kippengestaltung und Rekultivierung	Dr. Henning, Rheinbraun (1987–1990) Lingemann, PreußenElektra (1991–1992) Rauhut, LAUBAG (1993–1995)	Veutgen (1985–1992) Schlutter (1993) Koch (1994–1995)
BERGBAU*	Beutler, LAUBAG (1996–2002) Körber, Vattenfall (2003–2009 Dr. Gärtner, RWE Power (ab 2010)	Ernst (1996–2007) Kuhnke (ab 2008)
INSTANDHALTUNG*	to Baben, RWE Power (2003–2009) Grosser, Vattenfall (ab 2010)	Gödde (2003–2006) Dude (2007–2008) Kuhnke (ab 2009)
AK MONITORING*	Köhler, Vattenfall (ab 2010)	Kuhnke (ab 2010)

**aktiver Ausschuss*

Ausschüsse	Vorsitzender	Geschäftsführer
AK ANLAGENTECHNIK*	Dralle, RWE Power (ab 2010)	Kuhnke (ab 2010)
BOHRWESEN/WASSERWIRTSCHAFT*	Emrich, Rheinbraun (1985–1997) Dr. Boehm, RWE Rheinbraun (1998–2002) Bertrams, RWE Power (2003–2004) Kortmann, RWE Power (2005–2009) Arnold, Vattenfall (ab 2010)	Schlutter (1985–1993) Ernst(1994–2007) Kuhnke (ab 2008)
AK REKULTIVIERUNG*	Rauhut, LAUBAG (1996–2001) Illing, LMBV (2003–2009) Eyll-Vetter, RWE Power (ab 2010)	Koch (1996–2003) Kaltenbach(ab 2004)
GEBIRGSMECHANIK*	Pierschke, Rheinbraun (1985–1992) Dr. Zeiß, LAUBAG (1993–2002) Dr. Dahmen, RWE Power (2003–2009) Günther, MIBRAG (seit 2010)	Schlutter (1985–1993) Ernst (1994–2007) Kuhnke (ab 2008)
UMSIEDLUNG UND LIEGENSCHAFTSFRAGEN*	Dr. Lögters, RWE Rheinbraun (1996–2002) Prof. Dr. Dähnert, Vattenfall (2003–2009) Herbst, RWE Power (ab 2010)	Waschkowski (1996) Hötzel (1997–1999) Koch (2000–2003) Kaltenbach (ab 2004)
Bereich Veredlung:		
Brikettfabriken	Dr. Scherrer, Rheinbraun (1985–1990) Dr. Kurtz, Rheinbraun (1991–1992) Dr. Scholz, LAUBAG (1993–1995)	Manter (1985–1995)
Emissionen/Immissionen	Dr. Engelhard, Rheinbraun (1985–1992) Dr. Lambertz, Rheinbraun (1993–1995)	Manter (1985–1995)
Feuerungstechnik und Wärmewirtschaft	Schwirten, Rheinbraun (1985–1990) Dr. Jüssen, Rheinbraun (1991–1995)	Manter (1985–1995)
VEREDLUNG*	Dr. Lambertz, Rheinbraun (1996–1998) Dr. Scharf, RWE Rheinbraun (1999–2002) Hellmuth Krieg, MIBRAG (2003–2009) Abraham, ROMONTA (ab 2010)	Gödde (1996–2006) Dude (2007–2008) Kaltenbach (ab 2009)
Bereich Elektrotechnik/Nachrichtentechnik:		
Elektrotechnik	Ostländer, Rheinbraun (1985–1991) Zimmermann, Rheinbraun (1992–1993) Lehner, MIBRAG (1996–2002)	Veutgen (1985–1991) Koch (1992–2002)
AK Elektrische Eisenbahnsignalanlagen	Daßler, Rheinbraun (1985–1992) Püschel, LAUBAG (1993–1994) Kohlsche, LAUBAG (1995)	Veutgen (1985–1991) Koch (1992–1995)
Elektrotechnik Tagebaue	Zimmermann, Rheinbraun (1994–1995)	Koch (1994–1995)
Elektrotechnik Fabriken/Kraftwerke	Jentzsch, LAUBAG (1994–1995)	Koch (1994–1995)
AK Elektrische Ausrüstung von Bandanlagen und Fördergeräten	Ostländer, Rheinbraun (1985–1991) Zimmermann, Rheinbraun (1992) Lehner, MIBRAG (1993)	Veutgen (1985–1991) Koch (1992–1993)
AK Nachrichtentechnik	Kogel, Rheinbraun (1985–1993)	Veutgen (1985–1993)
Informationstechnik	Kogel, Rheinbraun (1994–2000) Dr. K. Müller, RWE Rheinbraun (2001–2002)	Koch (1994–2002)

**aktiver Ausschuss*

Ausschüsse	Vorsitzender	Geschäftsführer
AK Signaturen	Stahl, Rheinbraun (1985–1988)	Manter (1985–1988)
AK VDE-BESTIMMUNGEN*	Fleischer, Rheinbraun (1985–1992) Walter, RWE Power (1993–2007) Hegemann, RWE Power (ab 2008)	Veutgen (1985–1991) Koch (1992–2003) Kaltenbach (ab 2004)
Bereichsübergreifende Themen:		
AK Tarifkoordination	Sondermann, DEBRIV (1985–1990) Dr. von Fricken, DEBRIV (1991–1992)	Anz (1985–1995)
Forschung	Dr. Engelhard, RWE Rheinbraun (1993–2002)	Manter (1993–1995) Gödde (1996–2002)
Patentwesen	Dr. Teggers, Rheinbraun (1985–1988) Dr. Engelhard, Rheinbraun (1989–1992)	Veutgen (1985–1992)
Patentwesen Bergtechnik	Eickemeier, Rheinbraun (1985–1995)	Veutgen (1985–1992) Manter (1993–1995)
Patentwesen Kohleverwendung	Strauß, Rheinbraun (1985–1988) Dr. Femmer, Rheinbraun (1989–1992) Strauß, Rheinbraun (1993–1995)	Veutgen (1985–1992) Manter (1993–1995)
WISSENSCHAFTLICHER BEIRAT DER FDBI*	Abraham, ROMONTA (2003–2009) Dr. van den Heuvel, RWE Power (ab 2010)	Gödde (2003–2006) Dude (ab 2007)
ARBEITSSCHUTZ*	Dr. Baldermann, MIBRAG (1996–2002) Dr. Pysall, Vattenfall (2003–2008) Haase, Vattenfall (ab 2009)	Gödde (1996–2006) Dude (2007–2008) Kaltenbach (ab 2009)
RECHTSFRAGEN*	Dr. Justen, Rheinbraun (1993–1994) Dr. Drath, LAUBAG (1995–2002) Dr. Schönewerk, RWE Power (2003–2009) Becker-Berke, RWE Power (ab 2010)	Anz (1993–2006) Stelter (ab 2007)
ÖFFENTLICHKEITSARBEIT*	Dr. Rönnebeck, RWE Rheinbraun (1993–2002) Hochscheid, RWE Power (2003–2004) Schunk, RWE Power (2005–2009) Dr. Steinhuber, LMBV (ab 2010)	Manter (1993–1995) Maaßen (ab 1995)
STATISTIK*	Schnorpfeil, Rheinbraun (1985–1986) Dr. von Fricken, Rheinbraun (1987–1990) Voss, Rheinbraun (1991–1992) Bartz, Rheinbraun (1993) Grötzinger, Rheinbraun (1994) Dr. Sonnenberg, Rheinbraun (1995–1997) Hellpoldt, Vattenfall (ab 1998)	Wilke (1990–1991) Maaßen (ab 1992)
STEUERN*	Lüders, Rheinbraun (1985–1987) Schäfer, BKB (1988–1998) Bertram, RWE Rheinbraun (1999–2005) Hanenberg, RWE Power (ab 2006)	Anz (1985–1992) Dr. Diercks (1993–2005) Maaßen (2006–2007) Krengel (ab 2008)
BETRIEBSWIRTSCHAFT*	Dr. Krämer, Rheinbraun (1985–1987) Gersch, Rheinbraun (1988–1993) Dr. Haase, MIBRAG (1995–2002) Görtz, RWE Power (ab 2003)	Anz (1985–1991) Maaßen (ab 1992)

**aktiver Ausschuss*

Bibliografische Information der Deutschen Nationalbibliothek
Die Deutsche Nationalbibliothek verzeichnet diese Publikation in der Deutschen Nationalbibliografie; detaillierte bibliografische Daten sind im Internet über http://dnb.d-nb.de abrufbar

Herausgeber:	DEBRIV – Deutscher Braunkohlen-Industrie-Verein e. V., Max-Planck-Straße 37, 50858 Köln, www.braunkohle.de
Realisation:	Huffmann*Business*-Publikationen. www.huffmannbusiness.de
V. i. S. d. P.:	Dr. George Milojcic
Texte:	Erwin Kaltenbach, Volker Krengel, Claus Kuhnke, Dr. Christian Lögters, Uwe Maaßen Dr. George Milojcic, Dr. Wolfgang Rönnebeck, Cassiani Saritzoglou; Bernd Schwintowski
Redaktion:	Erwin Kaltenbach, Uwe Maaßen
Redaktionsassistenz:	Stephan Vierkant
Satz & Gestaltung:	Michael Reichmuth, www.mr-grafik.de
Gestaltung DVD:	agreement Werbeagentur GmbH, www.agreement-berlin.de
Bildnachweis:	DEBRIV-Kampagne 1998/99 – Georg Fischer (14, 64, 142, 166, 186) | EURACOAL (68) | Claudia Fährenkemper (37, 42, 49, 136) | Fotolia.com: Heidi Baldrian (71 rechts), Sebastian Corneanu (171), Bernd Geller (112), Jorisvo (71 links), Peter Kerkhoff (21), Kubais (121), Pegasosart (109), PIXMatex (103) | Hessisches Braunkohle Bergbaumuseum Borken (56 unten, 57, 58) | Landesmuseum Hannover (176 rechts) | Fotograf Lemke (56 oben) | Niedersächsisches Landesamt für Denkmalpflege (176 links) | Michael Reichmuth (116) | Gisela Saray (83) | ullstein bild – C. T. Fotostudio (18) | Christoph Wanko (133 unten links, 146 links, 159 links, 162–165). Die restlichen Abbildungen wurden den Unternehmensarchiven von DEBRIV, E.ON Kraftwerke, LMBV, MIBRAG, Vattenfall Europe, RWE Power und ROMONTA entnommen.

ISBN 978-3-941136-12-0 | 1. Auflage 2010 | Irrtum und Fortschreibung ausdrücklich vorbehalten

Bitte blättern Sie weiter zur eingelegten **Daten-DVD** …

Inhalt der DVD

1. Historisches

DEBRIV
LMBV
MIBRAG
RWE Power/Rheinbraun
Vattenfall Europe/LAUBAG

2. Aktuelles

Daten zur Braunkohle
Veröffentlichungen des DEBRIV
Aktuelle Revierkarten
Literaturübersicht

3. Glossar

4. Sonderbrikett-Datenbank